谭文学 梅晓勇 王细萍 谭明涛 李剑波 潘承庆 著

# 深度学习在农作物病虫害智能诊断及农业智能系统中的应用与实践

清华大学出版社

北京

## 内 容 简 介

本书运用深度学习方法研究了农作物病虫害智能诊断及其应用与实践。首先，分别围绕 CT 图像籽种品质评价定级的人工智能方法、病变图像模式数值分析降维方法、半监督深度学习降维、病害图像模式监督深度学习降维等方法展开深入研究；拓展深度学习的理论和应用范畴，构造基于深度学习的农业信息智能分析处理的数据结构和算法；其次，从软件工程视角，详细地阐述了"农业智能应用系统平台"的设计和实现方法，特别是农业领域知识表示、电子图书、农情数据库等子系统的设计及其技术解决方案。

本书紧扣深度学习的农作物病害图像识别和协同诊断主题，提供了大量农作物病害图像实例集，实用性较强，可作为智能科学与技术、农业信息化、农业工程及其他相关专业的高年级本科生和研究生教材，也可作为农业工程技术人员研究、开发农业智能应用系统和智慧农业 App 的参考用书。

**图书在版编目（CIP）数据**

深度学习在农作物病虫害智能诊断及农业智能系统中的应用与实践/谭文学等著.—北京：清华大学出版社，2021.2
ISBN 978-7-302-53437-2

Ⅰ．①深…　Ⅱ．①谭…　Ⅲ．①机器学习－应用－作物－病虫害防治－智能系统－研究　Ⅳ．①S435-39

中国版本图书馆 CIP 数据核字（2019）第 179313 号

责任编辑：梁　颖　李　晔
封面设计：常雪影
责任校对：梁　毅
责任印制：刘海龙

出版发行：清华大学出版社
　　　　网　　　址：http://www.tup.com.cn，http://www.wqbook.com
　　　　地　　　址：北京清华大学学研大厦 A 座　　　邮　编：100084
　　　　社 总 机：010-62770175　　　　　　　邮　购：010-83470235
　　　　投稿与读者服务：010-62776969，c-service@tup.tsinghua.edu.cn
　　　　质量反馈：010-62772015，zhiliang@tup.tsinghua.edu.cn
　　　　课件下载：http://www.tup.com.cn，010-83470236
印 装 者：三河市龙大印装有限公司
经　　销：全国新华书店
开　　本：155mm×235mm　　印　张：17.75　　字　数：308 千字
版　　次：2021 年 2 月第 1 版　　　　　　印　次：2021 年 2 月第 1 次印刷
印　　数：1～1000
定　　价：128.00 元

产品编号：080103-01

农业是一个复杂的生命系统,具有典型的生态区域性和生理过程复杂性。信息技术是推动社会经济变革的重要力量,加速农业信息化发展是世界各国的共同选择。我国是个农业大国,对农业信息化技术与科学有着巨大需求。目前,大部分农业设备或者终端只能采集农作物图像,缺乏加工提取功能,不能提取到能指导农业生产管理的有用信息,并对农业物联网终端的图像信息实现自动分析识别处理,同时做出智能响应,这已经成为破解困于设备"视而不见"困局的首要任务。长势图像直观地、形象地表达了作物生长、发育、健康状况、受害程度、病因等方方面面的信息。让机器视觉设备近似正确地识别解读农学信息,实时地、科学地、自动地指导农技措施,一直就是智慧农业的发展目标。

本书主要从以下方面开展了系统性的研究实践工作:

(1)基于SVN的CT图像籽种品质评价定级方法。以SVN为基础,探讨惩罚支持向量分类方法处理不平衡样本时,在不同目标尤其是样本稀疏目标的学习错误率的差异,基于拉格朗日系数分析方法,提出惩罚校正的支持向量分类算法和校正方法。该模型应用小麦籽种的CT图像特征数据分类分析,可使稀疏样本目标的准确率显著提高,整体分类性也得到明显改善,具备显著的有效性和通用性。

(2)复杂场景下病害图像的病变识别预处理。基于作物病害图像的病变模式识别对于提高物联网化的、设施化的农场、果园的作物生产管理的智能化、自动化水平和管理效率有着积极意义。与广泛使用的基准数据集相比,农场果园视频感知设备采集环境复杂,充满着多种干扰,定点、移动方式都难以保证在受限条件和有限样次数下,采集到代表性图像在各状态下分布均匀的样本。在形成适于实验样本之前,必须消除其中噪声,规格化其大小。以苹果为例,介绍病害图像采集和病变识别,提出病害图像预处理过程及其方法——整形算法、方位多样性仿真、亮度多样性仿真、灰值化和稀疏化方法,阐述基于计算和学习的特征提取方法。

(3)病变模式识别的数值分析降维。在剖析PCA方法降维方法的数学过程中,给出一种基于特征值溢界丢弃的特征提取方法,针对降维性能的重构评价设计误差距离分析方法,在苹果病变图像集合和人脸图像上展开了降维实验,结果显示:"95"原则的 PCA 特征提取表现出较好的重构性能;在实验的第二个阶段,以第一阶段实验提取得到的病害模式特征集,以支持向量机为识别网络,对特征化的病害模式开展交叉验证识别实验,算法表现出相当乐观的可用性;在最后一个阶段,对 ORL 人脸数据集也进行了泛化实验,泛化准确率三维曲面说明,在合理选择训练参数的前提下,溢界丢弃特征提取能有效降维人脸数据。

(4)病害图像模式半监督深度学习降维。在分析限制玻尔兹曼机能量模型的数学逻辑的基础上,针对网络的粗糙学习过程,在 $k$ 阶对比发散方法的基础上提出"基于随机反馈的对比散度方法",并以 RBM 自动编码网络为工具,开展了苹果病变图像和人脸图像上的半监督深度学习降维及识别的一系列实验。算法的重构较 PCA 算法有明显的改进。随机反馈发散方法和 $k$CD 的目标函数趋近对比实验显示:该算法有着较长的收敛时间,但是收敛之后,目标函数具备更好的稳定性,更高的最优目标值,更加有利于系统性能的稳定。

(5)病害图像降维识别一体化监督深度学习网络。基于卷积运算提出深度卷积网络的果体病变图像识别诊断方法,设计学习网络结构和面向卷积的误差 BP 传递算法,提出弹性冲量的权值更新机制,构造线性弹性动量和二次弹性动量方法。该方法通过一体化的学习网络,融合特征提取和模式识别,共享学习机制完成了对识别部件和特征提取部件的协同训练,解决了"过程和目标"失配的问题,收敛曲线反映出该方法有很快的收敛速度;二次弹性动量和线性弹性动量相比于经典动量梯度下降、自适应动量方法,收敛迭代周期呈现较大幅度的提前。

(6)从软件工程的观点、从系统分析和系统设计的角度、侧重于面向对象的、基于组件的分层设计技术和方法,详细地论述了"多媒体农业智能应用系统平台"的系统分析、设计、实现方法。首先,说明了"多媒体农业智能应用系统平台"的概要情况,描述了平台的基本约束条件、平台的系统分析和系统设计方案;然后,阐述了农业领域知识表示和知识管理子系统、电子图书子系统、农情数据库子系统的分析与设计及其实现和技术解决方案;最后,介绍了平台的系统管理功能。

编　者

2020 年 12 月

# 第1章　病虫害智能诊断和农业智能系统概述

## 1.1　深度学习在作物图像处理及病害识别领域的应用背景

### 1.1.1　图像信息成为农业物联网大数据的"主力军"

农业是一个复杂的生命系统,具有典型的生态区域性和生理过程复杂性。信息技术是推动社会经济变革的重要力量,加速信息化发展是世界各国的共同选择。我国是个农业大国,对农业信息化技术与科学有着巨大需求[1]。我国农业信息技术通过近十多年的发展,大量的国家级项目得以成功实施并取得了丰硕成果,如:"土壤作物信息采集与肥水精量实施关键技术及装备""设施农业生物环境数字化测控技术研究应用""北京市都市型现代农业 221 信息平台研发与应用""黄河三角洲农产品质量安全追溯平台"等。

在农业信息化过程当中,农业物联网发展迅速,农业大数据现象急剧凸显。农业物联网将视频传感器节点组建为监控网络,远程监护作物生长,如图 1-1(a)、(b)所示。

类似这样整合了物联网的农业信息化系统已经在大田作物种植和果树栽培等领域应用得相当普遍,它们能帮助农民及时发现问题,使得农业从以人力为中心、依赖于孤立机械的生产模式向以信息和软件为中心的

(a) 视频感知设备       (b) 视频设备部署

(c) 气象感知设备       (d) 监控中心

图 1-1 昌平农业基地的农业物联网设备

生产模式发生转变。农业物联网运用温度、湿度、pH 值、二氧化碳浓度、光照强度等传感器设备,如图 1-1(c)所示,检测生产环境中的诸多农情环境参数,通过仪器仪表实时显示和自动控制,如图 1-1(d)所示,保证一个良好的、适宜农作物的生长环境[2],它创造作物生长的最佳条件,为环境精准调控提供科学依据,增加产量、改善农产品品质、提高农业生产力水平。

云计算技术的发展推动了农业大数据的共享和有效管理。日本富士公司在 2010 年推出了农业产业发展的云计算服务"F&AGRIPACK",国家农业信息化工程技术研究中心将云存储用于海量农业知识资源管理,实现了 3.2 TB 农业资源有效管理,国家级农业信息资源步入 TB 级。有学者基于大数据研究了农村耕地流转测报[3]和南方双季稻春冷害预测方法[4],并提出了相关模型。

果园物联网建设大大提升了果蔬生产能力和效益。北京农科院在顺义区农科所基地、绿富农果蔬专业合作社、康鑫园农业生产基地等果蔬基地安装土壤环境信息感知、空气环境信息感知、气象信息监测感知、视频信息感知各类感知设备 130 套,如图 1-2(a)、(b)所示,配套自动灌溉及用水调度调控及温室环境综合调控设备 45 套,并预留处理接口,实现云端控制;提供手机、计算机的设施农业生产过程监管和农产品市场行情云服务。

(a) 安装视频设备        (b) 丰收的果园

(c) 农业机器人        (d) 果园护理机器人

图 1-2 果树基地的视频感知器和农业机器人

定点视频感知设备是产生农业图像数据的"大户"。视频远程监控数据的感知获取是农情数据信息的有效补充,基于网络技术和视频信号传输技术,对示范园区温室内部作物生长状况进行全天候视频监控对整个生产过程包括种植、生长、发育、开花、结果、采摘等环节进行安全视频监控;实现现场无人值守情况下农户对作物生长状况的远程在线监控,质量监督检查部门及上级主管部门对生产过程的有效监督和及时干预,以及信息技术管理人员对现场图像信息的获取、云存储备份和分析处理。例如,中国农业科学院主导的项目"小麦苗情远程监控与诊断管理",按100 个监测点计算,每天就产生约 1TB 的高清数据[5]。在小麦数据监控工作中,对生育期进程进行监测,在监测的过程中研究探讨不同发育时期各项生理指标的变化,利用监测数据进行科学的判断决策,为小麦的化学除草及用药提供技术指导[6,7],例如,除草剂是植物毒剂,除草效果受环境条件、用药技术水平的影响较大,直接影响效果和效益。

移动农业机器人也是农业图像信息的一大源头。在澳大利亚,如图 1-2(c)、(d)所示,采用机器人技术提高农业领域竞争力的现象相对普遍。农业对澳大利亚经济非常重要,2012 年农产品出口金额达 388 亿美元(约 2285.6 亿人民币),它是世界上农业最发达国家之一,该国最低工资为每小时 15.4 美元(约 94 人民币),而且劳动力有限,因此使用机器人以及无人驾驶飞机等其他技术来提高效率很重要[8,9]。农业机器人是用于农业生产的特种机器人,是一种新型多功能农业机械,也是机器人技术和自动化技术发展的产物。它的出现和应用,改变了传统的农业劳动方式,改变了定点视频监控局面,实现了农情信息的"巡防",能够捕获更精准、多角度的农业图像信息。

### 1.1.2 破解"视而不见"困局的关键在于图像信息的机器识别

当农民看到小麦地里长出了杂草时,第一反应是"如何除草";当一个果农看到果体体表出现腐烂、轮纹或者黑星时,第一反应是"果实得了什么病,该喷什么药,防止其蔓延";当物联网农业生产环境中的视频感知设备,或者农业机器人感知到类似的图像信息时,设备的第一反应会是什么呢?目前,大部分设备,只是当作什么都没发生,如往常一样把这些信息数字化,记录下来,传输到云端保存起来,这种现象就是视频设备的"视而不见"。

设备只能采集图像,缺乏加工提取功能,无法得到有价值的信息。对云端的图像信息分析识别处理,使得系统能做出类似智能生命体的响应,这成为解困于"视而不见"的首要任务。要设备能够"看得见",关键是具备图像信息的识别功能,农业图像信息识别在生产中有着广泛的应用,主要在以下几个领域:

(1)大田杂草识别。采样机器视觉的图像信息,基于纹理和位置,颜色和形状等特征,识别作物(玉米、小麦)行间在苗期的杂草,针对性地变量喷洒化学制剂,提高精准农业的效率[10]。

(2)农业机器人视觉。中国农业大学农业机器人实验室研制的机器人[11,12]成功执行从架上采摘黄瓜再把黄瓜放到后置筐的操作过程,它装备了智能感应采摘手,通过内部的感应电子眼,能够在 80~160cm 高度内感知到成熟的黄瓜位置,并且准确地伸出采摘臂进行采摘,采摘臂末端的柔性机械手能根据黄瓜表皮硬度自动抱紧黄瓜,抱紧后由切刀切断果梗,然后慢慢送进机器人后面自带的果筐内。其中,关键的系统是果实的识别,利用黄瓜果实和背景叶片在红外波段呈现较大的分光反射特性上的差异,将果实和叶片从图像中分离。

(3)作物病虫害预警和识别。基于图像规则与 Android 手机的棉花病虫害诊断系统[13],通过产生式规则专家系统和现场指认式诊断,开发了基于 Android 的病害诊断,病害图像的识别智能化水平较低。基于机器视觉的果蝇复眼病变图像识别系统的研究[14],利用 JVC/TK-C721EC

彩色摄像机、体视生物光学显微镜、美国 NI 公司的图像采集卡 PCI-1409 等仪器,组织和完成了果蝇样本的采集工作,采集到的果蝇复眼图像,经平滑、增强、分割、形态学操作等预处理后,运用循环、迭代次数的算法提取果蝇复眼轮廓,通过判断逐个像素点的红色分量值,运用点运算的方法提取果蝇复眼坏区斑点的颜色特征,完成了果蝇复眼病变自动识别。

处理识别非结构化的图像数据成本更高,过程更复杂。在农业大数据中,结构化的数值数据,如气象、土壤等,其含义已经明确,数据和作物生态环境相关性可以通过农学知识给出,知识挖掘任务主要是探讨其中时间序列的规律以指导农业耕作,其数据容量相比于图像是很小的。图像直观、形象地表达了作物生长、发育、健康状况、受害程度、病因等方方面面的信息。"内行看门道,外行看热闹",资深农学专家都能看得懂,悟出这些语义,而且做出准确把握,能给随后的农技措施给出科学指导。让机器视觉设备能实施同样工作,就是研究的终极目标。培养资深专家高昂的社会成本、时间成本和稀缺性,以及大数据的海量、决策紧迫性都使得依靠人力来快速、科学解读农业数据的海量图像信息显得极不现实,图像信息的机器识别成为破解"视而不见"困局的关键。

### 1.1.3 作物病害图像识别是发展精准、高效、绿色农业的基石

农业生产过程中,虫害肆虐和生理病变仍然是困扰作物生长的基本问题[15]。在不能确定病害分布、作物和杂草的情况下,覆盖性地、大面积地喷洒化学物质(化肥、杀虫制剂)不仅造成大量浪费,而且严重污染土壤环境,危及食品、食材安全,直接影响人类健康。因此,研究如何利用机器视觉和图像感知自动、及时、精确识别作物和杂草,健康作物和病害作物以及病变种类就显得十分必要了。

农药残留威胁着生态环境和人类健康。农药喷洒后,一部分附着于农作物体表,或渗入株体内残留下来,使粮、菜、水果等受到污染;另一部分散落在土壤上(有时则是直接施于土壤中)或蒸发、散逸到空气中,或随雨水及农田排水流入河湖,污染水体和水生生物。农产品的残留农药通过饲料污染禽畜产品。农药残留通过大气、水体、土壤、食品,最终进入人体,引起各种慢性或急性病害。易造成环境污染及危害较大的农药,主要是那些性质稳定、在环境或生物体内不易降解转化,而又有一定毒性的品种,如 DDT 等持久性高残留农药。为此,研究筛选高效、低毒、低残留新型农药,已成为现代农业的关键课题[16]。

过量的化学肥料一直在破坏农业生态环境。农田所追加的各品种和

形态的化学肥料,都不可能百分之百被农作物吸收[17]。氮素利用率一般在30%～60%,磷素利用率一般在3%～25%,钾素利用率一般在30%～60%。过量使用,都会造成化肥大量流失。未被及时吸收的氮化合物,被土壤胶体吸附为氮氧化合物形式存在,并通过土壤水向下渗透转移到植物根系分布密集层,从而造成土壤污染。化肥污染造成的环境问题主要有:①河川、湖泊、内海富营养化,水中氮、磷含量增加,使藻类水生植物过生长;②土壤物理性质恶化,如酸化;③食品、饲料和饮用水中有毒成分增加;④大气中氮氧化合物含量增加[18]。

农业的变量投入能大大降低农业生产成本。据测算,采用精准农业技术,可以节约30%以上的肥料和农药,降低约20%的作物生产成本。美国学者对64种庄稼进行统计,每年农场主因病害造成庄稼减产损失达75亿美元,用于病害的化学制剂费用为36亿美元,在美国,人们对少使用化学制剂和精确控制病变病害生长的技术非常感兴趣。

总体地说,实现化学物质精确喷洒,主要有以下几个方面的优势:①有助于减少农业生产的投入费用,提高农业产品利润和市场竞争力;②有助于减少农业污染,降低对生态环境的破坏;③有助于提高农产品的质量,实现绿色环保农业;④有助于实现我国农业的机械化、自动化、现代化和产业化。

实现精准农业是21世纪的农业革命任务之一,农业要持续发展,必须尽快实施精细农业战略和变量投入,提高农业利润率和市场竞争力,改善有限土地资源的利用率,净化生态环境,实现良性循环。包括利用机器视觉技术将病变图像从农作物和其他背景物体中识别出来在内的智能农业信息处理,是实现精细农业变量投入的技术前提,它是精准、高效、绿色、安全、可持续农业的基石,它在农作物病虫害诊断、生长信息、土壤和农作物成分分析等方面都有广泛的应用前景。病变图像分类识别研究和杂草识别技术在图像处理方面基本相似,两者共享相关的理论和技术。尽管目前该领域仍有许多技术难题待解决,但是,信息处理、人工智能技术以及相关学科的快速发展和计算机运算速度、显示内存等设备性能的不断提高,必将进一步为机器视觉技术在该领域的研究与实际运用开辟更广泛的空间,为实现农业现代化、精确化提供了可能。

### 1.1.4　深度机器学习有机融入是智慧农业的必由之路

智慧农业将物联网技术运用到传统农业,运用传感器和软件通过移动平台或者计算机平台对农业生产进行控制,使传统农业更具有"智慧"[19,20]。除了精准感知、控制与决策管理外，从更广的意义上讲，它还包括农业电子商务、食品溯源防伪、农业信息服务等方面的内容。技术上，它集成应用计算机与网络技术、物联网技术、音视频技术、3S技术、无线通信技术及专家智慧与知识，实现农业可视化远程诊断、远程控制、灾变预警等智能管理。它是农业生产的高级阶段，是集互联网、移动互联网、云计算和物联网技术为一体，依托农业生产现场的各类信息传感节点和无线通信网络实现生产环境的智能感知、智能预警、智能决策、智能分析、专家在线指导，为农业提供精准化生产、可视化管理、智能化决策。

农业智能信息化系统是智慧农业的重要部分，它可大大提高我国的农业信息化水平。农作物病虫害信息采集管理系统[21]，以及设施农业生产智能管理决策系统[22]，它们通过与农业领域专家的合作，将农业专家的知识、经验与计算机软件集成，可以针对农业生产管理过程中的关键技术和环节，如栽培管理[23]、病虫害诊断[24]、标准化生产等，提供决策和合理化建议。常用的农业生产管理专家系统有 25 种，其中，作物类专家系统有小麦专家系统[25]、玉米专家系统等，蔬果类专家系统有黄瓜专家系统[26]、草莓专家系统[27]等。然而，大部分农业智能系统遇到错误时不能自我校正或者吸取教训，执行正确时不能更新知识库局部知识点的优先级或者加分或者总结经验。换言之，缺乏通过经验改善自身性能和从农业数据中自动获取和发现所需要的知识的智能能力，进一步提高系统的智能水准已经成为智慧农业发展的重要课题。

同时，智慧农业的物联网积累了海量有价值的农业数据，物联网数据增长速度越来越快，非结构数据越来越多，"数据泛滥，知识贫乏"也成为智慧农业领域面临的尴尬。农业信息智能处理将提高农业信息系统的智能化水准，大大改善农业信息化服务质量。"从实践中不断吸取失败的教训，同时，总结成功的经验，让下一次实践完成得更好"是人类认知的基本路线，也是人类社会文明不断发展的根本原因。基于实践和经验的学习智能成就了人类为自然主宰。让机器也能复制类似的自我学习智能，机器专家成为不断成长寻优的专家，将机器学习智能植入农业智能系统或者强化农业智能系统的机器学习能力，让智能系统的领域知识动态地自更新、自寻优，从而提高智能系统对于农业复杂问题科学决策水平，延伸农业生产力，这是深度机器学习在智慧农业中的终极发展目标。智能和智慧都离不开机器学习，复杂多变的生产环境对智能系统作业精准度提出了更高要求，使得智慧农业日益增长的知识需求和机器学习智能速度精度之间的矛盾表现得愈加突出，深度机器学习有机融入是智慧农业的必由之路。

深度机器学习是一种通过不断学习样本低层特征逐步形成关于事物更加抽象的、高层属性或特征的机器学习结构，它已经成为智能信息处理领域研究热点。它发展于机器学习，是机器学习的高级形式。学习能力是智能体的重要特征之一，机器学习（Machine Learning）有过多种定义[28]。Simon 认为，学习是系统所作的适应性变化，使得系统在下一次完成同样或类似的任务时更为有效[29]。Michalski 认为，学习是构造或修改对于所经历事务的表示[30]。从事专家系统研制的人们则认为学习是知识的获取。这些观点各有侧重，第一种观点强调学习的外部行为效果，第二种则强调学习的内部过程，而第三种主要是从知识工程的实用性角度出发的[31]。一个普遍接受的观点是：一个不具有学习能力的智能系统算不上是一个真正的智能系统。智慧农业的智能信息系统都普遍缺少学习能力或者学习能力不足，其中尤其典型的是非结构化数据的知识获取瓶颈问题，工程师一直在努力，试图改进机器学习方法加以克服[32,33]。

深度学习的目标在于构建、模拟人脑进行分析学习的神经网络，仿真实现人脑的"分层认知、逐层深入"的机制来学习图像、声音等非结构化数据[34]。常用方法有卷积神经网络（Convolutional Neural Networks，CNN）[35]、深度置信网（Deep Belief Nets，DBN）[36]、自动编码（Auto-Encoder）[37]、稀疏编码方法（Sparse-Encoder）、深度玻尔兹曼机（Deep Boltzmann Machine，DBM）等[38]，它们产生了很多成功的应用案例。2012 年，加拿大研究人员利用深度卷积网络实现了图像分类网络，在JPEG 图像集合进行训练，成功实现对蜘蛛类昆虫、集装箱船类、摩托车类 40 多个种类的物体识别，在大型视觉辨识挑战 2010（Large Scale Visual Recognition Challenge 2010）数据集通过测试，得到良好实验结果[35]。微软与 Hintion 合作，将 RBM 和 DBN 引入语音识别声学模型，首次在大词汇量语音识别系统中获得巨大成功，使得语音识别的错误率相对降低 30%[39]。深度学习技术在非结构数据领域成功，让人们对它在智慧农业大数据学习和作物病害图像识别中的表现充满期待。

## 1.2　病虫害智能诊断的研究目标及内容

### 1.2.1　研究目标

农业物联网获取了海量有价值的图像数据，如何对这些数据特别是图像数据进行智能分析处理,从中发现并提取新颖的农业知识模式,成为发掘项目效益和促进农业生产力发展的关键举措,相对于海量积累的农业数据,智能信息处理的行业基础技术储备严重不足,农业领域现有处理技术无法满足如此大规模信息的即时分析挖掘需求。具体说来,就是无法为"灌溉与否,灌溉量多少""喷药与否,剂量多少,范围多大,位置在哪"等农业决策提供科学及时的智力支持,也就无法实现精细的变量农业投入,大数据潜在价值没有得以挖掘,"能量"未能释放。如何进行数据处理和学习,挖掘"大知识和大智慧",使之有效地服务于智慧农业,已经成为现代农业发展的突出科技问题。

　　基于以上思路,为了实施病害防治时的变量化学制剂精准喷洒,降低农业生产成本,发展绿色高效安全农业,本书以作物病害图像为对象,以深度机器学习为手段研究基于病害图像的计算机病变识别的理论方法及技术。

### 1.2.2　研究内容

**1. 基于CT图像的籽种品质评价定级的人工智能方法**

　　遗传学告诉我们:农作物的产量、品质、抗病虫害、抗逆性和机械化作业适应性等一些优良特性及其遗传信息,都是通过籽种遗传至后代。因而,籽种质量评价及分析,挑选品性好、性状适宜的农作物籽种是农业生产中的关键环节。运用类似"安全机检"手段,获取籽种CT影像,提取籽种数字化特征,研究籽种品质智能化评价方法,对于农业增产增效有着积极意义。自然状态下,甲等、丙等籽种少,乙等居多是籽种品质分布常态,数量上压倒性倾斜态势凸显而普遍。不平衡数目的样本,势必导致知识、经验、信息表达传递不均衡;同额度松弛、惩罚容易形成噪声信息"洪泛"效应,结果是弱势目标的知识被"淹没",而使得机器定级的错误率大幅增加,针对不平衡样本,"如何构造合适机器分类模型"成为籽种品质自动筛选相关的关键课题。

　　在此基础上,研究基于CT特征的支持向量网络籽种品质评价技术,探索惩罚校正的支持向量机算法在不平衡数据集合上的惩罚因子校正方法,并在小麦籽种CT影像特征数据集开展实验并检验其性能。

**2. 作物病害图像的病变识别预处理方法**

　　过去几十年里,基于神经网络的机器学习技术在模式识别和数据降维领域扮演着日益重要的角色。自然数据的丰富性和多样性、如图像、象形符号等模式及自然语言表达的歧义性、不准确性使得仅凭借领域专家手工去建立一套通用的、公认的特征提取方法几乎不可能。

自 20 世纪 70 年代以来,深度学习在图像特征提取和图像模式识别方面取得了喜人的成绩。如,识别手写数字字符图像模式的错误率,人类为 2.5%,神经网络为 6.6,支持向量机为 4.7%,卷积网络为 1.8%,学习了 60000 个样本的机器和人类一起测试 10000 个样本,机器智能表现和人类一样好,甚至超过人类;识别道路交通标志图像模式的准确率,人类为 98.81%,卷积网络为 98.79%,25350 个样本参与了实验,机器的表现完全可以和人类媲美。对于病害模式的识别,能否研究出可以和人类专家相比的机器智能,是一个充满惊喜的问题。

特征提取是模式识别过程中的关键步骤,本质上就是降维,它本身只是服务于某个任务的一个过程,而不是目标,但是直接影响识别精度。农作物病害图像的完整数据集合,当前并不存在现成可用的对象。以苹果为例,在国内外,尚未存在标准的苹果病害图像基准数据集合。从物联网果园环境中,无论是定点还是移动采集得到的图像都充满多种干扰,而且在受限的条件和有限样次数下,无法保证在各种干扰状态都能采集具备代表性的图像样本,因此,如何实施一个合适的处理过程来形成规格化的样本变得尤为重要,研究苹果病害图像的多态性预处理方法和特征提取理论成为本书研究工作进一步开展的先行课题。

### 3. 病变模式识别的数值分析降维算法

为了提高模式识别的正确率,人们通常需要采集属性数量巨大的数据,使得原始空间的维数可能高达几千维或万维。高维数据中包含了大量冗余信息,它们掩盖了重要属性之间的相关性,降维能够消除冗余属性,保留主要属性,减少数据量,广泛应用于分类和模式识别等领域。

科学研究中,往往需要反映事物的多个变量进行反复的观察,收集大量数据以便探究其中规律。如果单独分析每个指标,所得信息又可能是孤立的,不综合的;盲目减少属性可能损失关键信息,容易产生错误结论。因此,需要找到一个合理的方法,减少属性的同时,也尽量减少信息损失。由于属性间存在一定的相关关系,因此,有可能用较少衍生属性分别综合个体变量中的孤立信息。PCA 方法就是这样一种降维方法,它在图像降维重构和数据可视化方面表现出了满意的性能。

因此,基于数值分析降维的病变模式识别成为本书研究要点之一,工作具体包括以下方面:主成分能否用于病害图像降维和该过程能否提取

用于病变识别的样本特征,降维模型的重构性能评价方法和支持向量机
分类网络的构建。

### 4. 病害图像模式降维的半监督深度学习方法

深度机器学习是年轻的人工智能分支,自 21 世纪发展成为学科前沿
以来,在生物特征识别、搜索引擎、医学诊断、信用卡欺诈检测、DNA 序列
测序、语音和手写识别等方面有着成功的应用,对于问题"人类智慧能否
复制到机器,多大程度上可复制",它深刻改变了人们的看法。

自 2006 年,基于限制玻尔兹曼机的降维神经网络被提出以来,该网
络在针对数据重构和多维数据可视化应用上,展示了优秀性能。它的理
论基础是统计物理学,是一种源于能量函数的建模,能量函数通过玻尔兹
曼分布表达属性之间的统计关系。它成为了半监督深度学习算法的基
础,使得算法逻辑结构具备了相当完备的物理阐释和严密的数理统计理
论依据。

降维和特征提取方法不能一成不变,因为,对于特征的"价值取向"是
因任务而异的。如何让特征提取过程如同机器学习过程一样,实现自我
优化呢? 因此,从改善特征提取性能和创新特征提取方法的角度,本书又
围绕"半监督深度学习图像降维的病变识别",开展了下列实验研究:玻
尔兹曼机随机对比发散学习方法、面向病害图像特征提取的自动编码网
络和基于 RBM 降维的 SVN 病变识别方法。

### 5. 病害图像模式降维识别一体化的监督深度学习方法

为了实现基于病害图像模式的病变识别,人们设计了诸多从图像模
式中提取病变特征的方法。主分量方法利用属性之间的相关性分析,以
相关性因子为权重,提取得到主分量矩阵,通过降维来提取病害图像特
征,该过程从本质上是一个数值分析过程,它的特征提取过程不具备病变
识别针对性。

基于玻尔兹曼机降维的方法,将半监督学习引入特征提取,网络在重
构误差的监督下不断调整完善网络参数,使得提取之后的重构误差尽量
朝着下降最快的方向推进。由于限制玻尔兹曼机学习算法的嵌入让网络
容易地完成良性初始化,尽管参数量巨大,网络依然在较快的时间内实现
收敛。特征提取过程中提取算子能够不断学习,提取得到"更好"的特征,
它在"自我优化"方面比 PCA 方法前进了一大步,但是,发挥"指导效用的
误差"来自重构,能不能优化,能在多大程度上优化面向病变识别的特征

提取是一个期待深入研究的问题。

这样,"能不能开发基于监督深度学习的病害图像降维识别方法"的问题就自然而然浮出水面。由此开展了下列研究:探讨卷积网络果体病变图像识别诊断方法;设计学习网络结构和面向卷积的误差 BP 传递算法;快速权值冲量更新机制探索;构造线性弹性动量和二次弹性动量方法;基于 MATLAB 环境对涉及的算法编码实现;在苹果病害图像上仿真实验。

## 1.3　国内外智能诊断的研究现状和发展趋势

### 1.3.1　图像技术在病害识别诊断上的应用

岑喆鑫等研究不同颜色的光反射特性和光学滤波对疾病类别的影响,运用用遗传算法,从色光反射特性的视角建立了模型参数,形成了黄瓜炭疽病的自动诊断技术的雏形[40]。但是,因为对病害的颜色、纹理信息缺乏充分的利用,也就无法从病害颜色、纹理的视角进一步加以研判病害类别[41],造成了信息利用不足和准确率的下降。

田有文等运用图像的计算机处理技术对葡萄的病害图像进行预处理[42],试图完成病斑分割及提取有效特征,然后,训练支持向量机对葡萄病害进行自动分类识别,以弥补专家人工识别的短板,降低识别错误率并提高效率[43,44]。

有学者利用图像技术检测柑橘溃疡病[45,46],探讨病斑数字化特征构造、特征选择和分类器构造等关键问题,研究了病害图像的预处理技术,如图像去噪、图像分割等方式,从颜色、纹理和形状等方面采用了多种手段,如 Gabor 变换、灰度差分统计等构造了病斑数字特征。

王献锋等利用图像处理和统计分析,提出了一种基于病害叶片图像和环境信息的黄瓜病害类别识别方法,采集不同季节、温度和湿度等环境下的病害叶片图像,并记录病害的环境信息,提取病害叶片的 5 个环境信息特征向量,对病害叶片图像进行图像预处理,提取病斑图像的颜色、形状、纹理等 35 个特征,将两者结合得到黄瓜病害的 40 个特征分量,再利用 SAS(Statistical Analysis System)方法,选择 10 个分类能力强的特征分量,计算作物病害的聚类中心分类特征向量,再根据最大隶属度准则识别叶片病斑类别[47]。数据显示:对黄瓜霜霉病、褐斑病和炭疽病 3 种叶部病害的识别率高达 90%,能有效识别作物病变病害类别[47]。

上述 3 条文献中的特征提取方法,均基于图像处理技术,从肉眼的角度,以几乎手工方式来提取、选择病害模式特征。首先,工作效率低;再者,提取的特征点和领域专家知识的一致性没有保障;最后,提取过程和识别过程的分立识别势必影响系统性能。

图像技术在作物病虫害的诊断上应用,吸引了学者的高度关注,同时,也得到了广泛的研究。病害图像特征提取能否智能化、自动化;提取的价值取向能否瞄准病变诊断识别,并和该任务保持一致;机器学习能不能深入融入这个过程,让机器学会自己去提取特征,在目标任务的指导下自动更新、调整、优化提取过程,这无疑是一个让人充满着期待的美好构想。

### 1.3.2 机器学习的图像降维和特征提取研究

模式识别一般经历 3 个主要步骤:数据获取、特征提取和分类器构建。数据获取阶段利用传感器将物理输入转变为数字信号数据,并完成原始数据的去噪、归一化等预处理;特征提取阶段根据问题的具体特点,选择和提取更具判别能力的特征;最后,根据所提取的特征训练分类器对样本进行分类。特征提取是模式识别中最重要的研究领域之一,提取效果的好坏直接影响最终识别效果。要求提取的特征通常应具有以下性质:来自同一类别的不同样本的特征非常相近,而来自不同类别的样本的特征则有较大的差异。从某种意义上讲,理想的特征提取技术将会大大简化分类器设计工作。

经典的线性降维技术如 PCA 方法和线性判别分析都是基于散度矩阵的相关性分析,遇上高维小样本问题会导致散度矩阵的奇异性和过拟合,致使经典线性降维技术的识别精度下降。线性降维技术,就是通过线性变换的方式将数据从原始空间投影到低维特征子空间。左旺孟等围绕线性降维提出用双向 PCA 方法技术解决 PCA 方法的过度拟合现象,并设计组合矩阵距离来表达矩阵距离测度,利用线性降维技术提取人脸和掌纹的特征的数据显示:对于最近邻特征线性分类器,该方法比 Frobenius 和 Yang 距离方法有更高的识别率;此外,他构造了特征脸的循环加权匹配法(IRF-Eigenfaces)技术来解决传统的特征脸方法在噪声信息和局部遮挡图像时的精度下降问题[48-50]。

人的感知模型与机器学习算法的有机模型结合是一个前景非常广阔的研究方向。黄东等研究了自组织神经网络和流形两个处理数据的非线性方法,提出了基于流形的方法来建输入空间和特征空间之间的非线性映射,从而不再孤立考虑流形的学习和合成;构造了一种泛化的拓扑保持自组织图的变形模型来保持拓扑不变的自组织映射机制;引入神经元竞争模型,设计了一种基于自相关矩阵的均值更新增量主元分析算法;这些方法非常适用于精确边界检测和具有较强复杂边界形状恢复能力,同时,避免在流形学习与双向数据扩展中的局部极小值问题,并能估算流形维数,对最近邻居的个数有较好的鲁棒性[51-53]。

在医学领域,实验设计、数据分析已经为疾病的预防、诊断、治疗和保健提供重要的途径和手段。机器学习是当前计算机科学和信息科学的重要前沿学科之一。翁时锋等将非线性降维算法(Isomap)引入高维医学向量数据的处理中[54,55],在 Isomap 算法的基础上,建立了一种新的监督非线性降维算法(SIsomap),在肺癌基因数据、糖尿病病理数据等多个高维医学数据上获得成功应用。

随着信息获取技术和通信技术的高速发展,高维信息技术将朝着高性能、低成本和智能化方向发展。然而,表达信息的数据普遍是海量、高维、非线性和语义多样化的,探索新型处理方式、解决信息冗余、剖解视觉信息语义组织、抽取适应性特征、建模非结构化格式数据和实现内容语义自动理解是未来信息技术领域面临的巨大挑战。

### 1.3.3 农业专家系统和病害诊断技术研究

农业专家系统是把专家系统知识应用于农业领域的一项计算机技术[56]。专家系统是人工智能的一个分支,主要目的是要使计算机在各个领域中起人类专家的作用。它是一种智能程序子系统,内部具有大量专家水平的领域知识和经验,能利用仅仅人类专家可用的知识和解决问题的方法来解决该领域的问题。它是一种计算机程序,可以用专家的水平完成一般的、模仿人类的解题策略,并与这个问题所特有的大量实际知识和经验知识结合起来。包括应用在如作物栽培、植物保护、配方施肥、病虫草害防治专家系统等多个方面[57]。

国家级项目实施层面,智能化农业专家系统开发是由国家科技部批准立项的 863 计划项目,是计算机人工智能技术应用于农业领域的高新技术项目,又称电脑农业,由海南省科学技术厅组织实施,是一项提供农业科技服务的科技成果[58]。实施之后,海南省的市县区设立农业科技服务"110"站点 210 个,覆盖全省 22 个市县区,120 个乡镇,辐射全省农村大部分村民组,每年全省农业科技服务"110"服务服务站接到求助、咨询电话近 10 万人次,提供现场服务 3 万多人次,受益农民达 50 多万人,取得了很好的社会效果和经济效益。

作物个体层面,也安装了很多实用的专家系统。近几年我国大豆总产量徘徊不前,进口逐年增加,主要原因是生产仍采取传统栽培方式,科技含量低,导致单产低、品质差、经济效益不具竞争力,挫伤种植户的积极性。利用专家系统和知识模型的原理与技术,以多年大豆科研数据、成果、专家知识为依托,建立了大豆作物生产管理专家系统[59]。利用信息技术从栽培、施肥管理到病害护理为种植户提供专家水平的决策支持服务,引导传统生产方式向信息化方向发展,在实施地域,收到了良好效果和反响。果实方面,以南方葡萄的生长过程作为研究对象,对其栽培管理技术、病害诊断方法,以及葡萄果实整个生长过程中内质参数与其图像信息的关系、病害诊断和葡萄成熟度采前无损检测等方面进行了研究[60]。专家系统模块仍然通过病害描述表的方式存储,诊断模块还是采用了推理机和神经网络混合模型,机器视觉提取了葡萄颜色特征,对成熟度开展无损检测,机器学习功能的缺失和知识表达方式上的过专业化对系统推广应用造成一定的负面影响。

基于机器学习、信息论、特征选择等方法研制了禽流感病毒禽到人的跨种群传播[61],H3N2 亚型流感病毒的抗原关系预测模型[62],同时识别了禽流感病毒禽到人传播的 90 个特征氨基酸位置以及 18 个 H3N2 流感病毒抗原变异关键氨基酸位置,为相关的分子决定因素和底层机制研究提供参考,从而可以为公共健康提供早期疾病预警。

高明亮等指出一些主要的问题制约农业专家系统和诊断技术的推广和发展[63]:人工智能技术本身还不成熟,开发的专家系统并不具有真正的学习能力,结果导致系统的表现只能处理人类专家见过的各种情况,不能随机应变,人工智能面临严峻的考验需要加快自身发展;农业专家系统的应用与开发脱节、适用对象狭窄;信息(知识)获取困难、存储方式落后。如何根据领域知识的内在关系和不同类型知识的特点来采用不同的表示方法,使知识库能够更有效地表示知识,达到提高系统实用性的目的;如何科学处理和合理利用日益堆积的农业数据和挖掘智能系统的本体智能是市场和生产现场向农业信息化科技工作者提出的核心问题。对于专家系统,没有高级的机器学习,就没有自我成长;没有自我成长,就没有更高层次的智能。

### 1.3.4　深度方法在图像等非结构化数据识别领域的研究

深度学习的概念源于人工神经网络的研究,由 Hinton 等于 2006 年提出[36,64]。深度学习通过组合低层特征形成更加抽象的高层来表示属性类别或特征,以发现数据的分布式特征表示,诸多深度学习方法被提出。例如,多隐层多层感知器就是一种深度学习结构;基于深度信念网络(DBN)的非监督贪心逐层训练算法;此外,Lecun 等提出的卷积神经网络是一个真正多层结构学习算法,它利用空间相对关系减少参数数目以提高训练性能[65]。

对于非结构化数据进行有效分析一直是机器学习的难点[66]。相对于结构化数据即行数据,可以用二维表结构来逻辑表示实现的数据,不方便用二维逻辑表来表示的数据即称为非结构化数据,其字段长度可变和每个字段的记录又可由可重复或不可重复的子字段构成,所有格式的办公文档、文本、图像和音频/视频信息都是典型的非结构化数据。对于它的分析常常存在一些弊端:不能与企业经济效益直接挂钩,KPI(Key Performance Indicator)关键业绩指标非数据驱动生成,缺乏科学性,数据分析周期冗长[67]。

深度学习架构在语音识别领域取得重要进展。2013 年,Hinton 在深度信念网络(Deep Belief Networks,DBN)上的革命性的突破吸引人们的目光[36],提出了基于深度递归神经网络的语音识别方法[39],递归神经网络(RNN)是一个针对序列数据而具备强大功能的学习模型,它结合了多层次架构,该模型将语音因素基准测试集上的误差降低至 17.7%,刷新了最佳记录。在国际上,IBM、Google 等公司都快速进行了 DNN 语音识别的研究,并且发展迅速[68]。国内方面,科大讯飞、百度、中科院自动化所等也在进行深度学习在语音识别上的研究。

在图像识别应用上,深度机器学习的成功也越发让人兴奋。2012年,为了 ImageNet LSVRC-2010 大赛(ImageNet 是一个计算机视觉系统识别项目,是目前世界上图像识别最大的数据库,它拥有 120 万幅高分辨率可归类到 1000 种不同类别的图像),Krizhevsky 团队训练了一个大规模的、深卷积神经网络;在测试数据上,以 17% 的错误率排第 5 名,以 37.5% 的错误率排第 1 名,比此前最好的成绩超越许多;这个神经网络,拥有 6000 万个参数和 650 000 个神经元,其层次结构为:5 个卷积层,其中一些卷积层后面连接着最大池化层,3 个全连接层与末端 1000 路 SoftMax 函数输出;为了加快训练,使用了非饱和的神经元和一个非常高效的 GPU(图形处理器)卷积运算实现;为了减少过度拟合完全连接层,采用了最近开发的名为"丢弃"的正则化方法,这曾经被证明是非常有效的;该模型也参加了这个大赛的一个年度升级版 ILSVRC-2012,以误差率为 15.3% 的成绩排第 5 名。

　　从本质上讲,病害图像和其他图像没有本质区别,从类别来讲,具体到某个作物品种,常见的,已经清楚认识的病变类别不过几十种,从这个角度来看,开发基于深度学习的病害图像识别方法,理论上是完全可行的,同时从复杂度来讲也要容易很多。

　　有学者研究了苹果采摘机器人视觉系统[69],采用双目立体视觉技术获取果实的三维位置信息,采用红绿图像差异来进行分割,使用遗传算法提取目标的特征(圆心坐标与半径),然后利用灰度区域匹配的方法计算图像中各点的深度信息,得到拍摄场景深度图,对照圆心在深度图中的位置,得到苹果的三维信息,从而识别与定位成熟果实,实验红富士苹果时,显示出较好的识别效果[70]。

　　尽管这些成功背后的机理尚有待进一步的探索,如,深度学习如何提取得到模式的特征,提取出了哪些特征,这些特征在人类专家的角度是否可解读,等等,然而,数据确实证明了有效性和可媲美的性能。总体来讲,深度学习在非结构化数据学习方面的表现的确让人欣慰,如果将这些技术运用到智慧农业的物联网大数据,势必产生诸多革命性的技术,将大大提高农业生产力。

　　总体来说,农业信息技术和农业智能系统将朝着数据密集型和本体智能化的方向发展。仅仅数字化方式,死记硬背地保存开发者植入的逐步"out"的领域知识和智慧农业物联网的感知数据,故步自封,画地为牢,以不变应万变的方式"发号施令"将成为农业信息系统发展"要命"的障碍。探讨机器学习的最新成果融入农业智能系统和农业信息智能处理的理论、方法、技术,让机器系统在反复积累经历和数据过程中像人类一样能自我学习,从实践中获取知识,演化其智能,获得更加"智慧",将为扫除这一障碍做出积极贡献。

## 1.4　专家系统概述及其发展概况

　　专家系统(Expert System)是人工智能的一个分支,它有不精确推理、知识库和推理机分离以及自我学习等特性。这些特性使它能很好地处理一些非确定型或非结构化的复杂问题,被广泛地应用于医疗、工业、农业、教育等领域[1]。例如,农业专家系统在作物管理及病虫害防治方面已有较多的应用。

　　专家系统是基于知识的程序设计方法建立起来的计算机系统。它集成了某个领域的专家的知识和经验,能像人类专家那样运用这些知识,通过推理机模拟人类专家的大脑进行推理然后做出决策的过程,来解决人类专家才能解决的复杂问题。它由知识库、推理机、知识获取、解释界面4个部分组成。知识库和推理机是它的核心,建立知识库的关键是如何表示和管理知识,推理机用于确定、不精确推理的方法,解释界面是一些窗口,用它向用户解释专家系统推理过程和如何得出结论的一些问题。其组成如图1-3所示。

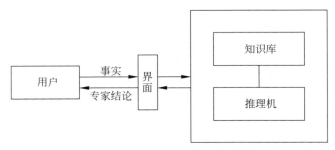

图1-3　专家系统基本组成

专家系统的研究已有几十年的历史,20世纪60年代中期,美国斯坦福大学的DENDRAL计划以及麻省理工学院的MACSYMA计划开始研制首批专家系统,一直持续到70年代中期,美国学者较为完善地提出了专家系统的含义。从60年代到80年代的20多年里,专家系统广泛应用于医学、地质、生物化学、故障诊断、工程、数学问题求解、教育、军事等领域,取得了很大的进步。进入80年代,人们对专家系统有了新的认识,专家系统研究进入高速发展阶段,也出现了许多农业生产管理专家系统,如Lemmon于1986年开发的棉花生产管理专家系统、Plant等于1989年开发的农业管理专家决策支持系统、Srinvasan等开发的ESIM灌溉管理专家系统、S. Saputro于1991年开发的农业生产空中漂移物专家系统(研究喷洒农药对环境的影响),这些专家系统在实际应用中收到了很好的效果。

## 1.5　专家系统的开发方式

最初,专家系统主要靠采用高级程序语言(如PASCAL、FORTRAN、C等)或人工智能语言(如LISP、PROLOG等)来开发,专家系统的各个部分的链接和调试都比较烦琐,对于不熟悉计算机语言的领域工程师,建立专家系统是很困难的。20 世纪 80 年代初,根据专家系统知识库和推理机分离的特点,研究人员把已建成的专家系统中知识库的知识"挖掉",剩余部分作为框架,再装入另一领域的专业知识,构成新的专家系统。在调试过程中,只需检查知识库是否正确即可。在这种思想指导下,用来建立专家系统的工具产生了,人们又称之为专家系统开发工具。利用专家系统开发工具,某领域的专家只需将本领域的知识装入知识库,经调试修改,即可得到本领域的专家系统,无须懂得许多计算机专业知识。

目前,国内已有了许多专用的专家系统开发工具,领域专家开发某领域的专家系统基本上是运用相应领域的开发工具来实现的。例如,农业方面,2000 年,北京"精准农业"示范区用"国家农业信息化工程技术研究中心"开发的农业专家系统开发平台"Platform for Agricultural Intelligence-System Development,PAID"网络版成功开发出了"北方小麦种植专家系统"。国内也出现不少专家系统工具,例如,陆汝铃等的"天马"专家系统开发工具、吕民等的 ASCS 农业专家咨询系统开发平台 (1999)、周桂红等的通用农业专家系统生成工具(1999)等。还有一些农学知识工程师利用"中科院合肥智能研究所"研发的"雄风"系列农业专家系统开发工具开发出了施肥、栽培管理、园艺生产管理、畜禽水产管理饲养、水利灌溉等专家系统,在全国 20 个省 200 多个县推广应用,效果很好。

由于领域知识规则表示及推理方法具有较多共性,所以用某领域专家系统开发工具来开发该领域子领域的专家系统是当前专家系统开发的主流方法。

## 1.6 农业信息化技术和农业专家系统

### 1.6.1 农业信息化技术

在 20 世纪 60 年代至 70 年代中期,计算机在农业方面应用主要是进行科学计算与数据处理;70 年代后期至 80 年代,着重于进行信息的采集,建造数据库和模型等;80—90 年代,是以智能技术、遥感技术、图像处理技术和决策支持系统技术等进行信息和知识的处理,对农业生产进行科学管理。近年来,在一些发达国家,农业已进入全面采用电子信息技术以及各种高新技术的综合集成,并取得重大突破,大大提高了农业生产的效率,促进了农业生产和农业管理的科学化、现代化[2]。

国际上把信息技术与农业的结合称为农业信息技术(Agricultural

Information Technology，AIT），也可称为信息农业。它已作为高新技术应用于农业的一个重要发展方向，与农业生物技术已成为 21 世纪农业领域高新技术发展的两大前沿课题。

国外农业信息技术应用大致有以下几个方面：

（1）计算机普遍应用于农庄管理。在北美、欧洲、日本农庄已普遍装备计算机，用于行政、生产管理。计算机应用与农场主的年龄、教育业务水平以及农场的规模有关。

（2）信息管理系统应用相当普及。主要应用于：财务会计、业务分析、计划管理和税务准备；畜牧和作物生产跟踪记录（MIS 农业）。

（3）专家系统用于生产管理（ES 农业）。

（4）精准农业。

（5）信息高速公路正在伸向农村。

（6）卫星数据传输系统。

（7）园艺设施农业的智能化自动化。

在我国，发展、促进、推广信息化技术在农业领域的应用对实现农业现代化和改善我国传统产业结构有着重要意义。

### 1.6.2　农业专家系统

农业专家系统，也叫农业智能系统，是农业信息技术中一项重要技术。它是运用人工智能的专家系统技术，结合农业特点发展起来的一门高新技术[2]。农业专家系统是多媒体农业智能应用系统产生和发展的前身，其核心部分是知识库和推理机，它能根据用户的输入匹配规则库，给出专家级别的结论，这样使得专家系统能像人那样思考并回答问题，因而具有智能性。知识库是知识表示和存储的传统方式，在农业专家系统开发平台或工具里面，其主要表现为实现知识规则库的开发和运行，实际上是知识管理。农业专家系统组成如图 1-4 所示。

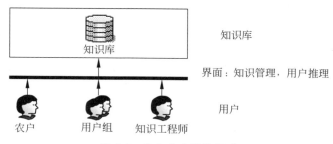

图 1-4　农业专家系统组成

1. 国际发展概况

国际上农业专家系统的研究最早始于 20 世纪 70 年代末期,美国开始最早。也许是受了专家系统最初应用于医疗诊断的启迪,当时开发的系统主要是面向农作物的病虫害诊断。到了 80 年代中期,随着专家系统技术的迅速发展,农业专家系统在国际上有了一个相当大的发展,在数量和水平上均有了较大的起色,已从单一的病虫害诊断转向生产管理、经济分析决策、生态环境等,尤其以美国、中国、日本、欧洲等最为突出。作为政府部门对农业专家系统较早引起重视的国家要算日本,它近年来又将信息网络与专家系统结合,应用于农业生产管理。在美国,农业专家系统这五六年发展甚为迅速,不论在广度深度方面均有了很大进展。

2. 我国发展概况

我国农业专家系统的研究,早在 20 世纪 80 年代初期就已开始,是国际上开展此领域的研究与应用比较早的国家。在国家 863 计划、国家自然科学基金、国家科技攻关项目的资助下,中科院、农业部、机电部,以及许多科研院所、高等院校和各地有关部门在地方政府的资助与支持下开展了各种农业专家系统的研究、开发以及推广应用,取得了一些可喜的成就。在 90 年代,我国农业专家系统又有了新的发展。农业部、中科院、不少省农业科学院及院校继续开展农业专家系统的研究与开发,在广度和深度方面均有了很大的进展。可以预料,一个以农业专家系统为重要手段的智能化农业信息技术将在我国迅速发展,将成为我国 21 世纪农业现代化的重要内容。

具体说来,已形成很多实用的农业专家系统,例如,1980 年浙江大学与中国农科院蚕桑所合作,研制出"蚕育种专家系统";1983 年中国科学院合肥智能研究所与安徽农科院合作,开发出"砂姜黑土小麦施肥专家系统""小麦专家系统"(余华等,1996),"水果果形判别人工神经网络专家系统"(刘禾等,1996),基于规则和图形的"苹果、梨病虫害诊断及防治专家系统"(王爱茹等,1999),"生态农业投资项目外部效益评估的专家系统"(范大路,1999)。20 世纪 90 年代,国际上举办了多次有关农业专家系统的会议,我国专家系统的研究更是进入了一个蓬勃发展的新时期。这些农业专家系统极大地促进了农业科技成果的应用与推广。

## 1.7　农业专家系统开发工具的研究

专家系统开发工具是开发和建造专家系统十分有用的工具,目前,开发专家系统基本上是运用开发工具来实现,尤其对初学者,应尽力运用专家系统开发工具来建造专家系统,不宜用某种程序语言一条一条编写程序。在国内,进行农业专家系统开发工具的开发商和研究机构很多,其中比较突出的介绍如下。

1. 国家农业信息化工程技术研究中心

隶属于北京市农林科学院,以下简称中心,中心前身是北京农林科学院,有深厚的农业知识背景,在农学方面有很强的专业技术优势,它主要为北京市各区的农技站、农村信息中心提供农业信息技术服务,在全国农业领域有着良好的客户关系,为各省的"精准农业"示范区、农科院、农技站提供信息技术产品,开发出的农业信息产品有很高的市场份额,其开发的农业专家系统开发工具是"PAID"系列。

(1) PAID 单机版。主要特点如下:

① 客户端和知识资源在同一主机上,数据库采用的是 Access。

② 知识库存于客户机上,对一些存储量较大的知识对象(如图片、音频、视频剪辑等)能提供很好的支持,推理响应速度快。

③ 对于不具备上网条件的偏远山区适用。

④ 运行速度快,使用简单方便。

(2) PAID 网络版。网络版开发平台采用"浏览器/Web 服务器/数据库器"三层网络结构模型,在 Web 服务器挂接服务构件,知识工程师在 Intranet/Internet 上开发专家系统,农户基于 Internet 使用专家系统,实现极大范围的信息资源共享。主要特点如下:

① 基于网络环境运行,只要在节点机进行合适的配置,数据和知识资源可充分共享和实时更新,利用率、准确率大大提高。

② 采用了专用的数据库服务管理器 SQL,实现了统一管理,提高了可靠性和安全性。

③ 数据规模和资源规模在网络范围分布,大小和容量不受限制。用户界面采用了 IE6,符合 Windows DNA 体系结构。

2. 中科院合肥智能所

中科院合肥智能所自 1985 年在国内成功研制"雄风"农业专家系统

开发工具十多年来,在农业专家系统开发工具研发方面取得很大的成果,受到国家领导和有关部委的高度重视。目前,产品正在全国 23 省 400 个县大规模示范和推广。其"XF"系列主要产品有:

(1) XF4.x 采用面向对象的"知识体·对象块"的综合知识表示方式。该工具提供了以文本方式进行一般问题求解模型描述的专家系统开发环境,系统提供了简单友好的检错调试功能和完善的操作帮助功能,能够应用于农业生产管理专家系统的开发。

(2) XF6.1 是基于构件体系结构的一个开放性专家系统开发平台。全面支持基本 Web 的农业专家系统的开发。

## 1.8 多媒体农业智能应用系统

### 1.8.1 多媒体农业智能应用系统

多媒体农业智能应用系统(以下简称农业智能应用系统),是提供给从事养殖业和种植业的农民和农户以及农业基层科技人员解决其种植养殖领域实践中所碰到的问题的信息应用系统。例如,"水稻种植专家系统""宫廷黄鸡养殖信息系统"。它是农业专家系统的扩展和延伸。它是以领域专家知识为基础,以知识库、农情数据库、电子图书等方式为表现手段,以计算机为工具,形象生动地展现专家知识的知识管理工具。农业智能应用系统从专家知识载体组成上来看,由一个知识库、农情数据库(个数不限)、电子图书(个数不限)组成。而专家系统只是由一个知识库组成,这也是它与农业智能应用系统的主要不同之处。农业智能应用系统组成如图 1-5 所示。

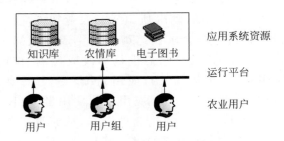

图 1-5 农业智能应用系统组成

知识库的存在使应用系统具备其前身农业专家系统的功能。知识工程师录入知识规则,用户输入事实记录,推理机根据事实对知识库中的规则进行匹配推理,得出结论。这一过程相当于人类专家的现场对答,使系统具有智能性。

农情数据库是领域专家表示领域基础数据的重要手段。它用来记录一段历史时期某个方面,例如,品种、化肥、土壤肥力、气候等基础数据,以表格形式展现和表达信息,供农户查询和决策参考。

电子图书是用来表现科普性、介绍性、说明性知识的有效方法。以教科书的形式就某个主题向农户进行详细系统的介绍。农户可通过它进行系统的学习或就某个问题进行相关细节的检索。

"多媒体"前缀有三层意义:

(1) 农业智能应用系统中,专家知识的表现媒体是多样的。除知识库外,还有电子图书、农情数据库,农户可从不同的角度了解和接受领域专家知识。

(2) 知识库是多媒体的。农业专家系统知识库中,以产生式规则为主要的知识表达方式,而表示产生式规则除了用文本字符外,还可用图片、声音、录像、超文本网页、动画,甚至是它们的综合运用,或是交互性较强的多媒体课件(如 Authorware 课件),或一些代理的可执行文件,知识库图文声像并茂为农户所喜闻乐见。

(3) 系统的用户界面是可配置的、个性化的。运用中可根据用户个人喜好进行配置。

### 1.8.2 多媒体农业智能应用系统平台

多媒体农业智能应用系统平台(以下简称平台)由供农业科技人员和农业领域专家开发多媒体农业智能应用系统的开发平台(开发端部分)和供农户或农业智能应用系统用户使用多媒体农业智能应用系统的运行平台(用户端部分)所组成。农业智能应用系统开发者(领域专家或知识工程师)要求快速高效地生成领域知识库、领域电子图书和农情数据库,并且对它们进行修改或检测、排错,而后配置成农业智能应用系统,生成和发行应用系统。平台需要 3 种资源开发平台,这些功能在开发端实现;应用系统使用者(农民、农户、农业基层干部)要求方便地操作和使用 3 种资源,从而真正获得专家级的帮助辅导,这个工具也就是资源的运行平台,在运行端实现。这两个部分的实现成为项目开发的主要任务。如图 1-6 所示为农业智能应用系统平台。

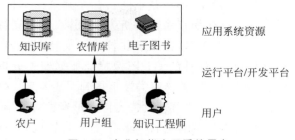

图 1-6 农业智能应用系统平台

## 1.9 主要工作及本书结构

本书的主要工作是针对农业物联网生产场景中采集的作物病害图像,运用机器学习特别是深度学习方法研究基于图像识别的病变诊断及预警,并且试图拓展它们在农业智能系统中的应用。研究过程中,涉及支持向量机、PCA方法、玻尔兹曼机、稀疏自动编码和卷积网络,后面三者常常用来构造深层次的学习网络和提取深层次的样本特征,前面二者是经典学习和分析方法。深度学习是"主流",代表着未来发展的"趋势",故本书标题冠以"深度学习方法"前缀,力求使着力点和趋势更加凸显。章节之间的潜在逻辑主要考虑到工作进展顺序、理论到实践、方法复杂性程度递增来组织,如 SVN 分类方法和籽种 CT 品质评价、主成分降维病变识别、半监督 RBM 学习降维,再到监督 CNN 学习降维。本书的结构安排如下:

基于深度机器学习方法研究农业农情信息处理分析加工的智能化方法,改善基于农情农业数据的决策、预测、推介、分类、聚类智能化水平;研究适合融合传统农业专家系统的深度机器学习方法,设计多源知识规则推理方法及知识评价方法,基于反馈学习的累计推理方法;探索物联网、云计算、环境下农业信息系统中敏感、有价数据的安全性问题,开发分布式环境下的支持互操作的私密性管理方法。

第 1 章"病虫害智能诊断和农业智能系统概述",概述课题研究的背景和意义,分析图像技术的病害识别诊断、机器学习的图像降维和特征提取、农业专家系统与病害诊断技术发展和深度方法在图像等非结构化数据识别领域的国内外研究现状和发展趋势,概略地介绍本书研究目标和主要研究内容、安排本书组织结构,为本书提纲挈领。

第 2 章"CT 图像特征的支持向量网络籽种品质评价",探讨惩罚支持向量聚类方法处理不平衡样本时,在不同目标尤其是样本稀疏目标的学习错误率的差异,基于拉格朗日系数分析方法,引入界内支持向量、穿透支持向量和学习错误率等概念,提出惩罚校正的支持向量聚类算法和校正方法。该模型应用小麦籽种的 CT 图像特征数据聚类分析,可使稀疏样本目标的准确率显著提高,整体聚类性也得到明显改善,这表明了该方法的有效性和通用性。该方法显著改善支持向量聚类对于不平衡样本集合的聚类性能,并具有较好的普适性,同时,支持向量机的理论探讨为后续章节病变模式分类器的设计做良好铺垫。

第 3 章"病害图像预处理及其病变识别",讨论病害图像预处理过程及其方法。作物病害图像的数据源头主要为物联网化的、设施化的农场,同广泛使用的实验性基准数据集相比,农场果园视频感知设备采集环境复杂,充满着多种干扰,定点、移动方式都难以保证在受限条件和有限样次数下,采集到代表性图像在各状态下分布均匀的样本,同时,在形成适于实验样本之前,必须完成消除噪声、规格化大小等操作。本章以苹果为例,介绍病害图像采集场景、适于诊断病变识别的病害图像特征和病变识别基本步骤,分析定点采集环境的方向干扰和亮度干扰,提出了病害图像预处理过程及其方法:整形算法、方位多样性仿真、亮度多样性仿真、灰值化和稀疏化方法,阐述基于计算和机器学习的特征提取基本方法。

第 4 章"主成分图像降维的病变模式识别",剖析 PCA 方法降维方法的数学过程,构造了基于特征值溢界丢弃的特征提取方法,提出特征筛选的"95"原则,针对降维性能的重构评价设计误差均值距离分析方法,针对降维的苹果病害图像样本,设计支持向量机的病变识别方法;在苹果病变图像集合和人脸图像上展开了降维实验,结果显示,提出的特征提取方法表现出较好的重构性能;在实验的第二个阶段,特征化的病害模式的交叉验证识别实验数据表明,在 2"折"和 5"折"情况下,最低准确率均可达 97%,算法表现出相当乐观的可用性;最后阶段,在 ORL 人脸数据集也进行泛化实验,输出的泛化准确率三维曲面也佐证了 PCA 病变降维模式识别方法的有效性。

第 5 章"玻尔兹曼机图像降维的病害识别",首先分析限制玻尔兹曼机能量模型的数学逻辑,针对网络的粗糙学习过程,在 $k$ 阶对比散度方法($k$CD,Contrastive Divergence)的基础上提出"基于随机反馈的对比散度方法",并以 RBM 自动编码网络为工具,设计病变图像降维和重构深度网络,最后将支持向量机网络和 RBM 结合提出基于 RBM 降维的病害图像识别方法;重构实验结果显示,仅仅个别图片的重构和原图相比,失真相对较大,其余图片基本上保留原来的视觉特征,重构效果较好;重构误差比曲线的峰值在 0.1 附近,较 PCA 算法有明显的改进;随机反馈发散方法和 $k$CD 的目标函数实验趋近曲线实验显示,随着更新次数的增加,前者收敛时间较长,但是收敛之后,其目标函数具备更好的稳定性,更高的最优目标值,更加有利于系统性能的稳定;在病害识别的交叉验证实验中,数据说明,基于 RBM 降维的病变模式 SVN 识别方法在准确率数量层面稍微逊色于 PCA 方法,但是能充分证明其有效性,RBM 是基于学习的降维,继承了学习系统的优越性,在时间和样本上的累积学习更容易得到光滑的准确率曲面和产生鲁棒性强的分类器。本方法将"机器学习"的思想引入特征提取过程,让机器在提取过程中接受指导,有倾向性地完善提取性能,彻底改变了数值分析计算方法的"一成不变"的降维和提取思路。

第 6 章"基于深度卷积网络的病变图像识别",针对降维和重构在训练过程中的"脱节"现象,本章提出了深度卷积网络果体病变图像识别诊断方法,实现特征提取和模式识别的一体化训练,保证过程和目标的一致性,设计学习网络结构和面向卷积的误差 BP 传递算法,提出弹性冲量的权值更新机制,构造线性弹性动量和二次弹性动量方法;并在 MATLAB环境中,对涉及的相关算法进行了系统编码,最初在 MNIST 基准数据集合和 ORL 人脸数据集合之上完成初级验证性实验,接下来,围绕苹果病害图像进行一系列实验;实验显示,和浅层学习算法及普遍认可的深度学习方法相比,该算法在准确率、召回率、收敛性和泛化性方面均呈现出明显优势。它本质上是基于监督学习的病变图像识别方法,通过一体化的学习网络,共享学习机制完成对识别部件和特征提取部件的训练,解决了"提取和识别"失配的问题。

第 7 章"农业智能应用系统平台的系统设计",从软件工程的观点、从系统分析和系统设计的角度、侧重于面向对象的、基于组件的分层设计技术和方法,详细地论述了"多媒体农业智能应用系统平台"的系统分析、设计、实现方法。说明"多媒体农业智能应用系统平台"的概要情况,描述平台的基本约束条件,平台的系统分析和系统设计方案。

第 8 章"农业领域的知识表示与知识管理",用数据库能实现知识存储,可以用结构通用的知识库来装载农业上不同种植领域的知识规则,使知识管理简单化,开发更容易。在知识表示中,提供丰富的多媒体知识对象支持是完全可能的。通过用数据库和文件管理相结合的形式来存储文件数据和多媒体知识对象的信息,可以使知识表示形象生动、有声有色、多媒体化,知识 ID 的媒体对象类型和数量不受限制。知识工程师表达知识能淋漓尽致,编辑知识 ID 时对象可预览、可视化,即所见即所得的知识管理。

第 9 章"农情数据库",在农业智能应用系统中,提供对农情数据库的支持,设计一个平台让工程师来管理农情数据库和农情数据。农情数据是农业领域有重要利用价值的资源。数据库结构管理是开发的难点。采用 DAO 技术可以实现对数据库结构的访问和管理,通过 ADODB 能实现对数据库数据的管理。

第 10 章"农业电子图书",电子图书完全引入到农业专家系统,将其提升为真正意义上的多媒体农业智能应用系统。选择合适电子图书格式,可以方便地实现制作平台和浏览平台,以常用的文本文件为输入,让知识工程师可轻松地制作出专业级电子图书,丰富知识的表现形式。

第 11 章"农业智能应用系统管理及平台的系统管理",讨论开发环境和运行环境的彻底分离及其实现,运行平台为操作农业智能应用系统提供了工具,又有别于开发平台,去掉了工程师进行知识管理和其他应用系统资源管理的功能,有效地保障了应用系统资源的安全;加密封装、拆封装功能的实现,使资源分散、繁多的应用系统能以安装包形式安全迁移,脱离开发平台,成为真正意义上的产品。同时,将此功能应用于资源的备份,使资源成为可脱离平台的资源、可重用的资源,平台也因此而成为真正意义上平台。运行序列号机制的引入,有效地管理了软件产品的使用版权,方便地实现了知识工程师对软件产品的管理;同时构造了以下功能:①基于角色的安全登录机制,可以有效地保证不同用户的资源安全。由系统管理员创建不同的用户角色,它们是资源的所有者,采用一种"所有者可见"的原则,有效地隔离了不同用户的资源,实现了管理上的方便和数据安全;②可定制的用户界面,摘取一组界面元素的可视属性,采用库存方案的办法可以有效实现界面风格的简单配置,用高级配置功能可以做到界面的定制,与用户角色信息相结合,可以生成个性化的用户界面。

# 第 2 章　CT 图像特征的支持向量
网络籽种品质评价

## 2.1　支持向量网络和籽种品质智能评价

聚类是一种主要的数据挖掘技术,其目标是根据一组相同的采样特征,对某样本集合分区或者分组,相似距离和中心点相近的样本归入一组,全部样本都按照这个方法分配到相应类属,从而发现、认识新奇的样本模式特征或类集。支持向量聚类(Support-Vector-Clustering,SVC)是年轻的计算型聚类算法[71],因学习性能出众,已成为机器学习、数据挖掘领域的热点。如,基于不确定性推理 SVM JPEG 图像隐藏信息检测[72],城市空气质量评价的模糊支持向量机方法[73]。然而,它作为一种新生算法,还面临很大程度的局限性。对于现实世界中大量多目标、不均衡、有噪声和过失误差的数据集,传统的支持向量机无法达到满意的效果[74]。具体表现为:对于样本学习充分的目标类有很满意的低错误率,而对于另外一些数量小的样本却表现出难以接受的错误率。究其原因,在于它忽略了学习样本容量差异,均匀惩罚,致使学习机本该学到的那部分知识被其他过量的松弛、噪声"淹没",类边界、决策超平面偏移严重,抬高了该目标的泛化错误率。

有学者提出了加权支持向量机算法[75],试图从样本个体和目标两个角度通过加权解决此问题。然而,大容量情形下,合理、准确确定权重是一件很难的工作;目标权重评估也缺乏和学习样本本身相一致的指导算法,效果不明显。有人提出了 ν-SVC 算法[76],引入参数 ν 渐近地控制错误率和支持向量比例的上界,实验数据在样本总容量很少的情况下,有较好效果;面对高容量样本,错误率达 20%。

农作物的产量、品质、抗病虫害、抗逆性和机械化作业适应性等一些优良特性及其遗传信息,都是通过籽种遗传至后代[77]。因而,籽种评价及分析是农业增产环节中重要而有效的措施。运用数字化手段,获取籽种 CT 影像,提取籽种特征,研究籽种品质智能化评价方法,是国内外农业信息化技术的研究热点[78]。在自然状态下,甲等、丙等籽种少,乙等居多是籽种品质分布常态,数量上压倒性倾斜态势明显。数量不平衡,导致了知识、经验、信息表达传递不平衡;同比例松弛、惩罚产生了噪声信息"洪泛"效应,导致处于弱势的目标信息被"淹没",而错误率剧增,如何为不平衡样本构造合适的分类模型是期待解决的关键课题。

在此基础上,本章从改善评价性能的角度,按照图 2-1 所示的工作路线,研究了"基于 CT 特征的支持向量网络籽种品质评价方法",提出支持惩罚校正的支持向量机算法及其惩罚因子的校正机制,并将其应用于籽种 CT 影像特征分析。

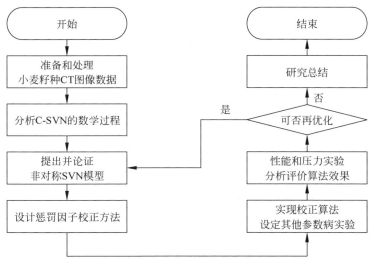

图 2-1　本章研究工作路线

## 2.2　SVN 的理论基础

### 2.2.1　优化问题的基本概念

**1. 凸集**

**凸集**（Convex Set）：实数 **R**（或复数 **C** 上）的向量空间中，如果某集合 $S$ 中任两点的连线内的点都在集合 $S$ 内，集合 $S$ 称为凸集，如图 2-2 所示。

对于欧几里得空间[79]，直观上，凸集就是其区域的边界线必须是凸的（边界线或者面由外向内弯曲）。在一维空间中，凸集是单点或一条不间断的线（包括直线、射线、线段）；在二、三维空间中的凸集就是直观上凸的图形。

**凸集的性质**：一个集合是凸集，当且仅当集合中任意两点（或者说两元素）的连线上的点

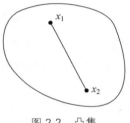

图 2-2　凸集

（或者元素）全部包含在该集合内，如果有凹的边界则不能保证这个性质。

**2. 欧几里得空间**

约在公元前 300 年，古希腊数学家欧几里得建立了角和空间距离之间联系的法则，现称这些规则为欧几里得几何[80]。欧几里得首先系统地创立了处理平面上二维物体的"平面几何"，接着分析三维物体的"立体几何"，所有欧几里得的公理已被编排到二维或三维欧几里得空间的抽象数学著作里。这些数学原理可以被扩展来应用于任何有限维度的欧几里得空间，而这种空间叫做 $n$ 维欧几里得空间或有限维实内积空间。在三维欧几里得空间 $R^n$ 中，任何两个向量之间规定了一个内积，它是建立欧几里得几何学的基础，现在常常定义为 $n$ 维。有了内积，就有向量的长度、两个向量的交角和向量到直线或平面上的投影等概念。

假设 $x_1, x_2$ 为二维空间中的两个任意点，则有任意 $a(0 \leqslant a \leqslant 1)$ 使得 $ax_1 + (1-a)x_2$ 表示连线上点元素。$ax_1 + (1-a)x_2$ 可理解成 $x_1, x_2$ 之间的连线。

$n$ 维欧拉空间 **R**$^n$ 是个凸集；超平面 $\{x \mid x \in \mathbf{R}^n, ax = b \mid\}$ 是个凸集。半空间 $\{x \mid x \in \mathbf{R}^n, ax \leqslant b \mid\}$ 是个凸集。线性函数的点集为凸集；二

次函数的点集则不是,无法保证两点连线上的点仍在二次曲线上。

### 3. 希尔伯特空间希尔伯特空间

在数学中,希尔伯特空间用 $H$ 表示,它是欧几里得空间的一个推广,其不再局限于有限维的情形,而是无限维,例如周期函数通过傅里叶分解为不同周期正弦余弦函数分量的叠加,这样的分量有无穷多个,而且不同分量也满足正交特性;与欧几里得空间相仿,希尔伯特空间也是一个内积空间,其上有距离和角的概念。

### 4. 凸函数及其性质

凸集 $S$ 上的两点 $x_1, x_2$,定义函数 $f(x)$;其满足式(2-1),且 $0 \leqslant \lambda \leqslant 1$,则称 $f(x)$ 为严格凸函数,简称凸函数,换言之,连线上的点的函数值始终夹在两端点的函数值之间。从这个角度来看,函数任何两点的连接线段都落在该两点函数曲线线段的上方,或者说,函数任意点的切线都在函数曲线的下方[81]。

$$f(\lambda x_1 + (1-\lambda)x_2) \leqslant \lambda f(x_1) + (1-\lambda) f(x_2) \tag{2-1}$$

严格凸函数的**充分条件**:$f(x)$ 在 $(a,b)$ 满足:$f(x)'' > 0$ 则 $f(x)$ 在 $(a,b)$ 为凸函数。

例如:在一维空间,$f(x) = x^{-1}$;$f(x) = x^p, p > 1$;$f(x) = \ln x^{-1}$,在 $(0, +\infty)$ 为凸函数。$f(x) = x^2, f(x) = e^x$ 在 $(-\infty, 0)$ 为凸函数,正的二次函数是凸函数;正弦余弦函数在上述 2 个区间都非凸函数;一维空间的点集就是在 $x$ 轴的线段。

$$f(x) = a[x]_1 + b[x]_2 + c \tag{2-2}$$

$$f(x) = [x]_1^2 - [x]_2 \tag{2-3}$$

二维空间的点集就是凸函数投影在二维平面的区域。

**定理 2-1**:如 $f(x)$ 为凸函数,则 $\{x \mid x \in \mathbf{R}^n, f(x) \leqslant c \mid\}$ 为凸集。

### 2.2.2　优化问题的最优解条件

### 1. 凸约束问题(凸优化问题)

式(2-4)定义的优化问题[82],

$$\begin{cases} \min f(x) \\ c_i(x) \leqslant 0, & 1 \leqslant i \leqslant p \\ c_i(x) = 0, & p+1 \leqslant i \leqslant p+q \end{cases} \tag{2-4}$$

且 $f(x),c_i(x),1{\leqslant}i{\leqslant}p$，都是凸函数；$c_i(x),p+1{\leqslant}i{\leqslant}p+q$；都是线性函数，则该问题为凸优化问题。

$$\nabla f(x^*)=0\Rightarrow \frac{\partial f(x^*)}{\partial[x]_1}=0,\quad \frac{\partial f(x^*)}{\partial[x]_2}=0 \qquad (2\text{-}5)$$

**2. 无约束可优化必要条件**

$f(x)$ 连续可微，最优化问题的局部解为满足 $\nabla f(x^*)=0$ 的 $x^*$，且 $f(x)$ 为连续可微的凸函数，则优化问题的充要条件为式(2-5)。

令 $f(x)=f([x]_1,[x]_2)$，在向量为二维的情况下，以抛物线为例。图 2-3(a)的下顶点满足梯度为 0，沿着 2 个分量作切面都为开口向上的类抛物线，目标函数在下顶点的 2 个分量的 2 阶导数大于 0，是向量的严格凸函数，下顶点是整体最小值点。

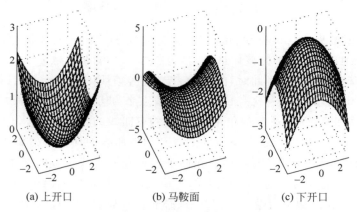

(a) 上开口　　　　　(b) 马鞍面　　　　　(c) 下开口

图 2-3　无约束优化问题的极值条件

图 2-3(b)的鞍点满足梯度为 0，沿着 2 个分量作切面分别开口向上向下的类抛物线，2 个分量的 2 阶导数一个大于 0，一个小于 0，不是向量的严格凸函数，在以一个分量为约束时，有最大值或最小值，但鞍点不是整体极值点。

图 2-3(c)的上顶点满足梯度为 0，沿着 2 个分量作切面都为开口向下的类抛物线，2 个分量的 2 阶导数都大于 0，是向量的严格凸函数，是整体最大值点。

**3. 等式约束问题**

图 2-4(a)表示了 $f(x)=\sqrt{x[1]^2+x[2]^2}$，其网格图如图 2-4(b)所示，在三维空间可以得到一系列等值线，如图 2-4(a)所示；将等值线投影

到二维向量所在的平面,就得到平面的等值线,如图 2-4(c)所示。

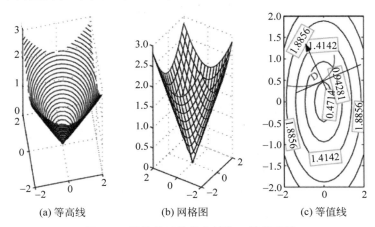

(a) 等高线　　　　(b) 网格图　　　　(c) 等值线

图 2-4　函数的三维等高线和二维等高线

等式约束为二维曲线,可行域 $D$ 为曲线 $c(x)=0$。令优化问题在 $x^*$ 有最小值,它未必为整体最优解,也就是未必满足 $\nabla f(x^*)=0$(原始变量的梯度 0 点)。则此时,曲线 $D$ 相交完等值线则向外离开,且曲线必须和等值线相切(单一交点且为局部极值点必为切点),这意味着,等值线的切线(和 $\nabla f(x^*)$ 垂直的单位向量)和约束曲线的切线(和 $\nabla c(x^*)$ 垂直的单位向量)必然共线,等值线的法线和约束曲线的切线必然垂直,约束曲线的切线必须和其法线垂直,在同平面内和同条线垂直的 2 条线向量必然平行,如果通过同一点则共线,等值线的法线和约束曲线的法线必然共线(2 向量之比为常数,记为 $\alpha^*$,未必非负),规定约束曲线的法向量非 0,即式(2-6):

$$\nabla f(x^*)=-\alpha^*\nabla c(x^*)\Rightarrow\nabla f(x^*)+\alpha^*\nabla c(x^*)=0 \quad (2\text{-}6)$$

再加上 $c(x^*)=0$,即为约束必要条件:

$$\begin{cases}\min f(x)\\ c_i(x)=0, \quad 1\leqslant i\leqslant q\end{cases} \quad (2\text{-}7)$$

如果引入拉格朗日函数 $L(x^*,\alpha^*)=f(x)+\alpha^*c(x^*)$,其对原始变量的偏导数取零,也能得到式(2-8):

$$\begin{cases}\nabla_x L(x^*,\alpha^*)=0\Rightarrow\nabla f(x^*)+\alpha^*\nabla c(x^*)=0\\ \nabla_\alpha L(x^*,\alpha^*)=0\Rightarrow c(x^*)=0\end{cases} \quad (2\text{-}8)$$

得到同前的必要条件。

**定理 2-2**(等式约束可行解必要条件):形如式(2-7)的等式约束的凸

优化问题,满足约束规格,如果有可行解,那么可行解必须满足必要条件
(2-8),即拉格朗日函数的对原变量和拉格朗日系数的梯度 0 点。

　　这便是拉格朗日函数的由来,$\alpha^*$ 称为格朗日函数乘数。

　　将案例提升到三维,相应增加一个约束条件,即式(2-9):

$$\begin{cases} \min f([x]_1,[x]_2,[x]_3) \\ c_1(x)=0 \\ c_2(x)=0 \\ c_3(x)=0 \end{cases} \tag{2-9}$$

　　可行域为曲线,为两个约束曲面的交线,是三维空间的曲线,如图 2-5
所示。

$$L(x^*,\alpha_i^*)=f(x)+\sum_{i=1}^{2}\alpha_i^*c_i(x^*) \tag{2-10}$$

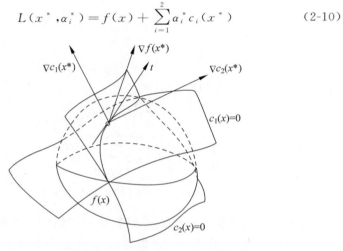

图 2-5　三维空间等式约束目标的最优性条件

　　$D$ 在 $x^*$ 与等值面相切,切线为 $t$,即和等值面的法线即 $\nabla f(x^*)$ 的单
位向量垂直,它和各约束曲面必须相切,和各约束曲面的法线 $\nabla c_1(x^*)$,
$\nabla c_2(x^*)$ 垂直,且规定该 2 向量线性无关,称为约束规格[83]。即确定某
个平面,根据立体几何知识,切线就是该平面的法线,等值面的法线垂直
于切线,则等值面的法线必然可属于该平面,或者平行于该平面,3 条法
线过同一点,则 3 者共面,可以分解为该平面的基向量($\nabla c_1(x^*)$,
$\nabla c_2(x^*)$),即由它们的线性组合表示,或者说由二者合成,如式(2-11)
所示。

$$\nabla f(x^*)=-\alpha_1^* \nabla c_1(x^*)-\alpha_2^* \nabla c_2(x^*)\Rightarrow$$
$$\nabla f(x^*)+\alpha_1^* \nabla c_1(x^*)+\alpha_2^* \nabla c_2(x^*)=0 \tag{2-11}$$

引入式(2-10)所示的拉格朗日函数[84]，求其梯度得到前面等价的结论。

此处，拉格朗日系数未必非负。不论构造还是不构造拉格朗日函数，该系数都存在，只是构造了拉格朗日函数，则法向量共线的表达式就由拉格朗日函数的梯度 0 点获得。

### 4. 不等式约束优化问题

不等式约束的定义如式(2-12)所示。

可行解要不在边界上出现，要不在半空间出现 $c_i(x^*) < 0$ 的区域，图 2-6 表示了 $c_i(x) = 1$ 的曲线则 $c_i(x) \leqslant 0$ 的区域在 $c_i(x) = 0$ 的另外一侧。

$$\min f(x) \quad c_i(x) \leqslant 0, \quad i = 1, 2, \cdots \tag{2-12}$$

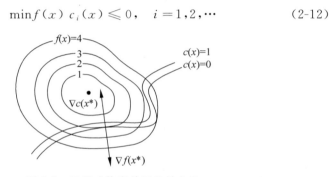

图 2-6　不等式约束的最优性条件

情况 1：$x^*$ 在边界上出现。这时，可以明确约束曲线的法向是指向 $c_i(x) = 1$ 的那侧，由负向正增加的方向，如果运行向圈内移动，优化值可进一步减小而更优，假设为什么不成立，唯一的理由：向圈内运动 $c_i(x)$ 增加，变得大于 0，而不是可行域，故约束曲线的法线方向可以断言是圈外指向圈内，和目标函数的梯度反向；等值线的法线方向由低值指向高值的方向，二者共线，这样就是前面的讨论等值约束问题，可以肯定必然存在某 $\alpha^* > 0$，使得 $\nabla f(x^*) + \alpha^* \nabla c(x^*) = 0$，同时 $c(x^*) = 0$；如果有多个约束曲面，则要引入切线，约束曲面和目标曲面的梯度向量都在和切线垂直的平面内，同前，其最优条件可以写为式(2-13)。

$$\begin{cases} \nabla_x f(x^*) + \sum \nabla_x \alpha_i c_i(x^*) = 0 \\ c_i(x^*) = 0, \quad i = 1, 2, \cdots \\ \alpha_i^* > 0, \quad i = 1, 2, \cdots \end{cases} \tag{2-13}$$

情况 2：在半空间出现。这是一个局部无约束的极小点，有 $\nabla f(x^*) =$

$0,c(x^*)<0$。这种情况有和情况 1 一致的表达形式，改写为：$\alpha^*=0$，即 (2-6)；对于有多个约束，则最优条件为式(2-14)。

$$
\begin{cases}
\nabla_x f(x^*) + \sum \alpha_i \nabla_x c_i(x^*) = 0 \\
c_i(x^*) < 0, \quad i = 1, 2, \cdots \\
\alpha_i^* = 0, \quad i = 1, 2, \cdots
\end{cases}
\tag{2-14}
$$

上述两种情况的最优条件(2-13)和(2-14)可统一写为式(2-15)。

$$
\begin{cases}
\nabla_x f(x^*) + \sum \nabla_x \alpha_i c_i(x^*) = 0 \\
c_i(x^*) \leqslant 0, \quad i = 1, 2, \cdots \\
\alpha_i^* \geqslant 0, \quad i = 1, 2, \cdots \\
\alpha_i^* c(x^*) = 0, \quad i = 1, 2, \cdots
\end{cases}
\tag{2-15}
$$

可以验证：式中前面 3 项为对应项合并的结果，第 4 项是增加的，在合并的同时，要保证 $\alpha_i^*$ 和同一情况下的 $c(x^*)$ 配套，观察不难发现对于两种情形都有 $\alpha_i^* c(x^*)=0$，从而保证条件满足。

例如针对问题 $\min f(x) = -x^2 \ 0 \leqslant x \leqslant 2$，则通过上述方法可求得 $\alpha=2$，则 $x=-1$ 为原始问题的可行解，事实证明是最优解，此时出现在边界上，$L(x,\alpha)$ 的 $\alpha$ 梯度 0 点也可得到 $x=-1$，在后面的章节可看到求 $x$ 的梯度 0 点的直接结果是构造了乌尔夫对偶。

如果该问题的约束条件变为 $x=1 \leqslant 0$，则得到 $x=-\alpha/2$，为其梯度 0 点，0 点的拉格朗日函数的梯度 0 点为 $\alpha=-2$，则 $x=1$，违背了 $\alpha$ 非负的约束，不是原始问题的可行解。

注意到 $\partial(\alpha_i c_i(x))/\partial\alpha_i = 0 \rightarrow \alpha_i=0$ 或者 $c_i(x)=0$ $\alpha$ 的梯度 0 点有 2 种可能，或者 $x$ 出现在边界，或者 $\alpha_i$ 为 0，前面的情况是在边界上不可能，则尝试在内部，即 $\alpha_i$ 为 0，则 $x$ 的梯度 0 点，是可行解，事实证明是最优解，此时出现在半空间。满足梯度 0 的两组解，如式(2-16)所示，第 2 组才是可行解。

$$
\begin{cases}
\alpha^* = -2 \\
x^* = 1
\end{cases}
;
\quad
\begin{cases}
\alpha^* = 0 \\
x^* = 0
\end{cases}
\tag{2-16}
$$

$\alpha^*=0, \alpha^*>0$ 分别讨论可以得到前面 2 种情况。常常构造拉格朗日函数(2-17)，其中，条件中的梯度 0 点可视为拉格朗日函数(2-17)的梯度 0 点，即 $\nabla L(x,\alpha_i)=0$。

$$
L(x,\alpha_i) = f(x) + \sum_{i=1} \alpha_i c_i(x)
\tag{2-17}
$$

**定理 2-3（不等式约束可行解必要条件）**：形如式(2-12)的不等式约束的凸优化问题，满足约束规格，如果有可行解，那么，不论其在边界上出现,还是在半空间出现,可行解必须满足必要条件式(2-15),即增加了 3 项附加条件。强调的是"梯度 0 点是可行解的必要条件,但并不充分",注意到对系数梯度 0 点,有式(2-18)的 2 种情况可满足,存在的可行解必居其一。

$$\alpha_i = 0 \parallel c_i(x) = 0 \rightarrow \frac{\partial(\alpha_i c_i(x))}{\partial \alpha_i} = 0 \tag{2-18}$$

案例分析也证明了其正确性。

### 5. 一般约束的最优化问题

一般约束问题的最优性必要条件如下:

对于等式约束和不等式约束条件都有的问题,不等式约束集合构成一个带边界的区域;等式约束集和构成曲面的交线,如交线有穿过区域的部分,可行域非空,曲线分为两条,不等式约束曲面相交的曲线 1;等式约束曲面的曲线 2,这时,可行解 $x^*$ 要么在曲线 1 和 2 的交集上,要么在半空间和曲线 2 的交集上,区域上,要不在交线上。只要将这两种情况统一就可以得到解。如有 $p$ 个不等式和 $q$ 个等式约束问题如式(2-19)所示:

$$\begin{cases} \min f(x) \\ c_i(x) \leqslant 0, \quad 1 \leqslant i \leqslant p \\ c_i(x) = 0, \quad p+1 \leqslant i \leqslant p+q \end{cases} \tag{2-19}$$

情况一的最优性条件为

$$\begin{cases} \nabla_x f(x^*) + \sum_{i=1}^{p} \alpha_i^* \nabla_x c_i(x^*) + \sum_{i=1+p}^{p+q} \beta_i^* \nabla_x c_i(x^*) = 0 \\ \alpha_i^* \geqslant 0, \quad i = 1, 2, \cdots, p \\ c_i(x^*) = 0, \quad i = 1, 2, \cdots, p \\ c_i(x) = 0, \quad p+1 \leqslant i \leqslant p+q \end{cases} \tag{2-20}$$

对于情况二,则是半空间的有个等式约束的最优化问题,有最优性条件:

$$\begin{cases} \nabla_x f(x^*) + \sum_{i=1}^{p} \alpha_i^* \nabla_x c_i(x^*) + \sum_{i=1+p}^{p+q} \beta_i^* \nabla_x c_i(x^*) = 0 \\ \alpha_i^* = 0, \quad 1 \leqslant i \leqslant p \\ c_i(x^*) < 0, \quad i = 1, 2, \cdots, p \\ c_i(x) = 0, \quad p+1 \leqslant i \leqslant p+q \end{cases} \tag{2-21}$$

　　同理,可以将前面两种情况统一,并增加一个约束项,将不同约束函数和其对应的拉格朗日系数进行约束,即 $\alpha_i^* c_i(x)=0,1\leqslant i\leqslant p$ 。

　　这样,得到式(2-22),称为优化问题的 KKT 必要条件,严格来说只包括含 $\alpha_i$ 的 3 项。

$$
\begin{cases}
\nabla_x f(x^*) + \sum_{i=1}^{p} \alpha_i^* \nabla_x c_i(x^*) + \sum_{i=1+p}^{p+q} \beta_i^* \nabla_x c_i(x^*) = 0 \\
\alpha_i^* c_i(x)=0, \quad 1\leqslant i\leqslant p, \alpha_i^* \geqslant 0, \quad i=1,2,\cdots,p \\
c_i(x^*)\leqslant 0, \quad i=1,2,\cdots,p \\
c_i(x)=0, \quad p+1\leqslant i\leqslant p+q
\end{cases} \quad (2\text{-}22)
$$

　　如果用 $\boldsymbol{\alpha}^*$ 表示 $p$ 维向量,则上式中的 $\alpha_i^*$ 成为拉格朗日乘数向量的第 $i$ 个分量,它常常被称为拉格朗日乘子,有的文献上称为 KKT 向量。

　　**定理 2-4(一般约束可行解必要条件)**:形如式(2-12)的一般约束的凸优化问题,满足约束规格。如果有可行解,那么,不论其在边界上出现,还是在半空间出现,可行解必须满足必要条件式(2-22),即增加了 3 项附加条件。强调的是"梯度 0 点是可行解的必要条件,但并不充分",注意到对系数梯度 0 点,有式(2-18)的两种情况可满足,存在的可行解必居其一。

$$
\alpha_i=0 \,\|\, c_i(x)=0 \rightarrow \frac{\partial(\alpha_i c_i(x))}{\partial \alpha_i}=0 \quad (2\text{-}23)
$$

6. 约束规格

　　约束规格是关于约束函数的重要概念,前面的讨论中,都没有关注约束函数的性质。其实,对它还是有要求的,其一,约束函数连续可微的,可以是线性的,也可以是非线性的;其二,约束曲面的梯度向量构成某个向量空间,它们都在和边界切线垂直的平面,它们是不是线性无关的,这里都是要求为无关的。讨论的也是最优化的必要条件,在规格满足的条件下,KKT 条件是凸约束问题的重要条件。

### 2.2.3　博弈问题和对偶理论

　　前面讨论了优化问题的可行解必要条件,本节讨论如何求出可行解。有时直接求某个优化问题很困难,通过变量的引入,将原来问题等价为另外的问题,通过求解另外问题从而解决原始问题。

1. 博弈问题

　　理性博弈者[87,88]:清晰地定义不确定变量对自己影响的幅度边界

（有利的有下边界，如赢赌注；有弊的有上边界，如输赌注）。赢值矩阵：不同的博弈组合对应的赢家获取赌注数量，输家支付数量，为正表示某方赢利，为负表示某方失利。某方为正方，正方的参赛项为行标签，定义过程：正方而言，依次对每行取 min 得到新的一列集，列变量已经实例化了，再对该集合取 max，行变量实例化，这个过程为 max(min()) 最大最小化过程。选择实例化的行参赛，不管对手多聪明，他的赢值都不会比max 值更小，至少要赢这么多。

反方而言，其参赛项为列标签，依次每列对行取 max 得到新的一行集，行变量已经实例化了。再对该集合取 min，列变量实例化，这个过程为 min(max()) 最小最大化过程。选择实例化的列参赛，不管对手多聪明，他的支付都不会比 min 值更大，至多输这么多。收敛性，如果支付矩阵有鞍点，两个过程都收敛于该点，执行二者之中的任一都能找到该点。

### 2. 对偶理论

函数顺序，变量实例化顺序互反的两个求解过程称为对偶过程，求解的问题为对偶问题。正方：不管对手多聪明，赢值都不会比某值更小。反方：不管对手多聪明，输值都不会比某值更大。这两个问题即对偶。当按照某个实例化顺序不好求极值的情况下，可通过对偶过程来求解，问题对偶化，过程对偶化[89]。

P（正方，positive）和 N（反方，negative）开展零和博弈，P 的选择方案 $x \in X$，N 的方案为 $y \in Y$，$F(x,y)$ 表示从 P 支付给 N 的支付矩阵，取负值时表示反向支付，"+"表示"输"，"−"表示"赢"，从 N（反方）的角度来表示输赢则刚好相反。$F(x,y)$ 公开，双方都是理性的博弈者[90]，分析双方最佳的选择方案。

从 N 的角度，函数是付出函数[91]，支付函数，每选择一个 $x$，对于不同的 $y$，会有不同的支付，有一个是最大的：$F^*(x) = \max F(x,y)$，该"至多输"函数，表示支付的都不会超过此值。在这些最大值当中，理性的角度是希望付出最小，有 $\min F^*(x)$，即式(2-24)，这就是一个**极小极大问题（原始问题）**，函数此处定义为原始问题的目标函数，输家问题，理性地希望尽可能少输，此时的可行解记 $x_N$。

$$\min F^*(x) = \min \max F(x,y) \tag{2-24}$$

从 P 的角度，函数是收入函数，每选择一个 $y$，对于不同的 $x$，会有不同的收入，有一个是最小的：a：$F(x,y) = \begin{bmatrix} -1 & 2 \\ 4 & 3 \end{bmatrix}$    b：$F^*(x) = \begin{bmatrix} 2 \\ 4 \end{bmatrix}$

c：$F(x,y)=\begin{bmatrix} -1 & 2 \\ 4 & 1 \end{bmatrix}$，函数此处定义为原始问题的对偶问题的目标函数，至少赢函数（赢利函数），此值表示赢利的起码值，至少赢利为此值。在这些最小值当中，理性地希望收入最大，即式（2-25），这是一个**极大极小问题（对偶问题）**，赢家问题，有点赢头的前提下多赢，此时的可行解记 $y_P$。

$$\min_x F^*(x) = \min_x \max_y F(x,y) \tag{2-25}$$

**定理 2-5（有解条件）**：如果两个问题都有解，则对于 $x, y$，$F^*(y) \leqslant F^*(x)$，从数值上讲，原函数总是在对偶函数的上边，或者与之相等。

显然，赢家利润源自输家支付，支付在前，根据零和原则，赢利润不可能超出输的数目，"至少赢"函数不可能在"至多输"函数的上边（可以画成曲线），此为第一层意义；"至少赢"的最大值不可能大于"至多输"的最小值。

如果有式（2-26），则称原始问题和对偶问题同解，目标值相等。

$$\max_y \min_x F(x,y) = \max_{y^*} F_*(y) = \min_x \max_y F(x,y)$$
$$= \min_{x^*} F_*(x) = F(x^*, y^*) \tag{2-26}$$

例如 $x, y = \{1, 2\}$，支付矩阵为式（2-27），行遍历求得原始问题的目标函数为式（2-28），目标值 2，解为（1,2）；列遍历求得对偶问题的目标函数 $F_*(y) = [-1, 2]$，问题目标值 2，解为（1,2）。值相等，解相同，同解。P 的方案表示行，N 的方案表示列，得到二维网格，原来问题同行内最大化缩成单列，得到原始目标，同列内最小化缩成单行得到对偶目标函数。意义：P 在方案 1，N 在方案 2 时，P 支付 2，D 收入 2，即 $F(1,2)=2$，两个函数有交点，$F^*(y) \bigcap F_*(x) = \{2\}$。

有没有不同解的情况？

$$F(x,y) = \begin{bmatrix} -1 & 2 \\ 4 & 3 \end{bmatrix} \tag{2-27}$$

$$F'(x) = \begin{bmatrix} 2 \\ 4 \end{bmatrix} \tag{2-28}$$

$$F(x,y) = \begin{bmatrix} -1 & 2 \\ 4 & 1 \end{bmatrix} \tag{2-29}$$

变更支付矩阵为式（2-29），原始问题的目标函数，行遍历的结果不变，原约束问题的目标值 2，解为（1,2）；列遍历之后，求得对偶问题的目标函数变为 $F^*(y) = [-1 \quad 1]$，目标值为 1，解为（2,2），和原问题的目标值 2 不等，解不相同。2 个问题都有解，但是不同解，$F^*(y) \bigcap F_*(x) = \varnothing$。

实践上，N 理性选择 2 列的方案，P 选择 2 行的方案，则 N 支付 1，P 收入 1，即 $F(1,2)=1$，实际支付符合对偶问题的预期，而实际支付的小于原始问题的保守估计。

大多数问题中，人们关心的问题是支付函数在什么情况下，原始问题和对偶问题同解，取到"="。

**定理 2-6**（强对偶性定理）：对于 $x,y$，有：$F_*(y) \leqslant F^*(x)$，且如果原始问题和对偶问题同解，即满足式（2-30）的充要条件是存在鞍点 $(x^*, y^*)$，通俗地讲，就是原函数和对偶函数在数值上存在交点。

$$\max_y F_*(y) = \min_x F^*(x) \qquad (2\text{-}30)$$

什么是鞍点（Saddle Point）？ 即该点的值在其所在行是最大的，在其所在列是最小的。对于上面的问题，第一个支付函数（1,2）是鞍点，第二个则没有鞍点。对于连续支付函数：$F(x,y)=x^2-y^2$，有 $-y^2 \leqslant F(x,y) \leqslant x^2$ 原始目标函数 $x^2$，最优值 0，最优解（0,0）。对偶目标 $-y^2$，最优值 0，最优解（0,0），故（0,0）是鞍点，原始目标和对偶目标同解，实例化的对偶变量交叉的点就是鞍点[92]。

支付矩阵是二维结构，连续支付函数也是二维结构，构造对偶问题要构造二维结构。对于同解的原始问题和对偶问题，求解其中的任意一个问题就等价于求解另一个问题，具体求解谁，取决于实际问题的难度。

### 2.2.4　Wolfe 对偶（乌尔夫对偶）方法

#### 1. 拉格朗日对偶

人们发现：将引入拉格朗日向量的函数处理为支付函数，则最初的优化问题可以转换为一个对偶问题，称为拉格朗日对偶[93,94]。如果同解，则可以求其对偶问题的解，进一步解决最初问题。

$$\min f(x), c_i(x) \leqslant 0, \quad i=1,2,\cdots,p \qquad (2\text{-}31)$$

原始问题如式（2-31）所示，以不等式约束为例。构造某支付函数 $L(x,\boldsymbol{\alpha})$，$f(x)$ 能表达为其对于对偶变量的最大化函数，和原始问题合在一起就构成了最小最大化过程，就和某个最大最小化过程同解，就可以不走原过程，而走对偶过程求解。

拉格朗日函数视为支付函数，如式（2-32）所示。

$$L(x,\boldsymbol{\alpha}) = f(x) + \boldsymbol{\alpha}^{\mathrm{T}} c(x), x \in \mathbf{R}^n, \boldsymbol{\alpha} \in \mathbf{R}_+^p, c(x) = [c_1(x), c_2(x), \cdots]$$
$$(2\text{-}32)$$

求其最小最大问题，其原始函数为式（2-33）：

$$L^{*}(\boldsymbol{x})=\max_{\boldsymbol{\alpha}\in\mathbf{R}_{+}^{p}}L(\boldsymbol{x},\boldsymbol{\alpha})=\max_{\boldsymbol{\alpha}\in\mathbf{R}_{+}^{p}}f(\boldsymbol{x})+\boldsymbol{\alpha}^{\mathrm{T}}c(\boldsymbol{x})=f(\boldsymbol{x}) \qquad (2\text{-}33)$$

很明显，约束不等式非正，拉格朗日系数非负，两者的乘积$\boldsymbol{\alpha}^{\mathrm{T}}c(\boldsymbol{x})$非正，取 $\boldsymbol{0}$ 时最大，并不一定是$\boldsymbol{\alpha}^{\mathrm{T}}=\boldsymbol{0}$。当可行解出现在某约束的边界时，即$c_i(\boldsymbol{x})=0$，对应的$\boldsymbol{\alpha}[i]$可以不为 0。这是一个对支付函数就对偶变量求上界的过程，确定对偶变量去 0 时，达到最优，得到最初函数，即"至多输"函数。再最小化，$\min L^{*}(\boldsymbol{x})=\min f(\boldsymbol{x})$得到最初问题式(2-31)，本质就是极小极大过程，此过程不方便可走对偶过程，成功构造完毕。

对偶过程：先其对偶问题的目标函数，就原始变量最小化（找下界），如式(2-34)所示，再就对偶变量最大化得到对偶问题。在同解的前提下，如果原始问题难求而此问题易于解决，则找到了新的求解方法。这个过程就拉格朗日对偶解极小值优化问题。对于一般约束的问题类似，只是拉格朗日向量不再非负。式(2-34)就是式(2-31)的对偶问题，称为**拉格朗日对偶**。

$$\max_{\boldsymbol{\alpha}\geqslant 0}L_{*}(\boldsymbol{\alpha})=\max_{\boldsymbol{\alpha}\geqslant 0}\min_{\boldsymbol{x}\in\mathbf{R}^{n}}L(\boldsymbol{x},\boldsymbol{\alpha}) \qquad (2\text{-}34)$$

例如，在一维空间，$\alpha$ 为常数，且 $\min f(x)=x^{2}$ s.t. $1-x\leqslant 0$，得到拉格朗日函数如式(2-35)。

$$L(x,\alpha)=x^{2}+\alpha(1-x), \quad \frac{\partial L}{\partial x}=2x-a=0, \quad x=\frac{\alpha}{2} \qquad (2\text{-}35)$$

直接求对偶问题的目标，如式(2-36)所示。

$$L_{*}(\alpha)=\alpha-\frac{\alpha^{2}}{4}, \quad x=\frac{\alpha}{2} \qquad (2\text{-}36)$$

求对偶问题的最优解，如式(2-37)所示。

$$\max_{\alpha}\alpha-\frac{\alpha^{2}}{4}=1, \quad \alpha=2, \quad x=1 \qquad (2\text{-}37)$$

不用此方法，从直观角度来看，也可以得出 $x=1$ 时，抛物线的右边有最小值（上升沿的起点）。从此例子可以看出同解，但是未必每个都同解。

2. 乌尔夫对偶

现在的问题是如何构造对偶问题。前面的支付函数已经能以原始函数为上界，剩下的问题是下界的构造。如在一维空间，将 $L(x,\alpha)$ 中的 $\alpha$ 常数化，假设其关于 $x$ 的极小值存在，求 $\min L(x,\alpha)$。$\alpha$ 常数化时，不在讨论之列。这样，可以将 $x$ 用 $\alpha$ 表示，$\nabla_x L(x,\alpha)=0$，有 $x^{*}=\phi(\alpha)$，最后得到关于 $\alpha$ 的函数，$L(\phi(\alpha),\alpha)=L_{*}(\alpha)$。成功构造到原始函数的对偶函数,如式(2-38),这个函数受 $\nabla_x L(x,\alpha)=0$ 约束。如果得到合乎约束的对偶问题解 $x^*$,用它实例化 $L(x,\alpha^*)$ 的 $x$,再用原问题的解 $\alpha^*$ 实例化函数 $L(x^*,\alpha)$ 的 $\alpha$,不难证明:$L(x^*,\alpha^*)=f(x^*)$ 和 $L(x^*,\alpha^*)=L_*(\alpha^*)$,而且找到了两对偶函数的交点 $L(x^*,\alpha^*)$,即支付函数的鞍点,具备强对偶性,原始问题的强对偶问题就是最大化问题,如果得到和约束矛盾的可行解,则假设不成立,对偶问题没有最优解,原始问题也没有最优解。将上述对偶问题表示为式(2-39)。

$$L_*(\alpha)=L(x^*,\alpha)\leqslant L(x,\alpha)\leqslant L(x,\alpha^*)=f(x) \qquad (2\text{-}38)$$

$$\begin{cases} \max_{\alpha} L(\phi(\alpha),\alpha) \\ \nabla_x L(x,\alpha)=0 \rightarrow x=\phi(\alpha) \\ \alpha \geqslant 0 \end{cases} \qquad (2\text{-}39)$$

式(2-39)称为原始问题的 Wlofe 对偶(乌尔夫对偶),它是拉格朗日对偶的特例。通过对它的求解得到的数值解,用 $\phi(\alpha)$,求 $x$ 得数值解,如果数值解都满足对应约束,则找到了两个问题的可行解。有以下定理:

**定理 2-7**:对于式(2-31)的凸优化问题,目标函数和约束函数连续可微为凸,并满足约束规格,则它的乌尔夫对偶问题有以下性质:①如果原问题有可行解,那么对偶问题有可行解;②如果可行解都是问题的最优解,那么两问题的最优解值相等。

前面,仅仅讨论凸有极小值最优化问题,利用不等式变换性质,式(2-39)变为其等价问题式(2-40),成为对偶变量的非负约束优化问题,直接利用目标函数的梯度 0 点就能找到可行解,见式(2-35)和式(2-17)上下文中的案例。乌尔夫对偶为求解复杂条件约束的多变量优化问题(如 SVN 问题)提供了方便。

$$\begin{cases} \min_{\alpha}\{-L(\phi(\alpha),\alpha)\} \\ \nabla_x L(x,\alpha)=0 \rightarrow x=\phi(\alpha) \\ \alpha \geqslant 0 \end{cases} \qquad (2\text{-}40)$$

## 2.3  线性 SVN 和基于核的 SVN

### 2.3.1  规范超平面和 SVN 的形式化问题

1. 问题的提出

假设二维样本的训练集合 $T=\{(\boldsymbol{x}_1,y_1),(\boldsymbol{x}_2,y_2),\cdots,(\boldsymbol{x}_i,y_i)\}$ 在

这个二维空间线性可分两类,类标签 $y_i$,为了问题描述的简洁,类标签用如下规格化表示,$y_i \in \{1,-1\}$,今欲找两条分类线(分类器),它能将该训练集成功区分,且两类的类边界有最大的分类间隔[95],如图 2-7 所示。

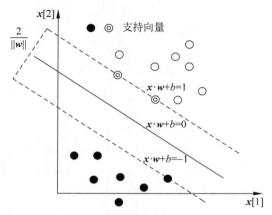

图 2-7　二维线性两分的支持向量网络

有 3 条平行直线,如式(2-41)-a 的截距 $-b$,斜率 2/3,在另外 2 条当中,式(2-41)-b 的截距上平移 1 个单位,式(2-41)-c 下平移了 1 个单位,3 条直线将平面分成 3 个区域,落在截距最高的线之上(类"1"学习边界线,式(2-41)-b)或者在其上边的训练样本,都为"1"类点;落在截距最低的线之上(类"−1"分类线,式(2-41)-c)或者在其下边的训练样本,都为"−1"类点,假定分类的点是离散的、有限的训练集合,见图 2-7。两者之间就是隔离带,它就是类之间"不同之处"的量化,这样,"泾渭分明",分类效果更明显。这样分开的问题就解决了,而且保证了一定的间隔距离[96]。

无平移的直线(式(2-41)-a))是隔离带的中线,就是决策平面,是未来测试的决策函数。对应任意测试样本,在其上边就是"1"类点,在其下边就是"−1"类点,即 $y_i = \text{sgn}\{x[2]+2x[1]/3+b\}$。规定:在其上的点,随机分类。

两分类线所表示的分类器统一改写为式(2-42),则满足式(2-42)的样本类别为 $y_i$。

例如,$y_i = 1$,则样本满足 $\{x_i[2]+2x_i[1]/3+b\}-1 \geqslant 0$,样本 $x_i$ 在式(2-41)-b 的直线上或者其上边。

$y_i = -1$,则样本满足 $\{x_i[2]+2x_i[1]/3+b\}+1 \leqslant 0$,样本 $x_i$ 在式(2-41)-c 线上或者其下边。

这样,将已知的训练样本正确区分的约束条件可以写为式(2-42)。

## 2. 问题的几何解释

在 $n$ 维空间,$x \cdot w + b = 0$,$w$ 为直线的法线向量,$x$ 表示向量,$x \cdot w + b = 0$ 表示超平面,它在法线上的投影为常数 $b$,则正确区分的约束条件为 $y_i\{x \cdot w + b\} \geqslant 1$,这称为规范超平面。

$$\begin{cases} \text{a:} x[2] + 2x[1]/3 + b = 0 \\ \text{b:} x[2] + 2x[1]/3 + b = 1 \\ \text{c:} x[2] + 2x[1]/3 + b = -1 \end{cases} \tag{2-41}$$

$$y_i\{x_i[2] + 2x_i[1]/3 + b\} - 1 \geqslant 0 \tag{2-42}$$

分类正确之后,还有分类间隔最大的问题。两条分类线截距(习惯取纵轴上)之差为常数 2,刻度的单位和 $x[2]$ 的坐标轴相同,记直线的倾角为 $\theta$,令 $\Delta$ 表示分类垂直间隔,则有 $\Delta = 2|\cos\theta|$,在分类正确的直线当中找一条倾角最小的。

可以看出:对于式(2-41)表示的直线而言,法线均为 $(2/3, 1)$,$|\cos\theta| = 1/\sqrt{1^2 + (2/3)^2}$,$\Delta = 2/\sqrt{1^2 + (2/3)^2}$,其中,$\|w\|$ 表示向量的长度,$\sqrt{1^2 + (2/3)^2} = \|w\|$,$\Delta = 2/\|w\|$,事实上,间隔最大就是要求找法线长度最短的直线。

$$y_i\{w[1] \cdot x[1] + w[2] \cdot x[2] + b\} \geqslant 1 \tag{2-43}$$

$$\frac{w[1]}{w[2]} \cdot x[1] + x[2] + \frac{b}{w[2]} = \frac{1}{w[2]} \tag{2-44}$$

$$|\cos\theta| = \frac{|w[2]|}{\sqrt{w[1]^2 + (w[2])^2}} \tag{2-45}$$

对于更一般的直线,$x \cdot w + b = 0$。二维分类器的一般情况如式(2-43)所示,同样,将截距和 $x[2]$ 同单位,所以式(2-43)可改写为式(2-44)。$|\cos\theta|$ 如式(2-45)所示,两倍截距之差 $2/w[2]$ 和 $|\cos\theta|$ 的乘积还是 $\Delta = 2/\|w\|$、$w[2] = 0$ 的特殊情况,可以处理为无穷小,通过中间化简而消除,得到同样的结果。推广到 $n$ 维,截距之差可以规格化到任意分量对应的坐标轴,$|\cos\theta|$ 中的角度 $\theta$ 则取法线向量和该坐标轴的夹角,都可以得到分类超平面之间的分类间隔,距离最大,也是要满足 $\min\|w\|$,在分类线变化的范围内求分类线的法向量长度最短,分类线用 $w$、$b$ 来描述,即 $\min_{w,b}\|w\|$。

$$d = \frac{|Ax_0 + By_0 + C|}{\sqrt{A^2 + B^2}} \tag{2-46}$$

用点到直线的距离公式也能计算,如式(2-46)所示,求出两分类线隔离带的中线上的任意一点到随意某类的边界的距离,再乘以 2,即可得到分类间隔。

这里选择"1"类边界线,中线上的点选择其和分量 $x[2]$ 所在坐标轴的交点,$y_0 = x[2] = -b/w[2]$,$x_0 = x[1] = 0$,代入 $(x_0, y_0)$,得 $|Ax_0 + By_0 + C| = 1$,$\Delta = 2d = 2/\sqrt{A^2 + B^2} = 2/\|w\|$,得到一致结果。

$$\begin{cases} \min\limits_{w,b} \|w\| \\ y_i\{x_i \cdot w + b\} \geqslant 1, \quad i = 1, 2, \cdots, n \end{cases} \quad (2\text{-}47)$$

要找到最佳的分类线,将训练集的样本分开,而且具备最大的间隔距离的问题,可以形式化表达为式(2-47),落在分类线上的点(向量)称为支持向量。如果类标签数量大于 2,可以分解为若干个 2 分类问题来解决[97]。例如 A、B、C 3 类可以通个构造 3 个 2 分类问题来处理,区分 A 类和非 A 类的分类器,记为{A}∪{B,C},依次有{B}∪{A,C}和{C}∪{B,A}。

### 2.3.2 SVN 的形式化求解

#### 1. 问题转换和形式化

现在回到分类效果最佳的问题,前面是边界已知。而今是已知样本集合<$\bar{x}_i, y_i$>,来找上下边界,边界要满足穿过边界点,将已知样本正确区分;同时要满足,上下边界的分类间隔最大。对于规范平面,间隔要最大化本质上等价于法向量长度最小化,对于二维空间的几何意义则是倾斜角最大。问题式(2-47)可以改写为式(2-48)。

$$\begin{cases} \min\limits_{w,b} \phi(\bar{w}) = \dfrac{1}{2}(\bar{w} \cdot \bar{w}) \\ -\{y_i[\bar{x}_i \cdot \bar{w} + b] - 1\} \leqslant 0, \quad i = 1, 2, \cdots, l \end{cases} \quad (2\text{-}48)$$

它是一个带不等式约束的极值问题,目标函数是正定的二次凸函数,约束函数为线性函数。根据优化理论,其为凸优化问题,其约束条件和式(2-15)类似[98]。首先,引入拉格朗日系数向量 $\bar{\alpha}$,为对偶变量,有 $l$ 个样本就有 $l$ 个约束方程,就有 $l$ 个系数,构造的拉格朗日函数如式(2-49)所示。

$$L(\bar{w}, b, \bar{\alpha}) = \frac{\bar{w} \cdot \bar{w}}{2} - \sum_{i=1}^{l} \bar{\alpha}[i]\{y_i[\bar{x}_i \cdot \bar{w} + b] - 1\} \quad (2\text{-}49)$$

对原始变量 $\bar{w}, b$ 求梯度 0 点,构造乌尔夫对偶,如式(2-50),分别得到式(2-51)和式(2-52)。

$$\nabla\phi(\bar{w}) - \nabla\bar{\alpha}\sum\{y_i[\bar{x}_i \cdot \bar{w} + b] - 1\}$$

$$= \nabla\{\phi(\bar{w}) - \bar{\alpha}\sum\{y_i[\bar{x}_i \cdot \bar{w} + b] - 1\}\} = 0 \tag{2-50}$$

$$\frac{\partial L}{\partial \bar{w}} = 0 \Rightarrow \bar{w} = \sum_{i=1}^{l}\bar{\alpha}_i y_i \bar{x}_i \tag{2-51}$$

$$\frac{\partial L}{\partial b} = 0 \Rightarrow \sum_{i=1}^{l}\bar{\alpha}_i y_i = 0 \tag{2-52}$$

$$L(\bar{w},b,\bar{\alpha}) = \frac{\bar{w} \cdot \bar{w}}{2} - \sum_{i=1}^{l}\bar{\alpha}\{y_i[\bar{x}_i \cdot \bar{w} + b] - 1\}$$

$$= \frac{\bar{w} \cdot \bar{w}}{2} - \sum_{i=1}^{l}\bar{\alpha}y_i\bar{x}_i \cdot \bar{w} - \sum_{i=1}^{l}\bar{\alpha}y_ib + \sum_{i=1}^{l}\bar{\alpha} \tag{2-53}$$

$$= \frac{\bar{w} \cdot \bar{w}}{2} - \bar{w} \cdot \sum_{i=1}^{l}\bar{\alpha}y_i\bar{x}_i \cdot - \sum_{i=1}^{l}\bar{\alpha}y_ib + \sum_{i=1}^{l}\bar{\alpha}$$

将式(2-51)和式(2-52)代入式(2-49),得式(2-53)并保留 $\bar{w}$,以此变换得式(2-54)和式(2-55)。

$$L(\bar{w},b,\bar{\alpha}) = \frac{\bar{w} \cdot \bar{w}}{2} - \bar{w} \cdot \bar{w} - b \cdot 0 + \sum_{i=1}^{l}\bar{\alpha} = -\frac{\bar{w} \cdot \bar{w}}{2} + \sum_{i=1}^{l}\bar{\alpha} \tag{2-54}$$

$$L(\bar{w},b,\bar{\alpha}) = -\phi(\bar{w}) + \sum_{i=1}^{l}\bar{\alpha} \tag{2-55}$$

再在式(2-55)用式(2-52)反向替代,消除 $\bar{w}$ 得到关于对偶变量 $\bar{\alpha}$ 的对偶函数,如式(2-56)。

$$L(\bar{w},b,\bar{\alpha}) = -\phi(\bar{w}) + \sum_{i=1}^{l}\bar{\alpha}$$

$$= -\frac{1}{2}\sum_{i=1}^{l}\sum_{j=1}^{l}\bar{\alpha}[i]\bar{\alpha}[j]y_iy_j\bar{x}_i \cdot \bar{x}_j + \sum_{i=1}^{l}\bar{\alpha}[i]$$

$$= L_*(\bar{\alpha}) \tag{2-56}$$

根据强对偶性定理2-3,如果原始问题有解,则可对以下对偶求解如式(2-57)所示。注意:对偶变量受式(2-52)约束。

$$\begin{cases} \max\{L_*(\bar{\alpha})\} \Rightarrow \max\sum_{i=1}^{l}\bar{\alpha}[i] - \frac{1}{2}\sum_{i=1}^{l}\sum_{j=1}^{l}\bar{\alpha}[i]\bar{\alpha}[j]y_iy_j\bar{x}_i \cdot \bar{x}_j \\ \sum_{i=1}^{l}\bar{\alpha}[i]y_i = 0, \quad i = 1,2,\cdots,l \\ \bar{\alpha} > 0 \end{cases} \tag{2-57}$$

利用"不等式乘以－1,不等号反向"的性质,问题式(2-57)转换为求最小值问题,得到等价问题式(2-58)。

$$
\begin{cases}
\min\{\widetilde{L}(\overline{\boldsymbol{\alpha}})\}\Rightarrow\min \dfrac{1}{2}\displaystyle\sum_{i=1}^{l}\sum_{j=1}^{l}\overline{\boldsymbol{\alpha}}[i]\,\overline{\boldsymbol{\alpha}}[j]y_iy_j\overline{x}_i\cdot\overline{x}_j-\sum_{i=1}^{l}\overline{\boldsymbol{\alpha}}[i] \\
\displaystyle\sum_{i=1}^{l}\overline{\boldsymbol{\alpha}}[i]y_i=0,i=1,2,\cdots,l \\
\overline{\boldsymbol{\alpha}}>\mathbf{0}
\end{cases}
\tag{2-58}
$$

**2. 求解和检验**

截距和法线向量(原始变量可行解)的求解如下:

假设已经求出对偶变量 $\overline{\boldsymbol{\alpha}}$ 的解 $\overline{\boldsymbol{\alpha}}^*$,且它符合所有必要条件,则按照乌尔夫对偶**定理 2-4** 的第一项[99],原问题必要有解。

和等式约束问题不一样,含等号的不等式约束的极值问题,不论可行解出现的半空间还是边界,拉格朗日系数和对应的函数必须满足约束式(2-59)。

$$
\overline{\boldsymbol{\alpha}}[i]\{y_i[\overline{x}_i\cdot\overline{w}+b]-1\}=0
\tag{2-59}
$$

则对于满足 $y_i[\overline{x}_i\cdot\overline{w}+b]-1\neq0$ 的样本 $\overline{x}_i$,则必须满足 $\overline{\boldsymbol{\alpha}}^*[i]=0$,即拉格朗日系数为 0。$y_i[\overline{x}_i\cdot\overline{w}+b]-1=0$ 的样本,则 $\overline{x}_i$ 在边界上,称为支持向量(Support Vector),满足 $\overline{\boldsymbol{\alpha}}^*[i]>0$。注意到:不可能有 $\overline{\boldsymbol{\alpha}}^*=0$,从式(2-51)可知道,法向量不可能为 $\mathbf{0}$ 向量。定义 $SV=\{\overline{x}_i\mid y_i[\overline{x}_i\cdot\overline{w}+b]-1=0\}$,故式(2-51)改写为式(2-60),换言之,法向量 $\overline{w}^*$ 由支持向量线性组合得到。

$$
\overline{w}^*=\sum_{\overline{x}_i\in SV}\boldsymbol{\alpha}_iy_i\overline{x}_i\cdot x
\tag{2-60}
$$

截距 $b^*$ 可通过任意一个支持向量计算得到式(2-61)。

$$
y_i[\overline{x}_i\cdot\overline{w}+b]-1=0\Rightarrow b^*=\frac{1}{y_i}-\overline{x}_i\cdot\overline{w}=y_i-\overline{x}_i\cdot\overline{w}
\tag{2-61}
$$

对 $\overline{w}^*$、$b^*$ 是否符合约束条件进行检验,本质上,就是找到了直线,对直线的分类正确性进行验证。

乌尔夫对偶的强对偶性检验如下:

假设已经求出对偶变量 $\overline{\boldsymbol{\alpha}}$ 的数值解 $\overline{\boldsymbol{\alpha}}^*$,且它符合所有必要条件,而且原始解 $\overline{w}^*$、$b^*$ 也符合约束条件,上述过程开始的前提就是基于假设原始问题和对偶问题同解,即强对偶性,假设不成立则按照此方法得到正确的解。故此,必须验证假设的正确性。

观察式(2-57)的 $\sum \boldsymbol{\alpha}[i]y_i=0$,对 $y_i=1$ 的支持向量有 $\sum \boldsymbol{\alpha}[i]$,对 $y_i=-1$ 的支持向量有 $\sum \bar{\boldsymbol{\alpha}}^*[i]$,两个阵营的支持向量的拉格朗日系数之和必相等,记为 $\tau$。明显求得原始问题式(2-48)的优化值,即式(2-62)的左边,求得对偶问题式(2-57)(注意:式(2-58)取了相反数,故不能建立等值关系)的最优值,即式(2-62)的右边,整理得到式(2-63)。 如果式(2-63)成立,那么按照定理 2-4(乌尔夫对偶性质定理)的第二项,最优值相等,原问题和对偶问题的可行解都是其最优解[100],所构造的乌尔夫对偶属于强对偶,求原始问题和其对偶问题等价。否则,存在对偶间隙,则通过求解对偶问题找不到原始问题的最优解。

$$\frac{1}{2}(\bar{w}^* \cdot \bar{w}^*) = \sum_{i=1}^{l} \bar{\boldsymbol{\alpha}}^*[i] - \frac{1}{2}\sum_{i=1}^{l}\sum_{j=1}^{l} \bar{\boldsymbol{\alpha}}^*[i]\bar{\boldsymbol{\alpha}}^*[j]y_iy_j\bar{x}_i \cdot \bar{x}_j$$

$$= \sum_{i=1}^{l} \bar{\boldsymbol{\alpha}}^*[i] - \frac{1}{2}(\bar{w}^* \cdot \bar{w}^*) \tag{2-62}$$

$$(\bar{w}^* \cdot \bar{w}^*) = \sum_{i=1}^{l} \bar{\boldsymbol{\alpha}}^*[i] = 2\tau \tag{2-63}$$

3. 分类函数的构造和测试

当最优分类线的法向量和截距都已经找到,不难构造出样本空间的决策函数。如式(2-64),对于测试样本 $x$,就可知道其类标签 $y_x$,对于正好落在的分类面的样本,随机派类。

$$y_x = \text{sgn}\{w \cdot x + b\} = \text{sgn}\left\{\sum_{x_i \in SV} \boldsymbol{\alpha}[i]y_ix_i \cdot x + b\right\} \tag{2-64}$$

例如在某个训练样本如式(2-65)-a 所示,测试样本如式(2-65)-b 所示,直观上,"1"和"-1"的样本能分别用式(2-41)-b 和式(2-41)-c 的分类线分开,此时 $b=0$,带"*"的点分别在分类线上。

$$a: \begin{cases} \bar{x}_i & <0,1>* & <3,0> & <6,-1> & <3,-3>* & <9,-8> & <6,-7> \\ y_i & 1 & 1 & 1 & -1 & -1 & -1 \end{cases}$$

$$b: \begin{cases} \bar{x}_i & <-3,3> & <12,-5> & <-6,6> & <-3,1>* & <-9,4> & <0,-2> \\ y_i & 1 & 1 & 1 & -1 & -1 & -1 \end{cases}$$

$$\tag{2-65}$$

再用 SVN 方法求最优分类线,求解乌尔夫对对偶,如式(2-66)所示。计算机求得训练数值解为式(2-67),分类准确率为 100%,分类间隔为 2.846,优于直观方法的 2.0,算得 $\|w\|^2 - \sum \bar{\boldsymbol{\alpha}}^*[i]$ 为 2.5062E-08,

接近 0,可以认为相等;$\boldsymbol{\alpha}[2]+\boldsymbol{\alpha}[3]+\boldsymbol{\alpha}[4]=-3.0000\text{E-08}$,也接近于 0,注意到,$\boldsymbol{\alpha}[2]$,$\boldsymbol{\alpha}[3]$ 构成了"1"分类线的支持向量,$\alpha[4]$ 构成了"$-1$" 类分类线的支持向量,可以认为相等,这就验证了式(2-63)的正确性。

$$\begin{cases} \max \widetilde{L}(\bar{\boldsymbol{\alpha}}) = \sum_{i=1}^{6} \boldsymbol{\alpha}_i - \dfrac{1}{2} \sum_{i=1}^{6} \sum_{j=1}^{6} \boldsymbol{\alpha}_i \boldsymbol{\alpha}_j y_i y_j (\bar{x}_i \cdot \bar{x}_j) \\ \text{s. t.} \quad \sum_{i=1}^{l} \boldsymbol{\alpha}_i y_i = 0, \boldsymbol{\alpha}_i \geqslant \boldsymbol{0}; \quad i=1,\cdots,6 \end{cases} \tag{2-66}$$

$$b^* = 0.333\,333\,3;\ 2/\parallel w \parallel = 2.846\,050$$
$$\boldsymbol{\alpha}[1] = 0.000\,000;\ \boldsymbol{\alpha}[2] = 0.172\,839\,5$$
$$\boldsymbol{\alpha}[3] = 0.740\,7407\text{E-01};\ \boldsymbol{\alpha}[4] = 0.246\,913\,6 \tag{2-67}$$
$$\boldsymbol{\alpha}[5] = 0.000\,000;\ \boldsymbol{\alpha}[6] = 0.000\,000$$
$$\boldsymbol{w}^*[1] = 0.222\,222\,2;\ \boldsymbol{w}^*[2] = 0.666\,666\,7$$

### 2.3.3　基于核的支持向量网络和 VC 维

#### 1. 特征变换的概念

样本是以向量的形式表示,其构成有多个分量或者维度,或者属性, 又称为特征。对样本进行分类,往往并非根据样本的最初特征,而是根据 一些加工后的特征,这些加工后的特征在决定类别走向时有着更大的话 语权。例如描述长方形,一般只需要两个属性:长为分量 $\boldsymbol{x}[1]$,宽为分量 $\boldsymbol{x}[2]$,如果分类时,还要考虑其周长和面积,则要添加两个属性,且这两 个属性由原来属性变换得到,现将它进行变换要加两个属性:周长为 $2(\boldsymbol{x}[1]+\boldsymbol{x}[2])$,面积为 $\boldsymbol{x}[1]\times\boldsymbol{x}[2]$,属性维数增加为 4,如式(2-68)所 示。从最初特征到加工后的特征的过程就是特征变换[101],又称为特征映 射(Feature Mapping),映射函数称作 $\phi$。

$$\phi(\boldsymbol{x}):\boldsymbol{x} = (\boldsymbol{x}[1],\boldsymbol{x}[2]) \to \boldsymbol{x}' = (\boldsymbol{x}[1],\boldsymbol{x}[2],2\boldsymbol{x}[1]+2\boldsymbol{x}[2],\boldsymbol{x}[1]\cdot\boldsymbol{x}[2])$$
$$\tag{2-68}$$

另外,在低维空间线性不可区分的问题,例如抛物线边界等非线性边 界,可以通过特征变换等价为高维空间的线性可分问题。在二维平面,中 心在原点的椭圆边界如式(2-69)所示。

$$w[1]\boldsymbol{x}[1]^2 + w[2]\boldsymbol{x}[2]^2 + w[3]\boldsymbol{x}[1]\boldsymbol{x}[2] + b = 0 \tag{2-69}$$

利用特征变换式(2-70),原来的椭圆变成了 $\bar{w} \cdot \bar{x}' + b = 0$ 的超平面, 原空间的二次边界可分则变换为三维希尔伯特空间的超平面线性可分。

$$\phi(\boldsymbol{x}) = \boldsymbol{x}' = (\boldsymbol{x}[1]^2, \boldsymbol{x}[2]^2, \boldsymbol{x}[1]\boldsymbol{x}[2]) \tag{2-70}$$

$d$ 阶有序齐次变换[102]，指的是变换后的属性都是由 $d \geqslant 0$ 个最初属性相乘得到，且不同的相乘顺序被认定为不同的属性。如式（2-71）的 $\phi_1(x)$。一般地，如果 $x$ 是 $\mathbf{R}^n$ 向量，其 $d$ 阶有序齐次变换得到的向量就有 $n^d$ 个属性。如 $n=3$，$d=2$，则 $\phi_1(x)$ 为 $n$ 维向量。

$$x = \begin{bmatrix} x[1] \\ x[2] \\ x[3] \end{bmatrix} \quad \phi_1(x) = \begin{bmatrix} x[1]^2 \\ x[1]x[2] \\ x[1]x[3] \\ x[2]x[1] \\ x[2]^2 \\ x[2]x[3] \\ x[3]x[1] \\ x[3]x[2] \\ x[3]^2 \end{bmatrix} \quad \phi_2(x) = \begin{bmatrix} x[1]^2 \\ x[1]x[2] \\ x[1]x[3] \\ x[2]x[1] \\ x[2]^2 \\ x[2]x[3] \\ x[3]x[1] \\ x[3]x[2] \\ x[3]^2 \\ \sqrt{2c}\,x[1] \\ \sqrt{2c}\,x[2] \\ \sqrt{2c}\,x[3] \\ c \end{bmatrix} \quad (2\text{-}71)$$

有序变换指的是变换后的属性都是最多由 $d \geqslant 0$ 个最初属性相乘得到，且不同的相乘顺序被认定为不同的属性，如式（2-71）的 $\phi_2(x)$。一般地，如果 $x$ 是 $\mathbf{R}^n$ 向量，其 $d$ 阶有序变换得到的向量就有 $(n^{d+1}-1)/(n+1)$ 个属性，如式（2-72）所示。$n=3$，$d=2$，则 $\phi_1(x)$ 为 13 维向量。

$$n^d + n^{d-1} + \cdots + n + 1 = \frac{n^{d+1}-1}{n-1} \qquad (2\text{-}72)$$

如果分量的乘积项不考虑顺序的区别，将这些项看成相同的项，冗余的项，只留其一，这样降维后的映射所得到的空间为无序单项式空间。如在式（2-71）的 $\phi_1(x)$ 变换中，可以将值重复而仅仅顺序交换的 $x[1]x[2]$ 等属性去掉，这就是 2 阶无序单项式，可以变为六维空间。

一般地，将输入向量 $x \in \mathbf{R}^n$ 通过特征变换得到的新的特征向量 $\phi(x) \in H$ 所构成的空间，称为希尔伯特空间，记为 $H$，它的维度取决于变换。

2. 内积运算和核函数

内积运算是向量的基本运算，它的复杂度和算法的速度息息相关。观察特征变换之后的内积运算，在三维空间中，有两个 $\mathbf{R}^3$ 样本：$x$ 和 $z$，内积 $x \cdot z$ 执行了 3 次乘法运算；而执行 $\phi_1(\bullet)$ 变换后的内积 $\phi_1(x) \cdot$

$\phi_1(z)$执行了大约 8 次乘法运算，$\phi_2(\cdot)$变换后执行了大约 13 次乘法运算，有些仅仅交换顺序项可以省去，但仅占少部分。一般地，$d$ 阶有序变换后，内积运算的复杂度变为 $O(n^d)$。这种变换推广到 $\mathbf{R}^n$ 到 $d$ 阶有序齐次单项式空间的映射：$\phi:\mathbf{R}^n \mapsto H$，则维数 $n_H = n^d$，$n = 200$，$d = 5$，$n_H = n^d = 32 \times 10^{10}$，这就是"维灾"（Dimensianl Curse）[103]。

继续观察可发现：有更快速的方法计算特征变换后的内积。如 $\phi_1(\boldsymbol{x}) \cdot \phi_1(\boldsymbol{z})$ 是 9 个 4 次项之和，内积 $\boldsymbol{x} \cdot \boldsymbol{z}$ 是 3 个 2 次项之和，内积 $\boldsymbol{x} \cdot \boldsymbol{z}$ 再平方也是 9 个 4 次项之和，它与 $\phi_1(\boldsymbol{x}) \cdot \phi_1(\boldsymbol{z})$ 能否对应相等，回答是肯定的。即有 $\phi_1(\boldsymbol{x}) \cdot \phi_1(\boldsymbol{z}) = (\boldsymbol{x} \cdot \boldsymbol{z})^2$，这样有 4 次乘法就得到了。

核函数：对于某个特征变换 $\phi(\cdot)$，变换后向量内积 $\phi(\boldsymbol{x}) \cdot \phi(\boldsymbol{z})$ 可由原空间输入矢量的内积 $\boldsymbol{x} \cdot \boldsymbol{z}$ 通过标量函数运算而得到，记为 $K(\boldsymbol{x},\boldsymbol{z}) = f(\boldsymbol{x} \cdot \boldsymbol{z})$，则函数 $K(\cdot,\cdot)$ 或者 $f(\boldsymbol{x} \cdot \boldsymbol{z})$ 就是该特征变换 $\phi(\cdot)$ 的核函数，反过来，该特征变换 $\phi(\cdot)$ 就是 $K(\cdot,\cdot)$ 或者 $f(\boldsymbol{x} \cdot \boldsymbol{z})$ 的变换。它是标量函数，以向量为变量，不是所有变换都有核函数，如式（2-68）的变换；也不是所有的核函数都能找到显式的特征变换[104]。

$\phi_1(\cdot)$ 和 $\phi_2(\cdot)$ 都是多项式核特征变换，即 $K(x,z) = [s(x \cdot z) + c]^d$，对于 $\phi_1(\cdot)$，$s = 1$，$c = 0$，对于 $\phi_2(\cdot)$，$s = 1$，$c \neq 0$。

核函数对应的变换所得到的高维空间，这个空间名为再生核希尔伯特空间（Reproducing Kernel Hilbert Space，RKHS）[105]，原则上，变换后的向量一样可在该空间保持线性可分的特性，而且保持区分边界之间的间隔最大化。

将样本从原始空间映射到特征空间以便更加有效地处理原来任务，称为特征提取（Feature Extraction）。特征选择得到的特征空间维数小于输入空间的维数，这就是降维。传统方法在处理高维问题时，容易导致维数灾难，即随着维数升高，计算复杂度呈指数增长。

两个向量 $\boldsymbol{x}_1$，$\boldsymbol{x}_2$ 的内积变为标量，即为 $\tau$，反之标量也可以等价为某 2 向量的内积。如果将 $\tau$ 按照某个函数变换 $f(\tau)$ 得到新的函数值（标量）$f(\tau)$，它可以等价成输入向量对通过某个特征变换 $\phi(\cdot)$ 得到向量对 $\phi(\boldsymbol{x}_1)$，$\phi(\boldsymbol{x}_2)$ 的内积。

使用核函数以后，识别函数变为式（2-73）：

$$\begin{aligned}
\boldsymbol{w} \cdot \boldsymbol{x} + b &= \left(\sum \boldsymbol{\alpha}[i] y_i \boldsymbol{x}_i\right) \cdot \bar{\boldsymbol{x}} + b \\
&= \sum \boldsymbol{\alpha}[i] y_i (\boldsymbol{x}_i \cdot \boldsymbol{x}) + b \to \\
&\quad \sum \boldsymbol{\alpha}[i] y_i f(\boldsymbol{x}_i \cdot \boldsymbol{x}) + b
\end{aligned} \tag{2-73}$$

使用核函数还有一个重要优势,样本在原始空间是线性不可分的,如图 2-8 所示,也就是说,优化问题无可行解,或者分类效果差,这受到线性分类面表达能力的限制。在这种情况下,通过变换,将特征映射到高维空间后,就等价于在变换前的空间搜索最优的非线性分类函数,从而变为线性可分的问题,或者同样是线性可分问题,但是变换之后分类效果更好。直线用二维法向量确定,欧几里得平面用三维法向量确定,维度为 $n$ 的法向量确定的统称为超平面。虽然维数增加,几何意义还是一样的。实际分类时,只将内积替代为内积的函数即可。

约束条件仍然必须满足超平面边界之间最大间隔(margin),目标函数变为

$$
\begin{cases}
\max L(\alpha) = \sum_{i=1} \alpha[i] - \frac{1}{2} \sum_{i=1} \sum_{j=1} \alpha[i]\alpha[j] y_i y_j (\phi(\boldsymbol{x}_i) \cdot \phi(\boldsymbol{x}_j)) \\
\text{s. t.} \quad \sum_{i=1}^{l} \alpha_i y_i = 0, \quad i = 1, 2, \cdots, l \\
\alpha_i \geqslant 0, \quad i = 1, 2, \cdots, l
\end{cases}
\tag{2-74}
$$

几何意义上,还是求希尔伯特空间平面的最大分类间隔,在实际优化时,还是执行原来的过程,无须任何变化。使用到不同的核函数,意味着在低维空间,搜索不同簇的最优"分类线",如果它能把训练样本最佳分开,也能把测试样本最佳分开,这是 SVN 的基本思想。常用的核函数有以下几种:

线性核,则 $K(\boldsymbol{x}_i, \boldsymbol{x}_j) = (\boldsymbol{x}_i \cdot \boldsymbol{x}_j) \sim f(\tau) = \tau \sim \boldsymbol{w} \cdot \boldsymbol{x} + b = 0$,分类函数就是线性函数,分类线在几何上表现为直线。

二次多项式核,$K(\boldsymbol{x}_i, \boldsymbol{x}_j) = (\boldsymbol{x}_i \cdot \boldsymbol{x}_j + c)^2 \sim (st+c)^2 \sim \boldsymbol{x}[2] = a\boldsymbol{x}[1]^2 + b\boldsymbol{x}[1] + c, c \neq 0$,分类函数为二次曲线。如果 $c = 0$,分类函数的轨迹为类椭圆曲线,如图 2-8 所示。以此类推,还可以得到更一般的多项式曲线。

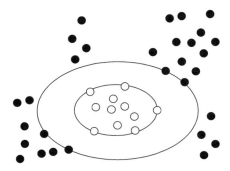

图 2-8　二维二次曲线可分的支持向量网络

高斯核 $K(\boldsymbol{x}_i, \boldsymbol{x}_j) = e^{-\|\boldsymbol{x}_i - \boldsymbol{x}_j\|^2}$，由于计算的是内积，我们可以想到如果 $\boldsymbol{x}_i$ 和 $\boldsymbol{x}_j$ 向量夹角越小，那么核函数值越大；反之，核函数值越小。因此，核函数值是 $\boldsymbol{x}_i$ 和 $\boldsymbol{x}_j$ 的相似度。这时，如果 $\boldsymbol{x}_i$ 和 $\boldsymbol{x}_j$ 很相近，则有 $h(\boldsymbol{x}_i) \rightarrow \{1, -1\}$，那么核函数值为 1（相似度最高），如果相差很大，即 $\|\bar{x}_i - \bar{x}_j\| \rightarrow \infty$，那么核函数值约等于 0。由于函数类似于高斯分布，因此称为高斯核函数。也叫做径向基函数（Radial Basis Function, RBF）[106]。由于指数函数可以用多项式无穷项逼近，所以它对应的特征变换能够把原始特征映射到无穷维。分类函数的形状就类似正态分布曲线。

如何选择分类线的范式，也就是选择核函数，尚无统一标准。也不是所有的函数都能用于核函数，基于核函数的构造可以参考[75]。

### 3. VC 维和决策函数

VC 维和核的表达能力对于 SVN 的构造至关重要，说到底，SVN 就从训练样本出发，找某个分类函数把它们分开，并且效果最佳。而后，再用这分类函数去归类测试样本，其分类效果也应该是最佳的，这是 SVN 方法的基本原理。

分类问题本质就是做映射，即从样本空间到类标签空间的映射。训练集只是映射的一种情形，在测试之前，测试集的映射情形是未知的。但是，不是每一种可能的映射情形，都能为分类函数所清晰表达，这和 SVN 的核密切相关。

假设有一个一维数组 $\Omega_m$，顺序存放 $m$ 个样本 $\boldsymbol{x}_i$，则各样本的标签信息也按顺序构成一维数组 $\boldsymbol{\Psi}_m$（标签向量），有 $m$ 个标签 $y_i$。今有决策函数集合（假设空间）$H$，其中的任意函数或者假设 $h \in H$，$h: h(\boldsymbol{x}_i) \rightarrow \{1, -1\}$。则如果以 $\Omega_m$ 为 $h(\cdot)$ 的输入将会得某个实例化的 $\boldsymbol{\Psi}_m$，显然，以数组为输入的前提下，$h(\cdot)$ 的输出 $\boldsymbol{\Psi}_m \in \{1, -1\}^m$，是来自空间 $\{1, -1\}^m$ 的一个向量，遍历 $H$ 的决策函数，将得到不同的 $\boldsymbol{\Psi}_m$，$\boldsymbol{\Psi}_m$ 的集合的元素个数记为 $N(H, \Omega_m)$，每一个 $\boldsymbol{\Psi}_m$ 的实例称为 $\Omega_m$ 的一个标签布局。

通过 $H$ 的决策函数[107]，得到一个 $\boldsymbol{\Psi}_m$ 的实例，称为一个 $\Omega_m$ 分类布局，$H$ 是一个无穷集合，会有无穷多个 $h$ 决策得到同一个标签向量，SVN 寻找的是分类效果最优的那一个。定义 $N(H, \Omega_m)$ 为假设集合 $H$ 输出的 $\boldsymbol{\Psi}_m$ 向量数量，显然在 $\{1, -1\}^m$ 空间，$\boldsymbol{\Psi}_m$ 布局数量最多为 $2^m$，$N(H, \Omega_m) = 2^m$。

在样本向量空间，样本按某个顺序排列（$x_i[1]$ 非递减）和满足以下条件的分类面，$h \in \{h \mid \text{s.t. } h(\Omega_m) = \boldsymbol{\Psi}_m\}$，构成的空间分布称为该标签向量的样本标签布局。前面只考察了某个顺序，$\mathbf{R}^n$ 空间还有 $n-1$ 的分量，将余下分量的顺序都考虑进来，则得到 $(m!)^{n-1}$ 个情形的布局。在这些布局中，如果 $\{h \mid h(\Omega_m) = \mathbf{\Psi}_m\}$ 为空集，则称这些布局为标签向量的盲区布局，$\mathbf{\Psi}_m$ 则称为有盲区标签向量，也就是说在 $H$ 中找不到分类面将 $\Omega_m$ 按 $\mathbf{\Psi}_m$ 分开。$\mathbf{\Psi}_m$ 如果都不是盲区标签向量，则称任何 $\Omega_m$ 都能被 $H$ 区分，称 $\Omega_m$ 能为 $H$ 打散，或者 $H$ 能**完全区分** $\Omega_m$。

例如，$\boldsymbol{x}_i \in \mathbf{R}^2$，决策函数采用线性核，即式 (2-75)，改变 $w$ 和 $b$，可得到任意直线，有 $\Omega_3 = \{\boldsymbol{x}_1, \boldsymbol{x}_2, \boldsymbol{x}_3\}$，从左至右排列，即 $\boldsymbol{x}_1[1] < \boldsymbol{x}_2[1] < \boldsymbol{x}_3[1]$（等于的特殊情况也成立，这里不予讨论），且规定 3 点共线时，两端点不同类，这是约束规格（Norm Constraint），优化问题有解。$\Omega_3$ 标签向量数量最多为 $2^3$。例如，$[-1, -1, 1]$ 对应图 2-9(a)，翻转后的 $[1, 1, -1]$ 对应图 2-9(a′)，各标签向量依次可以图示布局为图 2-9。$[-1, -1, 1]$ 的样本布局，变更其余分量的排列顺序，可以遍历 $[-1, -1, 1]$ 的所有布局，如图 2-10 所示。可以看出，在 $m=3, n=2, (m!)^{n-1}=6$ 的情形中，能找到分类面正确地区分并得到标签向量 $[-1, -1, 1]$，故它为无盲区标签向量。可以证明，其他的标签向量都是无盲区标签向量。满足规格[108]的分布都可通过从 $H$ 找到正确分割的直线。$\mathbb{N}(H_{\text{line}}, \Omega_3) = 2^3$，$H_{\text{line}}$ 能够打散 $\Omega_3$。

$$H_{\text{line}} = \{h \mid h(\boldsymbol{x}_i) : \text{sgn}(\boldsymbol{w}[1]\boldsymbol{x}_i[1] + \boldsymbol{w}[2]\boldsymbol{x}_i[2] + b)\} \quad (2\text{-}75)$$

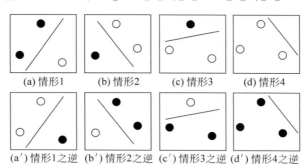

| (a) 情形1 | (b) 情形2 | (c) 情形3 | (d) 情形4 |

| (a′)情形1之逆 | (b′)情形2之逆 | (c′)情形3之逆 | (d′)情形4之逆 |

图 2-9　$\Omega_3$ 被 $H_{\text{line}}$ 打散

当样本空间容量增加到 4 时，有 $\Omega_4 = \{\boldsymbol{x}_1, \boldsymbol{x}_2, \boldsymbol{x}_3, \boldsymbol{x}_4\}$，从左至右排列，且规定 4 点共线时，两端不同类。

满足规格的几何分布至少有 8 个标签向量，都无法从 $H$ 找到正确区分的直线，也就是说区分函数 $h$ 不存在。例如 $[1, -1, -1, 1]$ 就是盲区标签向量，当 $\boldsymbol{x}_3[2] < \boldsymbol{x}_4[2] < \boldsymbol{x}_2[2] < \boldsymbol{x}_2[2]$ 时，即图 2-11(a)，不存在可准确区分的决策函数，$\boldsymbol{x}_3[2] < \boldsymbol{x}_4[2] < \boldsymbol{x}_2[2] < \boldsymbol{x}_2[2]$，即图 2-11(a′)，也是

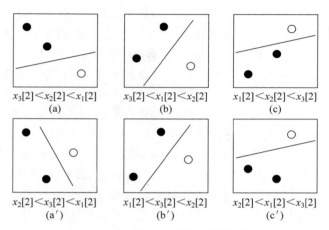

$x_3[2]<x_2[2]<x_1[2]$
(a)

$x_3[2]<x_1[2]<x_2[2]$
(b)

$x_1[2]<x_2[2]<x_3[2]$
(c)

$x_2[2]<x_3[2]<x_1[2]$
(a′)

$x_1[2]<x_3[2]<x_2[2]$
(b′)

$x_2[2]<x_1[2]<x_3[2]$
(c′)

图 2-10 ［－1，－1，1］的 6 种样本布局

该标签向量的盲区分布，或者说任何直线来划分准确率都只能为 $50\%$，还有同类点的三角形围住异类点，三点共线和四点共线的情况，分别见图 2-11(b)、(c)、(d)。$\boldsymbol{\Psi}_m$ 数量最多 $2^4$，无盲区数量为 $\mathrm{N}(H_{\mathrm{line}},\Omega_3)=2^3<2^4$，$H_{\mathrm{line}}$ 不能打散 $\Omega_4$。

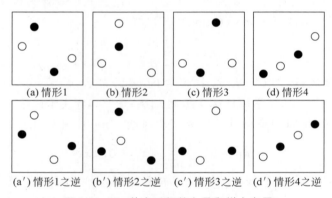

(a) 情形1

(b) 情形2

(c) 情形3

(d) 情形4

(a′) 情形1之逆

(b′) 情形2之逆

(c′) 情形3之逆

(d′) 情形4之逆

图 2-11 $\Omega_4$ 的盲区标签向量和样本布局

下面给出 **VC**(**Vapnik-Chervonenkis Dimension**)维[109] 的定义。给定 $H$，$\Omega_m$ 的元素是 $\mathbf{R}^n$ 的向量，$\mathrm{N}(H,\Omega_m)=2^m$，如果 $\Omega_m\subset\mathbf{R}^n$，而且 $\Omega_m$ 跑遍空间 $\mathbf{R}^n$ 得到的无盲区布局数量定义为 $\mathrm{N}(H,m)$，$m=m+1$，当 $\mathrm{N}(H,m)$ 随着 $m$ 的增加而不再增加时，记为 $m_{\max}=m-1$，定义 $\mathrm{N}(H,m)$ 的以 2 为底的对数的上界为 $H$ 的 VC 维，$V\mathrm{C}\dim(H)=\lfloor\log_2\mathrm{N}(H,m_{\max})\rfloor$。

上面的例子中，$V\mathrm{C}\dim(H_{\mathrm{line}})=\lfloor\log_2\mathrm{N}(H,3)\rfloor=3$。在 $\mathbf{R}^6$，$\mathrm{N}(H,3)=8,\mathrm{N}(H,4)=16,\mathrm{N}(H,5)=32,\mathrm{N}(H,6)=64,\mathrm{N}(H,7)=$

$128$，$N(H,8)=256$，所以在 $\mathbf{R}^6$ 空间，$VC\dim(H_{\text{line}})=7$。

**定理 2-8**：$H_{\text{line}}$ 是 $n$ 空间的线性符号函数的集合，即 $H_{\text{line}}=\{h\,|\,h(x_i):\text{sgn}(\boldsymbol{w}\cdot\boldsymbol{x}_i+b)\}$，则 $H_{\text{line}}$ 的 VC 维是 $n+1$。

目前，还没有关于通用的对于任意分类函数的 VC 维度计算的理论，只知道一些特殊函数集合的 VC 维。VC 维表征了分类函数集合（假设空间）的分类能力，分类函数类别取决于核函数，本质上说明了核的表达能力，$d$ 阶有序齐次变换到希尔伯特空间的 VC 维就是 $O(n^d)$，$d$ 阶有序变换之后的 VC 维为 $O((n^{d+1}-1)/(n-1))$，高斯核的自然底数的指数函数可以展开为多项式无穷级数，它对应的变换之后的 VC 维为 $\infty$。VC 维度越大，每个无盲区的标签向量都是机器能够掌握的概念，学习机器掌握概念的潜能越大就越复杂，而训练它就需要更多样本。

### 4. 经验风险和结构风险

SVN 的经验风险和结构风险是两个重要的概念，两者都是从损失函数的基础上定义。

损失函数：样本 $x$ 的标签观察值为 $y$，从学习机训练得到决策函数 $h(\cdot)$，其对 $x$ 的标签决策输出为 $h(x)$，则定义式（2-76）为该决策函数 $h(\cdot)$ 的损失函数（Error Function）[110]。

$$e(\boldsymbol{x},y,h(\boldsymbol{x}))=\begin{cases}0 & y=h(\boldsymbol{x})\\1 & y\neq h(\boldsymbol{x})\end{cases} \qquad (2\text{-}76)$$

经验风险：给定有 $l$ 个元素的训练集合 $T=\{x_i,y_i\}$，$T\in(\mathbf{R}^n\times\{-1,1\})^l$，某学习机接受 $T$ 的训练，学习得到决策函数 $h(\cdot)$，则定义式（2-77）为 $h(\cdot)$ 来自对于 $T$ 的经验风险（Empirical Risk）[111]。

$$\text{Remp}(h)=\frac{1}{l}\sum_{i=1}^{l}e(\boldsymbol{x}_i,y_i,h(\boldsymbol{x}_i)) \qquad (2\text{-}77)$$

期望风险：设 $P(\boldsymbol{x},y)$ 为将"样本 $x$ 观察为 $y$"的事件的概率分布函数（微分的概率密度），$X$ 为样本总体，$X\subset\mathbf{R}^n$，有某个假设（决策函数）$h(\cdot)$，将它作用于样本，则定义式（2-78）为 $h(\cdot)$ 在 $X$ 上的期望风险，本质上是损失的数学平均值[112]。

$$R_h=\int_{X\times\{-1,1\}}e(\boldsymbol{x}_i,y_i,h(\boldsymbol{x}_i))\text{d}P(x_i,y_i) \qquad (2\text{-}78)$$

**定理 2-9**：$v$ 为决策函数空间 $H$ 的 VC 维，样本空间的元素个数 $l>v$，无论"样本 $x$ 观察为 $y$"的事件的概率分布函数 $P(\boldsymbol{x},y)$ 服从何种分布，对于 $H$ 的任何假设 $h$ 和某个任意的概率值 $\lambda$，则不等式（2-79）成立的概率不低于 $1-\lambda$。

$$R_h \leqslant \mathrm{Remp}(h) + \sqrt{\frac{8}{l}\left(v\left(\ln\frac{2l}{v}+1\right)+\ln\frac{4}{\lambda}\right)} \qquad (2\text{-}79)$$

将右边的两项之和定义为结构风险,其中的第 2 项定义为置信区间,$l=500$,$\lambda=0.1$,$v=10$,置信区间为 0.977,其值太大,太粗糙,只能应用于定性分析,置信区间是 VC 维的增函数,VC 维度增加则结构风险增加,经验风险 $\mathrm{Remp}(h)$ 取决于假设的选择,理想情况可以做到 $\mathrm{Remp}(h)=0$,然而要使得样本空间的标签向量都为无盲区向量,则 VC 维度必须增加,向 $l-1$ 靠拢,这又导致了置信区间增加,增长了结构风险。

在假设(决策函数)性能的追求上,理想状态下的需求往往是期望风险最小。但是,$X$ 为样本总体,其观察的概率分布函数 $P(\boldsymbol{x},y)$ 在实践中很难确定,故此,理论上定量地计算 $h(\cdot)$ 的期望风险 $R_h$ 不可能。为了折中平衡矛盾,提出了 $h(\cdot)$ 参数选择的结构风险最小原则,就是寻找某个假设,间接寻找某个核函数,也就是某个特征变换,使得其希尔伯特空间的 VC 维使得结构风险最小。如图 2-12 所示,逐步增加希尔伯特空间的 VC 维 $v$,置信区间逐步增加,经验风险逐步下降,结构风险在 $v^*$ 达到最小时,则 $v^*$ 为最佳 $h(\cdot)$ 核函数参数。

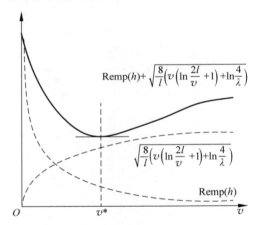

图 2-12 结构风险和经验风险

## 2.4 惩罚校正 SVN

### 2.4.1 问题描述

支持向量聚类问题可归结为样本空间的二次优化问题,采用以下定义描述。

**定义 1**　$y_i$ 为样本类标签，$\overline{w}$ 为超平面法向量，$\overline{x}_i$ 为样本向量，$b$ 为决策平面截距，$\xi_i$ 为截距漂移。则 $\{y_i[(\overline{w} \cdot \overline{x}_i)+b]-1+\xi_i\}=0$ 为类边界超平面。

**定义 2**　当样本 $\overline{x}_i$ 处在 $\xi_i=0$ 边界面上，两类边界平面截距差为 2，则 $\overline{x}_i$ 属于在边界上的支持向量，称之为边界支持向量（On-Bound-SV）。

**定义 3**　当 $\overline{x}_i$ 处在 $1>\xi_i>0$ 的平面上，则样本 $\overline{x}_i$ 被包围在 $\{y_i[(\overline{w} \cdot \overline{x}_i)+b]-1\}=0$ 边界平面和决策平面 $(\overline{w} \cdot \overline{x}_i)+b=0$ 中间，称样本向量 $\overline{x}_i$ 为边界内支持向量（In-Bound-SV）。

**定义 4**　当样本 $\overline{x}_i$ 处在 $\xi_i=1$ 的平面上，则 $\overline{x}_i$ 落在决策平面 $[(\overline{w} \cdot \overline{x}_i)+b]=0$ 上，称样本向量 $\overline{x}_i$ 为决策支持向量（Decision-Plane-SV）。

**定义 5**　当样本 $\overline{x}_i$ 处在 $\xi_i>1$ 的平面，对于正例样本，它已经下击穿越过决策平面，进入反例区域；对于反例样本，已经上击穿决策平面，进入正例区域，称 $\overline{x}_i$ 为穿透支持向量（Through-Decision-SV）。

不同支持向量相对于决策平面分布如图 2-13 所示。

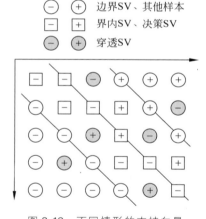

图 2-13　不同情形的支持向量

**定义 6**　正例训练样本总体中，某学习机在学习过程中，错误学习的样本即正例的界内支持向量、决策支持向量、穿透支持向量的数量所占的比例定义为学习机的学习错误率，记为 $\text{error}_{\text{Learn}}(+)$。

**定义 7**　正例预测样本总体中，某学习机在预测过程中，错误预测的正例样本数量所占的比例定义为该学习机的预测错误率，记为 $\text{error}_{\text{Test}}(+)$。

### 2.4.2　惩罚支持向量机

Cortes 提出的支持向量算法(C-SVC)的数学形式化模型如下[71]。

$$
\begin{cases}
\min\limits_{\bar{w},\bar{\xi}}\phi(\bar{w},b,C,\bar{\xi})=\dfrac{1}{2}(\bar{w}\cdot\bar{w})+C\sum\limits_{i=1}^{l}\xi_i \\
\text{s.t. } y_i[(\bar{w}\cdot\bar{x}_i)+b]\geqslant 1-\xi_i \\
\xi_i\geqslant 0,\quad i=1,2,\cdots,l \\
C>0
\end{cases}
\tag{2-80}
$$

转换拉格朗日极值问题如下[75]。

$$
L(\bar{\alpha})=\frac{1}{2}(\bar{w}\cdot\bar{w})+C\sum_{i=1}^{l}\xi_i-\sum_{i=1}^{l}\alpha_i\{y_i[(\bar{w}\cdot\bar{x}_i)+b]-1+\xi_i\}-\sum_{i=1}^{l}\beta_i\xi_i
\tag{2-81}
$$

必须满足 KKT 条件,如式(2-82)[76]所示。

$$
\begin{cases}
\dfrac{\partial L}{\partial\bar{w}}=\bar{w}-\sum\limits_{i=1}^{l}\alpha_i y_i\bar{x}_i \\
\dfrac{\partial L}{\partial\bar{\xi}}=C-\alpha_i-\beta_i=0 \\
\dfrac{\partial L}{\partial b}=\alpha_i y_i=0 \\
\alpha_i\{y_i[(\bar{w}\cdot\bar{x}_i)+b]-1+\xi_i\}=0 \\
\forall i;\quad \beta_i\cdot\xi_i=0,\forall i \\
\alpha_i,\beta_i,\quad \xi_i\geqslant 0,\forall i
\end{cases}
\tag{2-82}
$$

对于 $\{y_i[(\bar{w}\cdot\bar{x}_i)+b]-1+\xi_i\}\neq 0$ 的样本,$\alpha_i=0$;反之,满足 $\{y_i[(\bar{w}\cdot\bar{x}_i)+b]-1+\xi_i=0\}$ 的点 $\bar{x}_i$ 称为支持向量;它们线性组合可得法向量 $\bar{w}$,$\alpha_i y_i=0$,$\beta_i\cdot\xi_i=0$,$\alpha_i+\beta_i=C$,代入式(2-81)得式(2-83)。

$$
\begin{aligned}
\min L(\bar{\alpha}) &= \frac{1}{2}(\bar{w}\cdot\bar{w})+C\sum_{i=1}^{l}\xi_i-(\bar{w}\cdot\bar{w})-\sum_{i=1}^{l}\alpha_i\{by_i-1+\xi_i\}-\sum_{i=1}^{l}\beta_i\xi_i \\
&= -\frac{1}{2}(\bar{w}\cdot\bar{w})+\sum_{i=1}^{l}\alpha_i
\end{aligned}
\tag{2-83}
$$

$$
\begin{cases}
\max\widetilde{L}(\bar{\alpha})=\sum\limits_{i=1}^{l}\alpha_i-\dfrac{1}{2}\sum\limits_{i=1}^{l}\sum\limits_{j=1}^{l}\alpha_i\alpha_j y_i y_j\bar{x}_i\cdot\bar{x}_j \\
\text{s.t. } \sum\limits_{i=1}^{l}\alpha_i y_i=0,C\geqslant\alpha_i\geqslant 0;\ \forall i
\end{cases}
\tag{2-84}
$$

可以看出,式(2-83)是一个仅仅关于 $\alpha_i$ 的函数,且 $0\leqslant\alpha_i,\beta_i\leqslant C$,

$\alpha_i y_i = 0$；这是约束条件。

该函数最小值取反得其对偶问题，如式（2-84）[79]所示。

### 2.4.3 均匀惩罚 SVC 的学习错误率分析

参数 $C$ 决定了在追求最大化类间隔时，对最小化样本训练错误的"容忍和纵容"的程度，其比例、尺度和目标无关，对所有样本一视同仁，这是问题根源所在[113,114]。当样本容量不平衡时，例如正例在数量上远远小于反例时，就会导致正例的误差的"放大"远远小于负类。

**定理 2-10**：令 $NSV^+$、$NSV^-$ 分别表示正例和反例支持向量数量；$N^+$、$N^-$ 分别表示正例、反例样本数；$\alpha_i^{out+}$、$\alpha_i^{in+}$、$\alpha_i^{on+}$ 分别表示穿透支持向量、界内支持向量、边界支持向量的拉格朗日系数。

记 $\sum\limits_{y_i=1} \alpha_i = D$；$\sum\limits_{y_i=-1} \alpha_i = E$；对于式（2-80）定义的 SVC 学习机有式（2-85）、式（2-86）和式（2-87）：

$$\text{error}_{\text{learn}}(+) \approx \frac{D}{N^+ \cdot C} \tag{2-85}$$

$$\text{error}_{\text{learn}}(-) \approx \frac{E}{N^- \cdot C} \tag{2-86}$$

$$\frac{\text{error}_{\text{learn}}(+)}{\text{error}_{\text{learn}}(-)} \approx \frac{N^-}{N^+} \tag{2-87}$$

**证明**：分析 KKT 条件式（2-88）：

$$\alpha_i\{y_i[(\bar{\boldsymbol{w}} \cdot \bar{\boldsymbol{x}}_i) + b] - 1 + \xi_i\} = 0, \quad \beta_i \xi_i = 0, \forall i \tag{2-88}$$

情形 1：$\alpha_i = 0$，则 $\beta_i = C \neq 0$，必有 $\xi_i = 0$，则有 $y_i[(\bar{\boldsymbol{w}} \cdot \bar{\boldsymbol{x}}_i) + b] - 1 \neq 0$，样本 $\bar{x}_i$ 分类正确。

情形 2：如果 $0 < \alpha_i < C$，则 $\beta_i = C - \alpha_i \neq 0$，必有 $\xi_i = 0$，$y_i[(\bar{\boldsymbol{w}} \cdot \bar{\boldsymbol{x}}_i) + b] - 1 = 0$。$\bar{x}_i$ 处在截距无漂移边界面上，为边界支持向量，分类正确。

情形 3：$\alpha_i = C$，则 $\beta_i = 0$，又 $\xi_i > 0$，则有式（2-89）：

$$\{y_i[(\bar{\boldsymbol{w}} \cdot \bar{\boldsymbol{x}}_i) + b] - 1 + \xi_i\} = 0 \tag{2-89}$$

此时，样本 $\bar{x}_i$ 在相对于边界平面有漂移的平面上。

如果 $1 > \xi_i > 0$，则 $\bar{\boldsymbol{x}}_i$ 夹在边界平面和决策平面之间，为边界内支持向量，分类正确，但精度不理想，是有误差的学习。

如果 $\xi_i > 1$，则 $\bar{\boldsymbol{x}}_i$ 穿透边界，分类错误，属于越界支持向量，是错误的学习。

如果 $\xi_i = 1$，则 $\bar{\boldsymbol{x}}_i$ 属于决策支持向量，分类完全不可靠的学习。

$\text{NSV}^{\text{out}+}$、$\text{NSV}^{\text{in}+}$、$\text{NSV}^{\text{on}+}$分别表示穿透支持向量、界内及决策支持向量、边界支持向量的正例数量。所有拉格朗日系数之和为式(2-90)。

$$D = \sum_{y_i=1}^{\text{NSV}^{\text{out}+}} \alpha_i^{\text{out}+} + \sum_{i=1}^{\text{NSV}^{\text{in}+}} \alpha_i^{\text{in}+} + \sum_{i=1}^{\text{NSV}^{\text{on}+}} \alpha_i^{\text{on}+} \tag{2-90}$$

由于 $\alpha_i^{\text{out}+} = C$，$\alpha_i^{\text{in}+} = C$，$0 < \alpha_i^{\text{on}+} < C$，则有：$\text{NSV}^+ \cdot C \geqslant D \geqslant \text{NSV}^{\text{out}+} \cdot C$。两边同除以 $N^+ \cdot C$，得式(2-91)。

$$\frac{\text{NSV}^{\text{out}+}}{N^+} \leqslant \frac{D}{N^+ \cdot C} \leqslant \frac{\text{NSV}^+}{N^+} \tag{2-91}$$

分析中间项的 $D$，如果所有正例样本都是支持向量且非边界支持向量，则分母表示所有正例的拉格朗日系数之和，这意味着所有的正例样本不是被错分，就是分类效果不理想、不可靠、有误差，两种情形均为错误学习，且 $D = N^+ \cdot C$，比值为 1。

其下边界为正例穿透支持向量在正例数量中所占的比例，为最小错误率；其上边界为全部正例支持向量在正例数量中所占的比例，为最大错误率。不难理解，真实的错误率应该是夹于其间的某个值，中间项越靠近 1，说明当前情形越靠近这个临界状态。它是学习错误率的渐近，记为式(2-92)。

$$\text{error}_{\text{learn}}(+) \approx \frac{D}{N^+ \cdot C} \tag{2-92}$$

同理，可以得到式(2-93)和式(2-94)：

$$\frac{\text{NSV}^{\text{out}-}}{N^-} \leqslant \frac{E}{N^- \cdot C} \leqslant \frac{\text{NSV}^-}{N^-} \tag{2-93}$$

$$\text{error}_{\text{learn}}(-) \approx \frac{E}{N^- \cdot C} \tag{2-94}$$

由于 $\alpha_i y_i = 0$，故 $\sum \alpha_i y_i = 0$，得式(2-95)：

$$\sum_{y_i=1} \alpha_i y_i + \sum_{y_i=-1} \alpha_i y_i = D - E = 0 \tag{2-95}$$

故 $D = E$，两者相比得到式(2-96)：

$$\frac{\text{error}_{\text{learn}}(+)}{\text{error}_{\text{learn}}(-)} \approx \frac{N^-}{N^+} \tag{2-96}$$

证明完毕。

定理 2-10 的结论 1[见式(2-85)和式(2-86)]得到了 $\text{error}_{\text{learn}}$ 的渐近，一般情况下，学习机的错误率和随机抽样无关。换言之：学习错误率 $\text{error}_{\text{learn}}$ 越高，则预测错误 $\text{error}_{\text{test}}$ 也越大；反之，控制后者也能抑制前者。

从应用和泛化的角度,我们不希望得到偏向性严重的学习机,即期望实践中,正例反例判别错误率相近。从结论 2[见式(2-87)]可知:如果学习样本空间正反例不平衡,数量处于弱势的目标的错误率越大。可见,不平衡样本集合不适合用该方法学习,而不平衡案例相当常见,例如在常规体检过程中,正常个体相对于病态个体往往有压倒性优势。

### 2.4.4 惩罚因子校正

通过 2.4.3 节的分析,不平衡样本训练得到错误率失衡的模型,根本原因在于,算法忽略了不同目标在容量上的差异,实行了均匀惩罚。令 $\vartheta^* \geqslant 1$ 为类校正因子(对于 2 目标问题,$\vartheta^+, \vartheta^-$),惩罚校正后的学习机对应的优化问题的数学模型如式(2-97)所示。

$$L(\bar{\alpha}) = \frac{1}{2}(\bar{w} \cdot \bar{w}) + C\vartheta^* \sum_{i=1}^{l} \xi_i - \sum_{i=1}^{l} \alpha_i \{y_i[(\bar{w} \cdot \bar{x}_i) + b] - 1 + \xi_i\} - \sum_{i=1}^{l} \beta_i \xi_i$$

$$(2-97)$$

必须满足的约束条件如式(2-98)所示:

$$\begin{cases} \dfrac{\partial L}{\partial \bar{w}} = \bar{w} - \sum_{i=1}^{l} \alpha_i y_i \bar{x}_i = 0; \\[2mm] \dfrac{\partial L}{\partial \xi_i} = C\vartheta^* - \alpha_i - \beta_i = 0; \\[2mm] \dfrac{\partial L}{\partial b} = \alpha_i y_i = 0 \\[2mm] \alpha_i \{y_i[(\bar{w} \cdot \bar{x}_i) + b] - 1 + \xi_i\} = 0, \forall i \\[2mm] \beta_i \cdot \xi_i = 0, \forall i \\[2mm] \alpha_i, \beta_i, \xi_i \geqslant 0, \forall i \end{cases} \quad (2-98)$$

**定理 2-11**:对于式(2-97)定义的 SVC 学习机,有式(2-99):

$$\frac{\text{error}_{\text{learn}}(+)}{\text{error}_{\text{learn}}(-)} \approx \frac{N^- \cdot \vartheta^-}{N^+ \cdot \vartheta^+} \quad (2-99)$$

**证明**:$\bar{w} - \sum_{i=1}^{l} \alpha_i y_i \bar{x}_i = 0$,代入式(2-97)得到式(2-100):

$$\min L(\bar{\alpha}) = \frac{1}{2}(\bar{w} \cdot \bar{w}) + C\vartheta^* \sum_{i=1}^{l} \xi_i - (\bar{w} \cdot \bar{w}) -$$

$$\sum_{i=1}^{l} \alpha_i \{by_i - 1 + \xi_i\} - \sum_{i=1}^{l} \beta_i \xi_i \quad (2-100)$$

转换得到式(2-101):

$$\min L(\bar{\alpha}) = -\frac{1}{2}(\bar{w} \cdot \bar{w}) + C\vartheta^* \sum_{i=1}^{l} \xi_i - \sum_{i=1}^{l} \alpha_i b y_i +$$

$$\sum_{i=1}^{l} \alpha_i - \sum_{i=1}^{l} (\alpha_i + \beta_i) \xi_i \tag{2-101}$$

将 $C\vartheta_* - \alpha_i - \beta_i = 0$ 代入式(2-101)得到式(2-102)：

$$\min L(\bar{\alpha}) = -\frac{1}{2}(\bar{w} \cdot \bar{w}) + C\vartheta^* \sum_{i=1}^{l} \xi_i - \sum_{i=1}^{l} \alpha_i b y_i + \sum_{i=1}^{l} \alpha_i - \sum_{i=1}^{l} C\vartheta^* \xi_i$$

$$\tag{2-102}$$

消去同类项，将 $\alpha_i y_i = 0$ 代入得式(2-103)：

$$\min L(\bar{\alpha}) = -\frac{1}{2}(\bar{w} \cdot \bar{w}) + \sum_{i=1}^{l} \alpha_i \tag{2-103}$$

该函数是一个仅关于 $\alpha_i$ 的函数，且 $\alpha_i y_i = 0, C\vartheta^* = \alpha_i + \beta_i$ 为约束条件。取反得到其对偶问题式(2-104)：

$$\max \widetilde{L}(\bar{\alpha}) = \sum_{i=1}^{l} \alpha_i - \frac{1}{2}\bar{w} \cdot \bar{w} \tag{2-104}$$

分析其约束条件：

情形 1：$\alpha_i = 0$，则 $C\vartheta^* = \beta_i$ 不为 0，则 $\xi_i = 0, y_i[(\bar{w} \cdot \bar{x}_i) + b] - 1 > 0, \bar{x}_i$ 远离边界，分类正确。

情形 2：$0 < \alpha_i < C\vartheta_*$，则 $C\vartheta^* - \alpha_i = \beta_i$ 不为 0，则 $\xi_i = 0, y_i[(\bar{w} \cdot \bar{x}_i) + b] - 1 = 0, \bar{x}_i$ 处在无漂移的边界上，两边界截距之差为 2，分类正确。

情形 3：$\alpha_i = C\vartheta_*$，则 $\beta_i = 0$，则式(2-105)成立。

$$y_i[(\bar{w} \cdot \bar{x}_i) + b] - 1 + \xi_i = 0 \tag{2-105}$$

如果 $0 < \xi_i < 1$ 则 $\bar{x}$ 夹在边界平面和决策平面中间，分类正确，精度不理想，边界内支持向量。

如果 $\xi_i > 1, \bar{x}_i$ 是错误分类，其为穿透支持向量。

分析错误率，同理可以得到式(2-106)、式(2-107)和式(2-108)。

$$\frac{\mathrm{NSV}^{\mathrm{out}+}}{N^+} \leqslant \frac{D}{N^+ \cdot C \cdot \vartheta^+} \leqslant \frac{\mathrm{NSV}^+}{N^+} \tag{2-106}$$

$$\mathrm{error}_{\mathrm{learn}}(+) \approx \frac{D}{N^+ \cdot C \cdot \vartheta^+} \tag{2-107}$$

$$\mathrm{error}_{\mathrm{learn}}(-) \approx \frac{E}{N^- \cdot C \cdot \vartheta^-} \tag{2-108}$$

同理有 $D = E$，可以得到式(2-109)：

$$\frac{\mathrm{error}_{\mathrm{learn}}(+)}{\mathrm{error}_{\mathrm{learn}}(-)} \approx \frac{N^- \cdot \vartheta^-}{N^+ \cdot \vartheta^+} \tag{2-109}$$

证明完毕。

定理 2-8 指出：如果样本数量不平衡，可以通过调节校正因子 $\vartheta^*$ 来平衡学习错误率，即调节 $\vartheta^*$ 以维持式(2-110)，使学习机的 $error_{learn}$ 趋近相等，从而获得相近的 $error_{test}$，表现出大体一致的预测准确率：

$$N^- \vartheta^- \approx N^+ \vartheta^+ \tag{2-110}$$

## 2.5 籽种 CT 特征 SVN 分析实验及讨论

### 2.5.1 实验过程

**1. 数据预处理**

算法程序在某个实数范围内严格测试，为了避免异常，将样本各个属性数据缩放到程序测试区间。数据无负值，则最小值对应 0，最高的对应为 1 进行缩放，整个数据集合共享一个缩放系数，对分类不会带来任何影响[115,116]。

后面的实验数据表明：校正系数基本遵循式(2-110)，使得 $N^* \vartheta^*$ 保持平衡的校正系数，能够获得较好的校正效果。

数据集 3 类样本数量不平衡，为便于观察实验效果，使用分布不平衡的样本集合，其不平衡比例为甲、乙、丙之比对应于 10：2：1，对比观察甲、丙类的校正效果。

$$K(\bar{x}_1, \bar{x}_2) = e^{-\gamma |\bar{x}_1 - \bar{x}_2|^2} \tag{2-111}$$

**2. 核函数及最佳参数选定**

核函数采用径向基函数[115]，如式(2-111)所示。在给定数据集合的前提下，什么样的参数组合($C, \gamma$)能达到最好的聚类效果呢？事先没有经验的前提下，采用交叉验证的网格化搜索的办法，该方法能够朝着准确率增加的方向寻找最优参数组合，并给出准确率的近似等值线。多目标分类方法采用 1-to-1 方法[117]，目标数量为 3，则学习将得到 3 个决策面，再采用表决多数胜出的方式确定类属。

### 2.5.2 籽种影像特征提取

**1. 籽种样本标识**

随机选取实验田收割，并提取部分颗粒组织育种专家组对籽种性状及品质等级进行评判。等级分为 3 类,上品为甲等,良好为乙等,不满意为丙等,编号记录聚类标识[114]。样本等级最终聚类标识采用专家组的表决结果。

### 2. 获取籽种内核 CT 影像

影像采用无损伤的 X 射线断层扫描若干整齐有序散开排列的籽种颗粒,并获取到 13cm × 18cm 的黑白胶片。用汉王 7600 扫描仪扫描胶片,扫描参数为 72DPI,256 级灰度。结合种子专家意见,通过图形处理技术得到 280 个籽种颗粒内核的几何参数,某号样本如图 2-14 所示。特征参数设计如下:

(1) 颗粒投影到水平面得到近似椭圆面积 $A$;

(2) 椭圆周长 $G$;

(3) 致密系数 $C = 4\pi A / G^2$;

(4) 长轴长度 $L$;

(5) 短轴长度 $W$;

(6) 不对称系数 Coef 为长轴和短轴之比;

(7) 颗粒长而窄的沟槽或者牙槽长度 $Lg$。

长度:6.563mm　　宽度:3.991mm
面积:20.97mm²　　周长:17.25mm
致密系数:0.8859　　不对称系数:4.677
腹槽沟:6.316mm

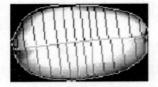

样本编号:198
类标签:乙

图 2-14　198 号籽种样本的特征参数

### 2.5.3　结果分析、对比及讨论

### 1. 错误率对比

参照上述参数,3 类样本的训练数量分别为 60∶12∶6,模拟样本不均衡的训练场景,开展了文献[71]和文献[76]提出的方法和本方法的对比实验。其中,用文献[71]的方法学习得到的模型对等量的 3 类样本分别进行测试,丙类样本 70 个中有 32 个正确,38 个判错,$error_{test}$(丙)= 54.29%;本书方法在惩罚校正系数 $\theta^{丙} = 10$ 时,$error_{test}$(丙)= 17.14%,

错误率的均值为 8.09％，其他数据见表 2-1。和文献[71]、文献[76]相比，本方法的稀疏样本错误率有明显改善。

表 2-1　不同 SVC 算法聚类结果

| 算法 | 文献[71] | 文献[76] | 本方法 | $\vartheta^*$ |
|---|---|---|---|---|
| 甲 | 1.43％<br>(69/70) | 1.43％<br>(69/70) | 4.29％<br>(67/70) | 1 |
| 乙 | 8.57％<br>(64/70) | 4.28％<br>(67/70) | 2.86％<br>(68/70) | 5 |
| 丙 | 54.29％<br>(32/70) | 27.14％<br>(51/70) | 17.14％<br>(58/70) | 10 |
| 均值 | 21.42％ | 10.95％ | 8.09％ | — |

表 2-2　不同 SVC 算法的 SV 分布

| 算法 | $SV_{12}$ | $BSV_{12}$ | $SV_{13}$ | $BSV_{13}$ | $\rho_{13}$ | $SV_{23}$ | $BSV_{23}$ | $\rho_{23}$ |
|---|---|---|---|---|---|---|---|---|
| 文献[71] | 15 | 13 | 13 | 11 | 0.84 | 6 | 4 | 0.66 |
| 文献[76] | 8 | 6 | 8 | 7 | 0.62 | 2 | 1 | 0.5 |
| 本方法 | 14 | 10 | 15 | 10 | 0.60 | 3 | 0 | 0 |

### 2. SV 分布对比

选取第二组人工数据 500 个样本，不平衡比例同前，在此场景下，观察支持向量分布的改变。3 目标的 3 个决策模型分别标记为 12,13 和 23；$SV_{13}$：13 模型的支持向量总数；$BSV_{13}$：13 模型的夹在 2 个最佳边界平面之间的 SV（即：界内 SV、决策 SV、穿透 SV）数量；$\rho_{13} = BSV_{13}$：$SV_{13}$；其他符号意义类推。算法[71]的 $\rho_{13}$ 和 $\rho_{23}$ 最高，文献[76]居中，本方法最低。可见，校正之后，错误、不精确的 SV 在 SV 全体中所占比例有较明显改善，因而推动模型错误率下降。

### 3. $\vartheta^*$ 压力实验和过度校正

不断增大稀疏类样本的校正系数 $\vartheta^*$，其错误率会不会持续改善，两者会呈现什么样的波动。校正系数压力曲线如图 2-15 所示。开始阶段，$error_{test}$（丙）随着 $\vartheta^丙$ 的增加迅速减少，当减少到一个局部极小值后，小幅度增加，而后收敛于一个稳定值。

可见，学习机错误率不会随着惩罚 $\vartheta^*$ 增加而无限改善，过度校正无益于改善学习机的泛化能力。校正只是一种补救性技术，实践中，应从学

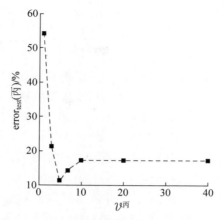

图 2-15　$\mathrm{error}_{\mathrm{test}}$（丙）-$\vartheta^{\text{丙}}$ 的压力试验折线图

习效果角度结合可接受的错误率选择校正系数。

4. 稀疏样本容量 $N$ 压力实验

图 2-16 描述了错误率对于稀疏样本容量的压力实验数据。初期，随着 $N^{\text{丙}}$ 增加，$\mathrm{error}_{\mathrm{test}}$（丙）迅速改善，而后平缓地改善，最后，趋于某个收敛值。泛化能力随着容量增加而改善，直至慢慢收敛于某个稳定值。SVM 是基于监督学习的机制，监督样本越多，机器能从样本集学习到更多的"目标概念"的知识，从而更加准确地理解"目标概念"，降低错误率[118]，这与归纳学习一般规律相吻合。即使在样本失衡的情况下，从学习和知识传播的角度，应当尽其可能地增加稀疏样本容量，以期待更好的训练效果[119]。

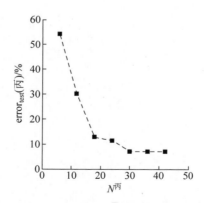

图 2-16　$\mathrm{error}_{\mathrm{test}}$（丙）-$N^{\text{丙}}$ 的压力试验折线图

## 2.6　本章小结

本章探讨了惩罚支持向量聚类方法处理不平衡样本时,在样本稀疏目标下的学习错误率的差异,在此基础上,基于拉格朗日系数分析方法,引入了界内支持向量、穿透支持向量和学习错误率等概念,提出了惩罚校正的支持向量聚类算法和校正方法。该模型应用于小麦籽种的 CT 图像特征数据聚类分析,可使稀疏样本目标的准确率显著提高,整体聚类性也得到明显改善,这表明了该方法的有效性和通用性。具体而言,其具有以下特性:①等值分析说明该方法能有效地处理籽种图像特征数据,准确率可达 97%,对于稀疏样本,惩罚因子校正方法能在稳定整体性能的前提下大大改善学习效果;②压力测试说明错误率和学习机的泛化能力会随着校正系数和样本容量较快收敛,在实践中必须结合样本的目标分布合理分配各目标的校正系数。本方法显著改善支持向量聚类对于不平衡样本集合的聚类性能,并具有较好的普适性,对于开发籽种品质智能评价系统和研究智能评价方法具有积极的现实意义。

# 第3章 病害图像预处理及其病变识别

我国是一个水果生产大国,果树种植面积庞大,行业主体地位明显。从 1993 年开始,在世界水果生产行业中,我国的份额和比重迅速攀升,最近几年,就水果年产量和种植面积而言,我国排名均居世界第一。从国家统计局了解到:国家的水果单产、总产量、果园种植面积总体上都表现出平稳上升态势。2012 年,果园面积 1214 万公顷,占全国耕地面积的7.29%,产能首次突破 2.4 亿吨,居世界首位。栽培果树多达 300 余种,考虑温度等环境适宜因素,有 50 余种具备经济栽培价值,如草莓、猕猴桃、苹果、葡萄类、柑橘类和蜜柚等。我国为全世界提供了超过 40% 的苹果、梨、李、桃产量,同时,也贡献了高于 60% 的柿子、板栗、荔枝的生产份额,为改善全人类生活水平和提高全世界水果生产能力作出了巨大贡献[120]。

然而,在总产量一直保持较快增长、位居世界榜首的同时,单产水平没有同步提升。例如,和美国相比较,2012 年,美国果类单产达到23.33t/hm$^2$,中国单产只有 11.58t/hm$^2$,仅为前者的 1/2。此外,如图 3-1[120] 所示,这几年水果销售连续走低,价格疲软下滑,效益利润下降,一些地方出现卖果难,甚至果农痛心"砍树倒果"的个别现象,扣除地区、城乡和季节之间的供需矛盾等市场因素和果品专业化和区域化生产格局等行业因素的影响之后,水果栽培生产管理低效因素也难辞其咎。因此,改进创新生产管理方法和技术手段,降低生产管理人力成本对于提高水果生产质量效益有着积极意义。

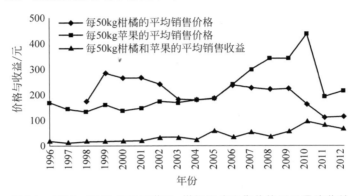

图 3-1　1996—2012 年中国苹果、柑橘平均出售价格以及平均收益

近 10 年来,随着农业信息化建设的发展,基于知识库(Knowledge DataBase,KDB)的专家系统得到了广泛应用[121]。然而,最近 5 年,农业物联网在水果种植基地得到了大量普及,生产环境的结构化、非结构化数据的采集速度,迸发量级,涉及的领域发生了巨大变化,KDB 系统的局限性愈发突出。①对于基于知识的专家系统,病害特征提取及表达主要靠人类专家手工完成[1],表达精度和规范化程度受人为因素干扰很大,直接影响诊断效率。②农场信息化和传感器网络建设实现了信息采集和传输的实时化,因实时信息的描述方式(视频、图片)和 KDB 支持的数据格式(规范的、术语化的文字表述)的差异,系统无法及时响应,或者因格式转换产生时间差常常给果农造成损失。③视频感知设备和物联网在设施化农场和果园的大量普及使得作物生长发育的实时视频和图像信息的获取和传送变得极为便利,果体、叶片、枝体、树干等器官的病害外在表象信息完全处在后台监控当中,然而,人类专家的培养速度慢、社会成本高、血肉之躯的工作方式决定其有限的工作效率,因此,巨量信息的处理任务已经远远超出人类专家的承受极限,如何智能地、自动地从这些信息中分离出病害情报成为了新型生产环境下的一个突出问题。

针对这些问题,病变模式特征的机器提取及实时识别方法成为农业信息化技术的研究热点,机器学习方法应用于果类模式特征提取和识别吸引了人们的关注。有人利用主成分分析(PCA)方法研究近红外漫反射光谱技术对苹果霉心病进行了识别[122]。苹果生长周期中,农户更关心果体体外疾病的防治。有学者利用色差和色差比相结合的方法,对不同光照情况下的图像进行有效分割,准确地实现苹果圆心坐标等特征的提取,并对苹果图像进行识别,识别率达 97%[123]。有研究人员针对苹果冻干含水率监测,提出了含水图像纹理处理方法[124]。这些都为果体病变图像处理分析及特征提取研究提供了有益参考。

　　基于此,考虑到自身实验环境,以苹果为对象,自本章开始探讨基于机器学习的病害图像识别方法。苹果病害图像数据在国内外尚未存在标准的基准数据集合,同时,从物联网果园环境中,无论是定点还是移动采集都充满多种干扰,而且在受限的条件和有限样本次数下,无法保证在各种干扰状态都能采集具备代表性的图像样本,因此,在形成规格化的样本之前,需要一个合适的处理过程。本章以图 3-2 为路线图,讨论了苹果病害图像的采集处理和特征提取方法。

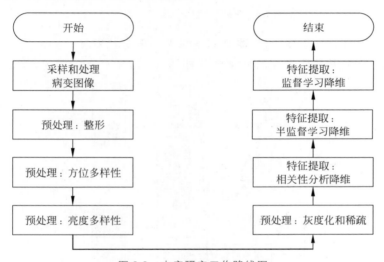

图 3-2　本章研究工作路线图

## 3.1　苹果病害图像采集及识别

### 3.1.1　苹果病害及其病变图像特征

　　果类作物在生长周期当中,由于肥料、虫害的影响[126],或者受气象条件(气温、日照、湿度等)、土壤条件(含水量、重金属含量等)以及生物学特性(根系、叶面吸水能力等)、农业措施等因素的关联,常常会发生病变。常见的发病部位为树干、树叶、果体和树根,病变器官的视频图像信息可通过物联网的图像传感器和手持移动成像设备获取。

　　以苹果轮纹病为例[127],在基于知识库的专家系统里,其特征提取和治疗的文字描述如图 3-3 所示。

> 　　该病主要发病在华北、东北；一般果园发病率为 20％～30％。症状：病位为枝干及果实。初期表现为暗褐色水渍状的小斑点，慢慢扩大长成椭圆形深褐色的瘤状组织；后期病位组织干枯并翘起，中央向上凸出，周围可见散生的黑色小斑点，慢慢扩大发展为轮纹斑。治疗：强化肥水管理，休眠季节清除病残体和刮除病斑。果体用果套袋进行保护，预防烂果病滋生。刮祛病毒组织处，涂适量的浓度 75％甲基硫菌灵粉剂和植物油，治疗效果更佳。

图 3-3　苹果轮纹病的症状及其防治

　　某个部位发生病变，在器官的外貌上一般有比较显著的表现。苹果的常见疾病及其代表性的病害图片如图 3-4 所示。有些病变，单个病斑

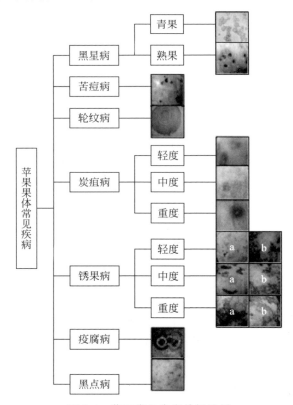

图 3-4　苹果常见疾病的标签树

比较小,但是会出现较大面积的病斑分布,例如苦痘病和黑星病;有些病变,一般只发生单个病斑,但是病斑面积较大,它的识别需要采集完整的病斑,例如轮纹病;还有一些既可能有单个,也可能有多个,同染病个体、疾病成长不同阶段时期都有联系,如炭疽病初期以星状小斑的形式出现,中期开始溃疡,后期相邻病斑点合并呈现溃疡状,植保专家往往将其划分为轻度、中度和重度,疫腐病就是如此;有些病斑形状比较规则,呈圆面状,如轮纹和疫腐病,圆心显著的圆面状如炭疽,似圆孔状如黑星和苦痘病,有些病变形状和区域呈现不规则的云状,例如锈果病;病变往往也会表现出不同颜色,黑星病在青果上呈现深青,在熟果上呈现深红色乃至黑色,锈果病有褐色斑和绿褐色斑。

不同病害,在果体体表留下不同病斑,根据病斑在斑点大小、形状、颜色、纹理分布等可视化特征,可以对果体所感染的病变类别做出一定置信度的判别,再结合果园气象感知、土壤墒情感知以及其他环境感知等信息,也能对当前果园生长环境下某病变发生概率给出一定置信度的预测,综合二者就可能得到关于病果较为科学的诊断结论,为后续响应和预警提供依据。因此,病害图像的识别和分类成为解决问题的关键。

### 3.1.2　基于图像的病害识别

基于图像的果体病变模式识别,必须提取图片的某些特征,如颜色特征和纹理等,并且反复训练机器,力争使机器学会建立从特征空间到目标病害空间的正确映射,执行类似植保专家根据纹理和特征从疾病角度对其进行分类和识别。

纹理是被人们普遍接受的一种视觉现象,但是其精确定义尚未形成。它起源于表征纺织品表面性质的纹理概念,可以用来描述物质组成成分的排列情况。例如,医学上 X 射线照片中的肺纹理、血管纹理、航天(或航空)地形照片中的岩性纹理等。图像处理中的视觉纹理通常理解为某种基本模式(色调基元)的重复排列。纹理指的是图元(element)呈现一定布局或者排列所形成的重复模式。图元指的是肉眼所能观察和界定的认知和描述单位,分布排列指的是彼此之间的相对空间关系、病变形状,以及多个病变所构成更大的感染区域。纹理模式可以通过亮度图片来表达,而颜色特征具体分解为 RGB 分量,也可以亮度图片的形式表达,通过已知标签样本的这些特征训练神经网络得到多个分类器。从未知标签的样本提取同样特征,输入多个分类器,得到结果,再通过一个表决算法来确定最终标签。图 3-5 展示了一个抽象的病害识别网络。

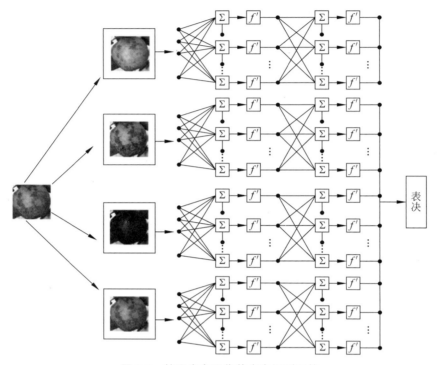

图 3-5　基于病变图像的病害识别网络

考虑到模型的简化，一些知名的识别模式都没有考虑颜色特征，而只考虑了其他可视化特征，例如字符和人脸、表情的识别，也包括一些病变模式识别。然而，对于人脸和字符等，颜色特征对其标签确定的贡献和影响甚微，或者不相关，而且字符和人脸的标签体系简单，变化复杂性相对有限；病变模式作为一种生命现象，变化复杂而多样，采集环境也有复杂性，不同时期，果体颜色会随之变化，颜色特征对识别又有一定的影响。

大体来讲，苹果疾病类型为 10 个，而发病之后的病斑表象千变万化，往往受到颜色、病期、形状、果期等诸多因素影响，而有成十上百种可能。必须用分布在尽可能多的情况下的大量样本训练分类机器，机器才可能分类识别在不同情况下的测试样本。例如，图 3-5 的模型就从原始图像分离出 R 分量、G 分量、B 分量和亮度分量，分别输入 4 个分类器，给出 4 个判别向量，再汇入到表决器，表决得到模式最大似然类别。

## 3.2 病害图像的预处理

### 3.2.1 图像整形和采集方位多样性仿真

在果园中,视频感知设备(摄像头)和感知对象(病果)从数量上是多对多的关系。理论上,设备可以在任意点位置对目标进行图像采集,但是,考虑到最佳的成像距离和成像角度,则设备位置受到一定约束,只能在成像效果较好的位置进行拍摄。在设备和目标都固定的情况下,设备拥有最佳的监控空间,而目标则拥有多个最佳成像位置,这就是成像方位多样性,这种多态是三维空间的多样性。如图3-6(a)所示,对于远处的病果目标,中心位置的设备,即在等高正对位置拍摄,能得到最好的图像,但是在一定范围内移动位置,也能采集到近似于最佳的图像。然而,限于成本考虑,人们无法通过加装设备得到最佳成像空间的连续图像采样,而人类专家可以通过自身移动采集到连续图像样本,并接受样本训练,从那里获得知识,最终得到正确判断。要让机器也学到类似人类专家的知识,必须提供一个类似肉眼采集的连续样本集合。如何解决物联网环境下这个矛盾,这里提出了二维空间的旋转变换,在一定程度上仿真方位多样性。

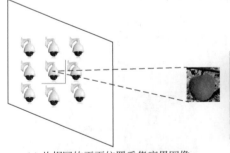

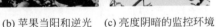

(a) 从相同的平面位置采集病果图像　　(b) 苹果当阳和逆光　(c) 亮度阴暗的监控环境

图 3-6　成像的多态性

### 1. 模式的 2D 旋转变换

某个病变部位,可以构造一条轴心线,镜头可从不同的角度对其拍摄,这样取景框长边和轴心线就构成角度 $\alpha$,$\alpha$ 不同就在取景框中得到不同的病变图像,标记为 img_$\alpha_i$。如图3-7(a)所示,这些病变图像都是同一疾病在不同参数下在图像传感器上的体现,本质上,应该被识别为同类疾病。

但是对于学习网络而言,却意味不同的图像,有着不同的类标签,对于采集测试样本和训练样本,α是随机的。病变部分生长的空间位置是不确定的,其三维坐标影响α,视频传感器取景镜头的安装满足一定布局规则,它和病变部位的相对位置也制约α。这样,训练和测试样本采集都带有很大的随机性,相比之下,基准图像集合的采集环境的可控性有很多优势。例如:拍摄人脸时,可以要求受试对象坐正,改变表情和局部动作来采集不同图片,旋转变换基本上没有干扰图片。特别是,当α间隔大于某个值时,目标类别的受训样本常被遗漏,网络就没有接受过对应的训练,找不到相似度显著的样本,错误判别就急剧上升。

在不能保障任意α的样本为网络所学习的情况下,应该确保与之α最近的样本训练过网络,而且这个训练样本会与前者有显著相似度,这样就能在测试前者时具有较佳的匹配目标,而不至于游离出错。在实验中,主要采用了低密度和高密度两种方式的旋转变换,对于方形整形的图像,以重力方向为参考,感知的图像呈现某个旋转夹角,病变类别没有改变,而识别系统感知得到不同的图像模式。为了消除旋转对识别的干扰,同时忽略旋转产生的区域溢出,在数据集加入4个角度旋转,以90°为旋转间隔,得到不同的样本集合,首行前4个没有旋转,其右4个顺时针旋转了90°。如图3-7(a)所示,这种方式简单直接,样本集合小,适合训练较慢的学习算法;对于圆形整形的图像,旋转间隔可以是360°的任意因子,如图3-7所示,得到以72°为间隔的仿真图像集合,这种方式产生样本集合大,适合训练较快的算法,较好地仿真方位多样性。

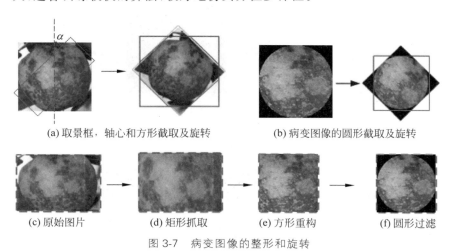

(a) 取景框,轴心和方形截取及旋转　　　(b) 病变图像的圆形截取及旋转

(c) 原始图片　　　(d) 矩形抓取　　　(e) 方形重构　　　(f) 圆形过滤

图 3-7　病变图像的整形和旋转

## 2. 图像整形处理

取景框采集到的图片都为矩形,如图 3-7(c)所示,用户关心的是果体外表的某个局部发生了病变,并呈现了异常的外貌特征,通过传感器捕获的图片和识别关注的病变部位相比,往往包含了诸多杂物信息和其他元素,如叶片、枝条、果梗、天空等一些和病变识别无关的信息。显然,它们无助于识别,且容易对识别产生干扰,这里通过矩形抓取过程剔除无关信息,得到图 3-7(d)。手工截取方式获得的图片大小不一,不适宜于用规格化的矩阵来保存和机器统一学习测试,因而重构为 $28 \times 28$ 的方形矩阵,得到方形图片,如图 3-7(e)和图 3-8 所示,从外观上保证了相似性,这就是病变图像的整形处理。

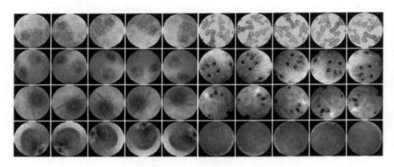

图 3-8 方向干扰的病变图像

在旋转变换过程中,方形无法做到无损变换。图 3-7(a)展示了 45°旋转前后的图片对比,旋转之后,方形之外的 4 个三角区域的有效信息被截除,方形之内的 4 个白底色的三角区域替代进来,得以维持原来的方形,这样,旋转后的图片与旋转之前相比丢失了很多有效信息,严重失真,并且不同的旋转角度,失真信息量完全不同,直接影响识别。为了避免因旋转而造成的图像信息失真,方法之一就是前面所提到的低密度旋转变换,将间隔固定在 90°,但是,该变换简单,过于稀疏,离真实的方位多样性相差甚远。

为了消除因旋转而造成的失真,设计了病变图像的圆形区域截取方法。在方形区域,以方形中心为圆心和方形边长为直径的圆形区域截取出来,作为病斑图像样本,圆形和方形之间的区域被 0 亮度填充,如图 3-7(f)所示,这个过程就是圆形截取方法。圆形截取之后的样本以任意角度旋转之后,有效区域没有失真,溢出部分都是 0 亮度填充区域子集,旋转前后的方形围成的三角形区域还是为 0 亮度填充,维持旋转之前的无效区域的现状,如图 3-7(b)所示。这样的旋转变换,信息没有任何失真,完全满足模拟任意角度取景得到不同的 img_α$_i$ 的要求。圆形截取算法如图 3-9 所示。

```
算法:求边长为 nOutputSize 像素的方形 RGB 图片 A 的圆形截取,圆
形直径为 nOutputSize 像素
[y] = meshgrid( 1 :1:nOutputSize);
r=nOutputSize/2;
x=x-r;
y=y-r;
circle_mat = x.^2 + y.^2;
L=(circle_mat≤=r*r);          %得到逻辑圆形过滤矩阵
L=uint8(L);
B(:,:,1)=A(:,:,1). * L;       %对 RGB 分量进行过滤
B(:,:,2)=A(:,:,2). * L;
B(:,:,3)=A(:,:,3). * L;
return;
```

图 3-9　病变图像圆形截取算法

### 3.2.2　图像采集亮度多样性和多样性组合

受多种因素干扰,果园光照条件也比较复杂。例如,太阳光照角度的周期性运动,遮挡云层的随机变化,阴晴雨雾天气的不可期性,还有传感器和目标果体的相对方位等因素都影响病变图像的亮度和平衡。如图 3-6(b)所示,果体背光一面和当阳一面明显有着不同的亮度,再如图 3-6(c)所示,在天气阴暗时,监控环境的亮度也明显不同,同样病变类别,识别系统会感知得到不同的图像模式。

对于某个目标,在不同的亮度环境下,图像感知设备采集得到不同的图像样本,这就是亮度多样性,它受光照周期性变化影响,也受很多其他随机性因素的影响。对应样本的亮度多态性,人类专家同样会接受亮度多态的病变样本训练,从中提取得到和亮度干扰无关的病害类别信息,建立对亮度多态的适应能力。亮度过强和过弱都不利于图像识别,然而,在合理区间中,不会对图像识别造成干扰。显然,在"合理区间"的亮度多态,是一个连续采样空间,图像感知设备很难通过变换时间采样来获得因随机性因素所导致的亮度多态性,从成本考虑,对于各类病害的病果,获取合理区间的不同亮度的图像样本,在实际操作中也很不现实。

为了仿真图像采集的亮度多样性,消除光照环境对识别系统的扰动,

模拟施加若干级别的亮度干扰,对处于某个区间的像素点亮度进行提升调整,对区间之外的像素亮度进行降低或者保持不变,保证在亮度多态性环境下,病变模式的对比度保持合理的稳定性,不至于对识别造成很大的干扰。亮度区间的长度一般取 0.5,如式(3-1),$n$ 为仿真的亮度级别,$i$ 为 $n$ 级仿真下的亮度序号,当 $n=5$,分别仿真 4 级亮度:$[0.32,82]$,$[0.38,88]$,$[0.44,94]$,$[0.50,1.00]$ 和默认值。例如,图 3-10 示意了在 5 级亮度多态下,6 个病害的苹果病变图像样本。

$$\left[0.26+\frac{0.24}{n-1}i, 0.76+\frac{0.24}{n-1}i\right], \quad 1 \leqslant i \leqslant n-1 \tag{3-1}$$

实际情况下,样本往往存在多态性组合情形。结合方位和亮度两类多态性的仿真,假设方位有 $m$ 级模拟,亮度有 $n$ 级模拟,这样 1 个原始样本就得到 $n \times m$ 个干扰后的图像模式,它们是在不同环境下对同一病害病变的刻画。要准确地识别病害,训练系统必须在携带不同表象的模式中进行,才可能提取到稳定的病变本质特征,确保物联网系统在复杂多变的监控环境下都能对病害异常图像执行准确识别并作出及时响应和预警。

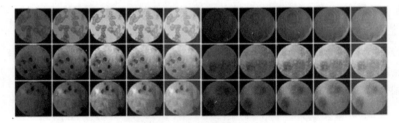

图 3-10　亮度干扰的病变图像

### 3.2.3　图像灰值化和稀疏化

图像的颜色分量有 3 个,因为颜色分量作为输入参数过多,同时,基于非颜色特征的图像识别颜色参数并不发挥作用,因此,在考虑非颜色特征的训练模型上,忽略颜色参数不会影响模式的训练识别,而且减少模式输入能降低不相干特征对训练网络的干扰,因此,通常的做法是将图像灰值化得到灰度图,这个过程就是图像灰值化。如图 3-11(b)所示就得到了原始病斑图 3-11(a)的灰值图。

病斑图像的纹理、边线、轮廓等目标特征点和图像背景的对比有着密切的关系,如图 3-11(d)所示,但是从像素数量上,一般远远小于背景。当背景的平均亮度远远大于目标特征值,背景信息对学习网络的作用,淹没

(a) 疫腐病的原始病斑　　(b) 病斑灰值图　　(c) 稀疏化病斑纹理　　(d) 病变边线特征点

(e) 稀疏化的手写字符

图 3-11　图像灰值化和稀疏化及其特征点

了目标特征对学习网络的影响，这非常不利于模式特征提取；在任何时间，人们都希望网络主要接受目标特征的训练，才能对基于目标特征表达的样本表现很好的识别性能。图像上大部分的像素点具备很小的亮度值（甚至近似于 0），而很小的一部分像素具备较为显著的亮度值，从矩阵的视角，图像就成为一个稀疏矩阵，以此为目标的变换过程称为**图像稀疏化**。在图像样本的训练网络中，常常执行稀疏化步骤，如 MNIST 的手写字符图像样本就是典型的稀疏化图像，如图 3-11(e) 所示。一般而言，与原始图像相比，稀疏化的图像能有效减少冗余信息造成的识别误差，提高识别精度。

疫腐病病变图像 PCA 稀疏化后如图 3-11(c) 所示。注意到：灰度图的矩阵中，值＝0 为黑点，值＝255 为白点。轮廓和纹理特征隐约可见，冗余区域为黑，和图 3-11(b) 相比，冗余信息基本去掉，稀疏化程度明显，模式的无效数据数量大大降低。

## 3.3　病变图像特征提取及方法

毋庸置疑，特征提取在模式识别和分类过程中扮演着重要角色，很大程度上决定了最终性能。一直以来，人们习惯于依赖人工经验来抽取样本的特征，进而追求框架的分类或预测功能，这时，特征的好坏就成为整个系统性能的瓶颈。事实上，发现一个好的特征架构，要求开发者对亟待解决的行业问题要有很深入准确的理解，这往往达到了"资深专家"水平，而要触及这个"火候"，往往需要长期反复摸索，甚至是"十年磨一剑"。因此,人工设计样本特征框架不是一个可泛化的途径,而且效率很低。

在人类对图像的理解过程中,认知结果是由形象思维活动得到的,这种思维以具体的形象或图像为思维内容的思维形态。图像是形象思维的主要表达载体,它对问题的反映是"粗线条式"的反映,对问题的把握是大体上的把握,对问题的分析是定性的或半定量的,所以,形象思维通常用于问题的定性分析,而抽象思维可以给出精确的数量关系。基于图像的特征提取,带来了很大的伸缩性和灵活性,不能再局限于使用精确定量的方法来提取特征和表达相似性。

假设知道图片"左上水平方向"存在端点,"右上"区域有个"下弯拐角",下部沿着垂直方向有个端点。我们就大致可以判断该输入数字模式为"7";如果角落在正上方,模式可能为"1"。"左上水平方向""右上""下弯拐角"这些特征都是比较模棱两可,可能存在成百上千种多态性,精细地表达极其困难。在形象思维里面,"7"就是"7",一看就知道,简单而直接。大脑已经通过反复的学习,记住了这个"模式",大脑比较输入模式和记忆模式就能在很短的时间给出判断。

如何通过机器学习来模拟人脑对图像模式的学习和特征提取成为人工智能领域的研究热点。其中,线性分析降维方法、半监督学习降维方法和深度学习方法受到了学者的广泛关注。

### 3.3.1 数据相关性分析降维的特征提取

由于物联网和传感器设备在生产中大量应用,数据产生的速度越来越快,数据规模也越来越庞大、结构愈发复杂。由于维数过高,在分析处理这些数据时会出现"维数灾难"问题。例如:在可视化分析时,由于维数过多,使得投射后的视图杂乱无章,难以发现主要特征;在分类和聚类时,高维数据使得学习网络的连接参数剧增,网络收敛对训练次数和训练样本数量、均匀性,以及训练时间的需求也急剧增加,经常超出实际承受能力,而不可行。降维是解决这一问题的直接方法,通过行之有效的方法将样本降至维度可接受的低维空间,同时,希望降维过程样本保持目标分析方面的不变性,再在低维空间对数据精细可视化、聚类等分析,从而发现原高维空间数据隐藏的规律,因此,探索降维效果明显、目标分析相关不变性维持度高的降维方法成为数据处理分析领域的一大研究热点。

降维往往出于满足多方面的目标:压缩、可视化数据、聚类、分类等。它去掉了一些特征,也保留了部分特征,但是,剔除特征的依据是基于算法本身的分析,而不是考虑到最终目标任务。我们的任务是提取病变模式特征,识别病害类型,它保留下来的特征是不是病变模式识别任务所欲提取的特征,还是一个疑问。

PCA方法是应用很广的降维方法,方法的基础是方差分析,其中一个最基本的假设:在投影方向上观测数据分布的方差,方差大则其特征值越大,则该特征向量该方向越能体现数据中的主要信息。由于特征向量所要求的正交性,以及特征向量个数小于或等于空间维数,原始观测数据投影到这个空间里时保留了原始方差较大的方向的信息,就可以选出原始观测数据的主要成分,也就是主要特征,剔除非主要特征,达到降维和特征提取的目标。能否将PCA方法应用于病变模式识别的特征提取,将在第4章进一步研究。

### 3.3.2 半监督学习的降维特征提取

基于数据自身相关性分析的降维,能服务于多个目标任务,却没有结合任何一个任务,或者降维过程接受任何一个任务的指导,往往在各个任务执行过程中的表现都是差强人意。有学者丢开了基于数据分析的老路,提出了以玻尔兹曼机半监督学习为基础,预备训练降维网络,得到初始状态良好的网络,再以数据降维重构为目标,反复精细训练网络,最后得到具备降维功能的网络,称之为稀疏自动编码网络。实验数据显示,这种降维在重构、可视化等目标应用方面都表现了较好的性能。

玻尔兹曼机是基于能量函数的抽象模型,在能量服从玻尔兹曼-麦克斯韦分布的气体封闭空间,在恒温状态下,气体分子能态变迁(运动速度变迁)不是从高能态变迁到低能态,而是从低概率能态变迁到高概率能态,在永无休止的分子碰撞中,分子的速率总是朝着发生概率最大的速率变迁。"概率最大化"方向的梯度上升方法就是玻尔兹曼机网络学习的方向,这个方向没有接受"输出"的指导,故称之为无监督学习,该过程为网络参数(连接权值和偏置)准备好了一个良好的初始状态。再用这些参数初始化一个结构与降维网络对称的重构网络,它与降维网络串联得到了一个完整的监督学习网络,它通过比较重构样本和原样得到网络误差,误差最小化的网络参数就是学习的方向,考虑到误差向量和原始样本有相同的高维度,梯度训练方法复杂度高,参数训练采样最优值更新方法,误差函数实验交叉熵,这个过程就是精细训练。训练过程既有监督学习,也有无监督学习,所以称之为半监督学习网络,也就是稀疏自动编码网络。

降维之后的维度,由网络结构决定,不像PCA和重构精度相关;降维的性能可以通过反复监督训练而优化,但监督是基于非识别任务(重构），而 PCA 性能由样本本身数据的相关性决定而和过程无关，从特征提取的视角，上述过程就是半监督学习的降维特征提取。这是一个面貌一新的特征提取方法，其提取的特征是否适合病变模式识别，将在第 5 章详细讨论。

### 3.3.3 监督深度学习提取特征和卷积网络

特征是样本的属性，属性是样本的维度，采用什么样的属性取决于观察的角度；简单属性可以通过特征变换得到复杂属性，特征是"无穷特质"的概念。特征提取和样本分析任务密切相关，某个分析过程中，常常重视强调某些属性，而无视忽略其他属性。例如，"项目评审"过程中，学术水平、科研成果和能力的特征（如论文数量和级别、专利、获奖、指导硕士或博士等）受到重点关注；而申请者的其他特征（如身高、体重、脸型等）基本被忽略。特征提取的准确度和任务完成的科学性直接相关。专家人工凭借经验抽取样本的特征，进而分类或预测功能，这时，特征提取的好坏，专家资源供应量和培养成本，劳动时间和效率就成为大数据分析系统性能的瓶颈。

病变图像识别需要提取图像特征，提取图像特征要瞄准病变识别任务。能否通过机器学习来模拟专家的培养过程，反复学习理解已经识别的模式，进一步学习"识别"任务必须重点关注的特征集合，从而自动提取特征集合，在提取过程中，自觉维持和目标任务的一致性，避免"提取"与"识别"的脱节。这种方法，就是监督学习的特征提取，如图 3-12 所示，深度卷积网络就实现了类似的功能，并在手写数字识别应用方面取得成功。

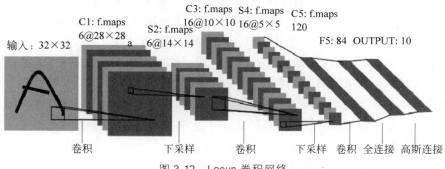

图 3-12 Lecun 卷积网络

卷积运算作用于图像非常适合提取图像样本的特征，能在某种程度上维持特征提取对于平移、缩放、扭曲的不变性，而这些变换是图像采集元件常见的、难以回避的,却和图像表达目标不相关,本不该干扰图像模式识别。而浅层网络的实验证明,它是影响准确率和收敛的主要因素。一般而言,检测得到某个特征,则它和其他特征的近似相对位置影响着识别,而它的精确位置和识别关系不大。

当处理对象是图像时,能够使用深度网络学习到"部分-整体"的分解关系。例如,第一层可以学习如何将图像中的像素组合在一起来检测边缘。第二层可以将边缘组合起来检测更长的轮廓。在更深的层次上,可以将这些轮廓进一步组合起来以检测更为复杂的特征。实现这个学习过程,卷积运算的作用相当重要。

深度神经网路已经在语音识别、病变模式图像识别等领域取得前所未有的成功。"深度"首先指的是隐藏层的数量。学习网络"越深",训练的误差越小。隐藏层的大小即隐藏层含有的元件的数量。过少,则模型的灵活性可能不够;过多,则模型趋于复杂;一般取 $5\sim100$ 的某个值。一个包括输入层、隐藏层以及输出层的三层神经网络很容易构造,尽管该网络对于 MNIST 手写数字数据集的识别非常有效,但是它还是一个非常"浅"的网络。"浅"指的是特征(隐藏层的激活值)只使用一层计算单元(隐藏层)来"得到",或者说"提取"。反过来,通过引入深度网络,我们可以计算更多复杂的输入特征。因为每一个隐藏层可以对上一层的输出进行非线性变换,因此深度网络拥有比"浅层"网络更加优异的表达能力(例如可以学习到更加复杂的层次更高的模式特征)。

由卷积网络承担特征提取元件,执行特征提取功能,由高斯连接网络承担决策元件,执行识别功能,识别输出和观察值的误差函数,通过梯度下降方法,不断更新识别元件参数,继续相关更新提取元件参数,从而实现网络学习。网络在目标任务误差的监督下不断完善特征提取学习,更有潜力提取到符合目标任务的特征集。和 PCA 方法相比,它实现了机器学习,为特征提取性能的增长提供了空间;和半监督学习提取相比,它的学习是识别任务监督下的学习,具有更强的针对性,理论上具有更大的优势。这是一个让人鼓舞的特征提取方法,其能否在病变模式识别过程,表现出提取-识别的优越综合性能,将在第 6 章深入探讨。

## 3.4　卷积运算和深度卷积神经网络

多层感知元网络是受仿生学启发而提出的学习网络,其单层功能单一,只能被动地根据误差调整权值,不能自动提取模式特征并逐步深层加工基础性特征,更不能根据误差自动优化特征提取算子,以至于在处理非结构化模式时表现低效。其次,学习网络的权值取决于各层权数量的累加,如式(3-2),$n$ 为层节点数量。学习图像模式需要数以万计的权,如此大量的自由参数增加了网络表达空间的容量,从而需要更大容量的训练集去覆盖所有可能的参数变化。再者,膨胀的存储需求使得算法不能运行于存储受限的嵌入式系统,也制约了层数和元件增长,使之难以胜任更加复杂的学习问题,因此有学者提出基于卷积的学习网络。

$$w_n = \sum_{i=2}^{L} n_{i-1} \times n_i \qquad (3-2)$$

### 3.4.1 像卷积运算

离散域的二维卷积如式(3-3)所示。其中,$K$ 是卷积核矩阵,其与矩阵 $A$ 卷积得到 $A * K$。卷积核又称为滤波器,不同的滤波器提取得到不同的特征。简单滤波器通过复合得到复杂的滤波器。

$$\sum_{v=-\infty}^{+\infty} \sum_{u=-\infty}^{+\infty} A[u,v] * K[m-u, n-v] = A * K \qquad (3-3)$$

式(3-4)中,$K$ 是可分解的滤波器。

$$K' = a^{\mathrm{T}} b = \begin{bmatrix} a_1 \\ a_2 \\ a_3 \end{bmatrix} \cdot [b_1 \quad b_2 \quad b_3] \qquad (3-4)$$

则其作用于 $X$ 的一次卷积如(3-5)所示,它可分解为 2 个卷积。

$$X * K' = X * (a^{\mathrm{T}} b) = (X * a^{\mathrm{T}}) * b \qquad (3-5)$$

一个灰度矩阵(图像)$A$($r \times c$ 的矩阵)与另一个矩阵 $K$($n$ 为奇数,$n \times m$ 的矩阵称为卷积核)卷积运算大部分运用在图像处理上。例如用一个模板去对一幅图像进行卷积,把模板 $K$ 旋转 $180°$ 或者水平方向和垂直方向对折后放在矩阵上,平移使其中心元素对准要处理的元素,用模板的每个元素对位乘矩阵中所覆盖的元素,各个乘积累加之和就是卷积矩阵的对应元素。如此,遍历了全部元素就得到了卷积矩阵,简称卷积。

如图 3-13(a)所示,左边为卷积核 $K$,$K$ 转 $180°$后得右边,中心元素为 1。原矩阵 $A$ 为 $4 \times 4$ 的矩阵,如图 3-13(b)所示。$K$ 的中心元素"1"对准原矩阵 $A$ 的(1,1)元素即"2",核的边界相对于 $A$ 则有溢出 1 列 1 行,为了方便对位乘,将 $A$ 扩充 1 列"0"和 1 行"0";填充后的 $A$ 的行数变为 $r+n-1$,即 6;列数变为 $c+n-1$,即 6,这样卷积结果得到 $6 \times 6$ 的矩阵(见图 3-13(c))。

| 1 | 1 | −1 |
|---|---|----|
| 1 | 1 | −1 |
| 1 | 1 | −1 |

(a) 旋转

| 2 | 1 | 3 | 1 |
|---|---|---|---|
| 1 | 2 | 1 | 2 |
| 2 | 1 | 3 | 2 |
| 1 | 3 | 1 | 2 |

(b) 原始矩阵

(c) 扩充

| 0 | 0 | 0 | 0 | 0 | 0 |
|---|---|---|---|---|---|
| 0 | 2 | 1 | 3 | 1 | 0 |
| 0 | 1 | 2 | 1 | 2 | 0 |
| 0 | 2 | 1 | 3 | 2 | 0 |
| 0 | 1 | 3 | 1 | 2 | 0 |
| 0 | 0 | 0 | 0 | 0 | 0 |

| −1 | 1 | 1 |
|----|---|---|
| −1 | 1 | 1 |
| −1 | 1 | 1 |

图 3-13　矩阵卷积核的 180°旋转和 0 扩充

根据卷积矩阵和 $A$ 的大小关系,有 3 种类型的卷积:full 卷积、same 卷积和 valid 卷积。

full 卷积:如果卷积后的矩阵大小为 $c+n-1$,比 $A$ 大,则得到末行的如图 3-14(a)所示的表。在 MATLAB 代码中用 conv2（A,K,'full'）表示,实际上卷积结果的行和列数量都在 $A$ 的基础上有所增加。根据卷积定义,其第 1 行第二个元素 $3=1×2+1×1$,其余类似。

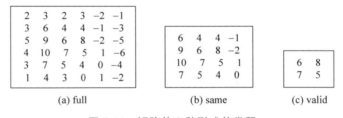

| 2 | 3 | 2 | 3 | −2 | −1 |
|---|---|---|---|----|----|
| 3 | 6 | 4 | 4 | −1 | −3 |
| 5 | 9 | 6 | 8 | −2 | −5 |
| 4 | 10 | 7 | 5 | 1 | −6 |
| 3 | 7 | 5 | 4 | 0 | −4 |
| 1 | 4 | 3 | 0 | 1 | −2 |

(a) full

| 6 | 4 | 4 | −1 |
|---|---|---|----|
| 9 | 6 | 8 | −2 |
| 10 | 7 | 5 | 1 |
| 7 | 5 | 4 | 0 |

(b) same

| 6 | 8 |
|---|---|
| 7 | 5 |

(c) valid

图 3-14　矩阵的 3 种形式的卷积

same 卷积:如果卷积后的矩阵大小和 $A$ 相等,则得到如图 3-14(b)所示的表;MATLAB 中用函数 conv2（A,K,'same'）表示。其第 1 行第二个元素 $4=-1+3+1-2+1+2$;其余类似。

valid 卷积:如果卷积后的矩阵大小和 $A$ 比缩小了,原矩阵不扩充,也不许卷积核溢出,只允许卷积核在 $A$ 的里面滑动,卷积结果的行数为 $c-n+1$,则如图 3-14(c)所示。

### 3.4.2　卷积的局部、全局连接

BP 神经网络是一个全连接网络。BP 网络每一层节点是一个线性一维排列(从上到下)状态,层与层的网络节点之间是全连接的。这样设想

一下,如果 BP 网络中层与层之间的节点连接不再是全连接,而是局部连接的。这就是一种最简单的一维卷积网络的雏形。如果把上述这个思路扩展到二维,这就是在大多数参考资料上看到的卷积神经网络。

全连接网络如图 3-15(a)所示,如果有 $1000 \times 1000$ 像素的图像,作为输入,且第 1 隐藏层设计为 $1\,000\,000$ 个隐藏层神经元,每个隐藏层神经元都连接图像的每一个像素点,输入和隐藏层之间就有 $1\,000\,000^2 = 10^{12}$ 个连接,即 $10^{12}$ 个权值参数。

局部连接网络如图 3-15(b)所示,输入平面和隐藏层平面用同样的垂直切割为 $10 \times 10$ 大小的窗口,窗口在输入层平面的投影区域称为微格感知域数据,在隐藏层平面的投影区域称为微格感知域,同一投影下的输入数据和隐藏层元件全连接,不同投影的数据和隐藏层元件没有连接,两者之间的连接参数有 $100 \times 100$ 个。从整体的数据和隐藏层来看,则是局部连接。显然,这样的窗口有 $100^2$ 个,也就是说有 $10\,000$ 个不同的投影,总体而言,连接参数总量为 $10\,000 \times 10\,000 = 10^8$,相对于全连接参数数量,减为其万分之一。

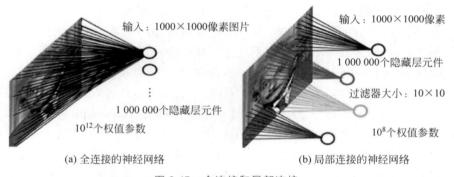

(a) 全连接的神经网络        (b) 局部连接的神经网络

图 3-15 全连接和局部连接

### 3.4.3 LeNet 卷积神经网络及其特征图多对多组合

在经典的模式识别中,一般是事先提取特征。提取诸多特征后,再对这些特征进行相关性分析,找到最能代表字符的特征,去掉对分类无关和自相关的特征。然而,这些特征的提取太过依赖人的经验和主观意识,提取特征的不同对分类性能影响很大,甚至提取的特征的顺序也会影响最后的分类性能。同时,图像预处理的好坏也会影响提取的特征。那么,如何把特征提取这一过程作为一个自适应、自学习的过程,通过机器学习找到分类性能最优的特征呢?

卷积神经元每一个隐藏层的单元提取图像局部特征,将其映射成一个平面,特征映射函数采用 sigmoid 函数作为卷积网络的激活函数,使得特征映射具有位移不变性。每个神经元与前一层的局部感受域相连。注意前面我们说了,不是局部微格内连接(输入-神经元、神经元-神经元、神经元-输出)的权值相同,而是同一平面层的连接权值相同,有等量位移、旋转不变性。每个特征提取后都紧跟着一个用来求局部平均与二次取样层。这种特有的二次特征提取结构使得网络对输入样本有较高的畸变容忍能力。也就是说,CNN 通过微格感知、共享权值、下采样保证图像对位移、缩放、扭曲的鲁棒性。

在前面 3.3 节中,图 3-12 展示了一个 5 层的深度卷积学习网络,它最早在手写数字字符模式识别方面得到成功应用,简称 LeNet-5[128]。

(1) C1(卷积层 1)。输入图像是 $32 \times 32$ 的大小,局部滑动(微格窗口,用 patch 表示对应权值称为 patch 矩阵,用 $\boldsymbol{P}_k$ 表示)的大小是 $5 \times 5$ 的,由于是 valid 卷积,则卷积后的矩阵大小为 $28 \times 28$,$32 - 5 + 1 = 28$,也就是 C1 层的**特征图(feature maps**,不同于 **image**,其指的是通过透镜或镜子而形成的视觉复制品)fmap$_k$ 大小是 $28 \times 28$。微格窗口有 $5 \times 5$ 个权值,相邻的 patch 的列(行)中,有 4 列(行)相同,patch 当中的点加权和得到单个点,因为 patch 重叠,而不具备压缩功能,相对于原图,特征图有稍微缩小。这里采用 6 个不同的 patch 矩阵 $\boldsymbol{P}_k$,得到 6 帧不同的特征图。堆叠一起,成为特征图长方体。用"C1 f. maps 6@$28 \times 28$ $28 \times 28$"表示。

(2) S2(下采样层 2)。S2 层是一个**下采样层(sub-sampling layer)**。简单地说,由 4 个点($2 \times 2$,为 1 patch)下采样为 1 个点,也就是 4 个数的加权之和。因为每窗不重叠,不是卷积,这过程的压缩比为 4:1。在一些关于深度学习的教程中,这个过程叫做 **Pooling(有学者称为池化、淤积)**[35]。$28 \times 28 = (2 \times 2)(14 \times 14)$,卷积后的 1 个特征图下采样得到 1 个($14 \times 14$)采样特征图,这样,此层就有 6 个特征图,连同分辨率用"S2 f. maps 6@$14 \times 14$"表示。

(3) C3(卷积层 3)。根据对前面 C1 层的理解,很容易得到 C3 层的特征图大小为 $10 \times 10$,不同的是 C3 层输出了 16 个特征图,它们由 10 个采样特征图卷积而来。没有采用"一对一"的变换,而是"多对多"。S2 层有多个特征图,那么,只需要按照一定的规则组合特征图将得到 16 个组合,然后,每个组合参与一个卷积得到特征图,多个组合则可以得到多个 C2 卷积特征。要求得到 16 个图,"S2 f. maps16@$10 \times 10$"的表示同理可得。

具体的组合规则如图 3-16 所示。6 个特征图按顺序编号排列成环形队列,先取相邻 3 个为一组得 6 组;再取相邻 4 个一组得 6 组;再取相邻 5 个一组,剔除中间位置的特征图,还是 4 个 1 组,只取前面 3 组,得 3 组;最后 6 个一组,总计可得 16 组的 16 个卷积特征图。LeNet-5 系统中的组合关系图如图 3-16 所示,X:表示连接。例如,对于 C3 层第 0 张特征图,其每一个节点与 S2 层的第 0,1,2 张特征图,它们用 $P_0$ 的卷积核卷积之后累加得到 C3 层第 0 张特征图;S2 层的第 0,1,2 张特征图共用了 $P_0$,这种现象就是权值共享。后面依次类推。这里,特征图的组合可以变化,卷积算子也可以变化。

|   | 0 | 1 | 2 | 3 | 4 | 5 | 6 | 7 | 8 | 9 | 10 | 11 | 12 | 13 | 14 | 15 |
|---|---|---|---|---|---|---|---|---|---|---|----|----|----|----|----|----|
| 0 | X |   |   |   | X | X | X |   |   | X | X  | X  | X  |    | X  | X  |
| 1 | X | X |   |   |   | X | X | X |   |   | X  | X  | X  | X  |    | X  |
| 2 | X | X | X |   |   |   | X | X | X |   |    | X  |    | X  | X  | X  |
| 3 |   | X | X | X |   |   | X | X | X | X |    |    | X  |    | X  | X  |
| 4 |   |   | X | X | X |   |   | X | X | X | X  |    | X  | X  |    | X  |
| 5 |   |   |   | X | X | X |   |   | X | X | X  | X  |    | X  | X  | X  |

图 3-16 S2-C3 的组合和特征图连接

(4) S4 层。是在 C3 层基础上下采样,特征图数量不变,边长缩小到一半,即 5＝10/2,分辨率变为 5×5。

(5) C5 层。卷积后的特征图变单点,称之为特征值(feature value),16 个图形成 120 组,每组参与卷积,得到 120 个特征值。组合规则同前,不再赘述。

(6) F6 层。此层有 84 个输出特征值,同 BP 网络的一样,输入和输出之间为全连接,全连接权值矩阵记为 FFW,其结构为 120×84。

(7) 输出层。10 类标签,对应于 10 个数字字符(0～9),此层也为全连接,其 FFW 的结构为 84×10,激励函数采用高斯函数[113],而没有 sigmoid 函数[129]。

这样,两类神经元复合组成多层 C-S 层次结构,逐步地加深特征的提取加工,利用 BP 算法训练 C 算子和 S 算子,该网络称为卷积神经网络(Convolutional Neural Network,CNN),可以看出:其完全不同于基于感知元学习的传统神经网络。CNN 理念来自视网膜研究的最新成果,实际上,卷积算子模拟 C 神经元[130]功能自动进行感知域特征提取,用采样算子模拟 S 神经元过滤模式的冗余信息,从而消除其对学习网络的干扰。通过卷积算子对局部感知域的响应,神经元能提取诸多基础性视觉特征,如:方向性边沿、端点、角落等。这些特征在后继层中不断被加工、组合,而且加工层次不断加深,进而提取高阶特征,这个过程称为深度卷积学习。理论上,它完全可以使用于病害模式的监督学习特征提取,但是,性能和效果上的表现因相关研究实验工作缺失,尚不可知,然而,它在相关应用上的成功让人们对它充满期待。

## 3.5　本章小结

基于作物病害图像的病变模式识别对于提高物联网化的、设施化的农场、果园的作物生产管理的智能化、自动化水平和管理效率有着积极意义。与广泛使用的基准数据集相比,农场果园视频感知设备采集环境复杂,充满着多种干扰,定点、移动方式都难以保证在受限条件和有限样次数下,采集到代表性图像在各状态下分布均匀的样本,同时,在形成适于实验样本之前,必须完成消除噪声、规格化大小等操作。本章以苹果为例,介绍了病害图像采集和病变识别,提出了病害图像预处理过程及其方法:整形算法、方位多样性仿真、亮度多样性仿真、灰值化和稀疏化方法,阐述了基于计算和机器学习的特征提取方法。

# 第 4 章　主成分图像降维的病变模式识别

## 4.1　图像特征提取和 PCA 方法

农作物病害图像是作物生病后，染病部位在视觉上的不正常表现。在植物病理学中，宿主植物本身的异常表现称为病状，病原物质所表现的特征称为病症。具体而言，常见的病症有霉状物、粉状物、点状物、脓状物、颗粒物，病状有色变、糜烂、斑点、畸形和萎蔫等。在图像信息采集记录传播条件不具备、不普遍的历史时期，植保专家以行业化的文字为载体传承着、交流着该领域的文明成果。什么是"霉状物"？又如什么是"色变"？在行业专家有着大体一致的认知，他们能够做到"文字符号"和"表达现象"之间随意转换，并根据作物病害视觉表现诊断得出病变种类，同时采取合理的植保措施。

从视觉角度上，病症和病状都是病害作物表现出的特征。如果能通过计算机自动地从作物图像提取得到这些特征，再通过学习过程让机器学会植保专家的领域知识，那么，计算机就能像人类专家一样完成作物病害诊断，给出护理预警响应措施，而它的工作速度、不间断工作时间、寿命、复制低成本等方面的优势远远胜于人类，从而表现出更高的工作效率。

特征提取是计算机图像模式识别过程中的重要概念，迄今为止，尚难以形成一个准确的、众所公认的定义。特征提取方法往往和问题或者应用类型密切相关,对象的元特征集合取决于观察者描述所用的向量空间,特征是可变换的对象,因此,"特征"概念的内涵相当丰富。为了从某个角度对事物进行区别,人们往往从元特征或者衍生特征当中选择一部分(有本质联系的),也忽略一部分(不起作用的),这个过程就是特征提取。降维是该领域的又一重要概念,为了提高模式识别的正确识别率,人们通常需要采集属性数量巨大的数据,有时使得原始空间的维数可能高达几千维或万维。高维数据包含了大量的冗余信息,它们掩盖了重要属性之间相关性,降维能够消除冗余属性,保留主要属性,减少处理数据量,被广泛应用于分类和模式识别等领域[131]。

　　科学研究中,往往需要对反映事物的多个变量进行反复观察,收集大量数据以便探究其中规律。多变量大样本为科学研究提供丰富信息的同时,也很大程度上增加了数据量,更重要的是增加了问题分析复杂性。如果单独分析每个指标,所得信息又可能是孤立的,而不是综合的;盲目减少属性可能损失关键信息,容易产生错误结论。因此,需要找到一个合理的方法,在减少分析属性的同时,尽量减少原来属性的信息损失,对所收集的资料做全面的分析。由于各属性间存在一定的相关关系,因此,有可能用较少衍生属性分别综合个体变量中的孤立信息。PCA(Principal Component Analysis)方法就是这样一种降维方法,它以属性相关性程度为依据,对数据的变换特征进行排序,为"主要和次要特征"的刻画以及"特征取舍"提供了科学依据,在重构和数据可视化方面表现出了满意的性能。

　　PCA方法能否用于以病变模式识别为目标的作物病害图像特征提取是值得研究的问题。李丽峰等探讨了利用近红外漫反射光谱技术判别苹果霉心病的可行性,利用PCA方法提取光谱病变特征,建立Fisher判别函数,正确率达到87%[132]。李桂峰等探索近红外光谱快速无损检测苹果质地品质的方法,采集240个苹果样本的近红外光谱,利用PCA方法成功提取苹果质地指纹图谱中的损伤特征,实现了苹果质地的快速评价[133]。这些实例说明,PCA方法应用于作物病害图像数据的特征提取在实际中是可行的。此外,该方法对于图像数据配准不敏感,可对不同大小的图像进行识别,能够大大简化识别的过程。

　　在此背景下,本章从创新病害图像特征提取的视角,遵循图4-1所示的工作路线,围绕"主成分图像降维的病变模式识别"开展了系列研究。

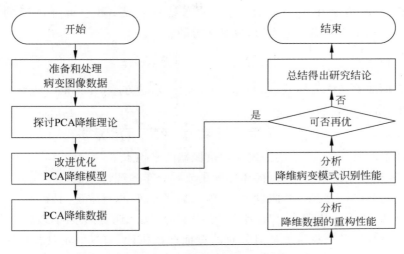

图 4-1　本章研究工作路线图

## 4.2　PCA 方法

### 4.2.1　PCA 降维的基本过程

PCA 是一种常用的数据分析方法,它通过线性变换将原始数据变换为一组各维度线性无关的表示,可用于提取数据的主要特征分量和高维数据的降维。从统计学角度来看,它是一种简化数据集的技术,又是一个线性变换方法。这个变换把数据变换到一个新的坐标系统中,使得任何数据投影的第一大方差在第一个坐标(称为第一主成分)上,第二大方差在第二个坐标(第二主成分)上,依次类推。PCA 方法减少了数据集维数,同时保持数据集的对方差贡献最大的特征,从而实现数据集降维和特征提取。

### 4.2.2　均值和协方差

均值又称为数学期望 $E[X]$（mathematical expectation）,它描述了某个样本空间在某个特征上的平均水平。对于离散随机变量,数学期望如下式所示。

$$E[X] = \sum_{i=1}^{\infty} x_i p_i \qquad (4\text{-}1)$$

对于连续随机变量有式(4-2)。可以看出:数学期望反映了某个数据集的特征,对应某个分布而言,则是分布统计特征,属于集合层面的特征[134],这个集合可以是有穷,或是无穷的。

$$E[X] = \int_{-\infty}^{\infty} x f(x) \, \mathrm{d}x \tag{4-2}$$

标准差又称为偏差(standard deviation),是方差(variance)的算术平方根,常用 $\sigma$ 表示:

$$\sigma = \sqrt{E[(X-\mu)^2]} = \sqrt{E[X^2] - (E[X])^2} \tag{4-3}$$

在样本的某个特征上,它描述了均值偏差的平均水平,反映了样本的稳定性,也是在数据集上定义,描述样本集或者分布的统计特征。

实际中,人们常常"假设"样本服从某个分布,再寻求证明假设合理性的方法,而无法从理论上"证明"某个现实的观察变量服从某个理想分布。检验过程的必要步骤就是对分布的特征进行估计,通过一定规模的随机抽样,利用抽样的某个参数去估计分布的参数。在总体特征不可能精确得到的情况下,这是一种在可控误差范围内得到总体特征近似值的有效方法。式(4-4)是从有限采样集合对总体方差的无偏估计[135],而式(4-5)是对总体均值的无偏估计。

$$s^2 = \frac{1}{N-1} \sum_{i=1}^{N} (x_i - \bar{x})^2 \tag{4-4}$$

$$\bar{x} = \frac{1}{N} \sum_{i=1}^{N} x_i \tag{4-5}$$

协方差(covariance)是方差分析中的重要概念。方差分析是从数量因子的角度探讨特征不同水平对实验指标影响的差异[136]。协方差用于衡量两个特征的总体误差。而方差是协方差的一种特殊情况,即当两个特征是互为副本的情况。多数情况下,协方差讨论的是两个相异特征的相关性。如果两个特征有着相同的变化趋势,也就是,当其中一个小于均值时,而另外一个也小于均值,那么两个特征之间的协方差就是正值;如果两个变量的变化趋势相反,那么两个特征之间的协方差就是负值;如果二者之间的协方差为 0,则称为不相关。空间的协方差定义如下:

$$\sigma(x,y) = E[(x - E[x])(y - E[y])]$$
$$= E[xy] - E[x]E[y] \tag{4-6}$$

如式(4-7),抽样的协方差是总体协方差的无偏估计,其中,$x_{ij}$ 是样本 $i$ 的第 $j$ 个特征,令 $C_{jk}$ 表示样本的特征 $j$ 和特征 $k$ 的协方差。如果样本有 $l$ 个特征,则任意对特征都要计算协方差,则得到协方差矩阵,对角线上的协方差则为方差。

$$C_{jk} = \frac{1}{N-1} \sum_{i=1}^{N} (x_{ij} - \bar{x}_j)(x_{ik} - \bar{x}_k) \tag{4-7}$$

### 4.2.3  本征值和本征向量

本征值和本征向量的含义通过一个案例来说明。例如,有某个数据集 $a$,其样本为二维样本,属性数据分别为表 4-1 中的 2.5 和 2.4 所在的 2 列。$b = \text{mean}(a)$,求均值得到 $b = [1.8100 \ 1.9100]$;得到去均值的数据集,其属性数据分别为 0.69 和 0.49 所在的 2 列。

表 4-1  数据集的 PCA 分析

| 原始: | $a$ | 减均值: | $c$ | 协方差矩阵 | cov_a | 重构集: | A_re |
|---|---|---|---|---|---|---|---|
| $x$ | $y$ | $x$ | $y$ | 0.6166 | 0.6154 | $x$ | $y$ |
| 2.5 | 2.4 | 0.69 | 0.49 | 0.6154 | 0.7166 | 2.3713 | 2.5187 |
| 0.5 | 0.7 | −1.31 | −1.21 | 特征值矩阵 | D_a | 0.6050 | 0.6032 |
| 2.2 | 2.9 | 0.39 | 0.99 | 0.0491 | 0.0000 | 2.4826 | 2.6394 |
| 1.9 | 2.2 | 0.09 | 0.29 | 0.0000 | 1.2840 | 1.9959 | 2.1116 |
| 3.1 | 3 | 1.29 | 1.09 | 特征向量 | V_a | 2.9406 | 3.1420 |
| 2.3 | 2.7 | 0.49 | 0.79 | −0.7352 | 0.6779 | 2.4289 | 2.5812 |
| 2 | 1.6 | 0.19 | −0.31 | 0.6779 | 0.7352 | 1.7428 | 1.8371 |
| 1 | 1.1 | −0.81 | −0.81 | 向量重排 | V_a | 1.0341 | 1.0685 |
| 1.5 | 1.6 | −0.31 | −0.31 | 0.6779 | 0.7352 | 1.5131 | 1.5880 |
| 1.1 | 0.9 | −0.71 | −1.01 | −0.7352 | 0.6779 | 0.9804 | 1.0103 |

原始数据集的空间关系可以通过其散点图来表示,如图 4-2(a) 所示。去均值后的数据如图 4-2(b)所示。求得数据集的协方差矩阵记为 **cov_a**,如式(4-8)所示。

$$\mathbf{cov\_a} = \begin{bmatrix} 0.6166 & 0.6154 \\ 0.6154 & 0.7166 \end{bmatrix} \tag{4-8}$$

显然,**cov_a** 是对称正定的矩阵,令 $\mathbf{Y} = \mathbf{cov\_a}$,$\lambda$ 表示特征值元素,可以按下式(4-9)求得其特征值和特征向量[137]。

$$\mathbf{Y}x = \lambda x \tag{4-9}$$

对协方差矩阵求得本征值和特征向量,$[\mathbf{V\_a}, \mathbf{D\_a}] = \text{eig}(\mathbf{cov\_a})$;可看出:特征向量是正交单位向量。将特征向量和样本点绘制在图上,发现:样本基本上沿着一个特征向量呈现对角分布,见图 4-2(b),这个向量的特征值最大,该特征值对应的特征向量就定义为数据集的主成分(principle component)[138,139],或者主分量。特征值也可以构成一对角阵,这个对角阵可由原矩阵经过一系列变换得到,称为特征值矩阵 **D_a**,

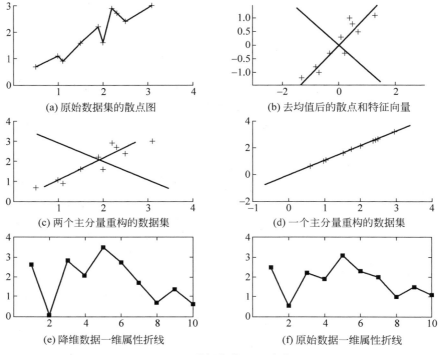

图 4-2　数据集的 PCA 降维

如下式：

$$\mathbf{D\_a} = \begin{bmatrix} 0.0491 & 0 \\ 0 & 1.2840 \end{bmatrix} \tag{4-10}$$

矩阵可对角化有两个充要条件：①矩阵有 $n$ 个不同的特征向量；②特征向量重根的重数等于基础解系的个数。对于第二个充要条件，则需要出现二重以上的重特征值[140]。若矩阵 **A** 可对角化，则其对角矩阵 **D_a** 的主对角线元素全部为 **A** 的特征值，其余元素全部为 0。这里对应特征向量顺序组成的可逆矩阵用 **V_a** 表示。如表 4-1 所示。

将特征值从最高到最低排列，这就给出了成分的权顺序、重要性顺序，如同十进制整数，从最高位到个位。如果在一定精度的前提下，舍弃一些低位、低阶的分量则可以换取表达上、描述上的简单，舍弃一些低位的特征，也就舍弃了一些低阶的本征向量，剩下的向量称为特征向量（feature vector），即主成分。协方差矩阵有多少个特征值，理论上取决于矩阵本身。一般情况下，当 $n \geq r$ 时，往往有 $r$ 个非 0 特征值，当 $n < r$ 时，最多有 $n-1$ 个特征值，这和"打散 $n$ 个样本最多需要 $n-1$ 个支持向量"

的原理一致。属性个数越多,样本维数越高。正是"在一定精度上舍弃"的性质使得 PCA 能够有效应用于特征提取和降维[141]。

### 4.2.4　数据集的 PCA 分析和重构

令 $A_{PCA}$ 是主成分列向量形式矩阵,$A_{minusmean}$ 是待重构数据的去均值化结果,它可以是单个观察数据,也可以是数据集,$n$ 是数据记录数量。

$$A'_{re} = A_{minusmean} \times A_{PCA} \times A_{PCA}^{T} \tag{4-11}$$

$$A_{re} = A'^{T}_{re}(i,:) + \text{mean}(A(i,:)) \tag{4-12}$$

在表 4-1 表示的例子中,$n \times 2 \times 2 \times r \times r \times 2 = n \times 2$,满足相乘条件,得到的 $A'_{re}$ 是重构的 PCA 去均值化数据,或者称为偏差,$r$ 为选取的主成分向量个数,定义数组重排序后的特征向量,为 $A'_{re}$。

如果 $r=2$,则所得的 $A'_{re}$ 转置后,在每个属性数据加上原始数据集对应属性的均值,如式(4-12)所示,即为表 4-1 中的数据集,得到 $A_{recon}$,表中的 2.3713 和 2.5187 所在的 2 列。$A_{re}$ 的数据散点如图 4-2(c)所示,和原始数据完全相同。

如果 $r=1$,重复上述过程将得到 $A_{re}$,数据集没有列出,其数据散点如图 4-2(d)所示,数据落在主成分特征向量的直线上,然而,从排列上,也和原始数据在该直线上的投影顺序保持一致。

比较原来数据集和重构数据的空间关系,可以发现其分布和相对关系没有变化,或者说保持很大的相似性,那就是说在新数据集开展分类、聚类和可视化等数据分析都能得到和原来数据集基本一致的结论[142-144]。

## 4.3　基于距离的重构数据误差分析

如果保存了数据的去均值化数据、序列平均值和特征向量,通过反向计算得到的结果减去平均值后的数据集,进而重构原始数据集;显然,去均值化数据是压缩后的数据集。

比较重构的数据集合和原始数据集合,则得到误差矩阵,它反映了重构数据的性能。可以求得偏差矩阵和原始数据矩阵的范数,直观意义上即长度,分别称之为偏差长度(error distance)和原始长度(true distance),两个长度的比值反映了误差的大小,将式定义为误差距离比。

$$\frac{\parallel A_{re} \parallel}{\parallel A \parallel} = \text{dis\_error} \tag{4-13}$$

例如,如果 $r=1$,dis\_error $=0.0739$;如果 $r=2$,dis\_error $=$

2.76e-17。显然,如果用全部 PCA 分量重构,可以精确还原数据,则损失几乎为 0。PCA 分量的最大数量和观察记录的属性数量相关,和记录数量 $n$ 无关,如果不是要求准确还原数据,常常采用小于 $r$ 个的主分量来重构数据,而不是用上全部的 $r$ 个分量。

PCA 方法方法在压缩数据、分类和模式识别等领域得到广泛应用。例如,如果某个新的观察样本,需要判断它和某个 PCA 分析的数据集是否来自同一样本空间,或者说同属一类,则可以用已知的样本空间均值将其去均值化,得到偏差,重构,再观察其重构和观察样本的距离,如果距离大于某个阈值,可以拒绝接受"其来自已知样本空间"的假设。

### 4.3.1 PCA 降维

比较式(4-14)和式(4-11),发现前者少乘一个转置的 PCA 矩阵,属性个数变为 $r$,而后者的属性个数和原来数据的相比没有变化;如果 $r < r\_A$,则前者 $\boldsymbol{A}''_{re}$ 的维数减少了,这个过程称为降维,$\boldsymbol{A}''_{re}$ 就是降维数据集合;保存了 $\boldsymbol{A}''_{re}$ 和 $\boldsymbol{A}_{PCA}$,在此基础上,可以重构原始数据,这个过程就是 PCA 降维。

$$\boldsymbol{A}''_{re} = \boldsymbol{A}_{minusmean} \times \boldsymbol{A}_{PCA} \tag{4-14}$$

那么,降维后的数据在性质上有什么变化吗?降维得到的一维数据 $\boldsymbol{A}''_{re}$ 的折线图如图 4-2(e)所示,原始数据的一维数的折线图如图 4-2(f)所示,可以看出两者几乎相同,可见,主成分降维很大程度上保留了原来数据的性质,这对于基于降维数据的聚类、分类很有启发。PCA 数据集相对于原始数据集,属性个数减少了,本质就是降维。从这点看出,有损重构的数据保留了原始数据的大部分性质[145]。

### 4.3.2 溢界丢弃 PCA 方法和病变图像降维

MATLAB 中,使用 **Coeff** = pca($\boldsymbol{X}$)对原始数据集 $\boldsymbol{X}$ 做 PCA 分析,并返回排序后的本征向量保存至 **Coeff**。$\boldsymbol{X}$ 的行对应观察,$\boldsymbol{X}$ 的列对应于变量或属性。$\boldsymbol{X}$ 是一个 $p \times p$ 阶方阵,每列包含一个主成分向量,按照方差下降的顺序排列。默认情况下,PCA 向量使用奇异值分解方法(singular value decomposition)求解[146]。

在 MATLAB 中,PCA 分析的同时也可以使用其他选项,[**Coeff**, **score**] = pca($\boldsymbol{X}$),返回 PCA 向量的同时,还返回了 PCA 分量的评分或者权值,分值描述分量的重要性,**score** 为 $n \times p$ 的矩阵,其中的 **score**$(i, j)$ 表示原始数据集合当中,第 $i$ 个样本中,第 $j$ 个分量的加权。[**Coeff**,

**score**, **latent**] ＝ pca(**X**)，**latent** 以向量的形式返回了非 0 特征值从大到小排列，0 特征值进行了舍弃。

当 $n \ll p$ 时，没有必要计算 $p \times p$ 分量矩阵，这样将耗费大量时间。这种情况在高分辨率的图像样本情况下经常出现，例如对 40 张 $64 \times 64$ 的图片做 PCA 分析。[**Coeff**, **score**, **latent**] ＝ pca(**X**, 'econ')，采用了 econ 选项，就能迅速计算主要的成分分量，对于非主要分量采取了舍弃的方式，从而节省了时间，当属性个数大于样本数量时，只返回 $n-1$ 个特征值和对应的特征向量，这个选项对于高维样本的 PCA 分析和运算加速有着突出意义。

$$\frac{\sum\limits_{i=1}^{x} \lambda_i}{\sum\limits_{i=1}^{\infty} \lambda_i} \geqslant 95\% \tag{4-15}$$

主分量选取的"95"原则，重构数据集时，从还原精度来说，舍弃的分量少，精度越高，误差距离比率越低，但计算复杂性越大，降维分析意义不明显，反之亦然[147]。如何舍弃分量，能在还原精度和计算复杂性之间达到较好的平衡呢？一般情况下，当所取的最后一个分量的特征值之和与全部分量的特征值总量的比值不低于 95%，这就是"95"原则，如式(4-15)所示。

## 4.4　实验结果与分析

### 4.4.1　重构性能分析

选择 16 种不同疾病的苹果病变图像，如图 4-3(a) 所示。在对其进行 PCA 分析之后，根据"95"原则，得到 10 个特征向量，将其以图片形式显示，则如图 4-3(c) 所示。样本集合 PCA 降维之后的 16(编号 1～16)个十维(属性 A～J)的降维样本(为了完整地显示，所有数据都截断了小数)，其数据如表 4-2 所示。每个样本从 4096(64×64)维约简变到十维，从属性数量简化上讲，效果是可观的。但是，降维得到的十维样本是不是保持了原来样本的空间分布特性、分类保真性、聚类保真性，需要进一步的研究。

从降维样本重构得到高维样本，将其以图片的方式显示，如图 4-3(b) 所示。肉眼比较重构样本和原始样本，可以看出：除了轮纹病的病变图像有明显的失真之外[148]，其他图片基本上和原来图片保持一致，得到了很好的保真。

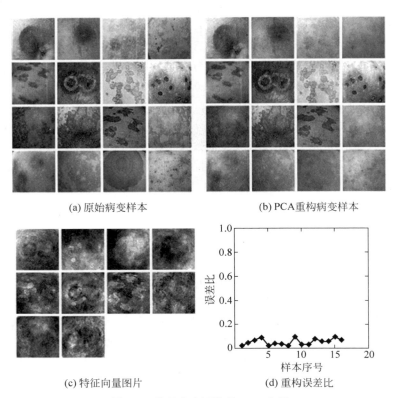

(a) 原始病变样本　　　　　　　　　　(b) PCA重构病变样本

(c) 特征向量图片　　　　　　　　　　(d) 重构误差比

图 4-3　苹果病变图像的 PCA 分析

表 4-2　降维之后的样本

| 编号 | A | B | C | D | E | F | G | H | I | J |
|---|---|---|---|---|---|---|---|---|---|---|
| 1 | 961 | −668 | −1654 | 1055 | −574 | 412 | 315 | −362 | 248 | −280 |
| 2 | 121 | 935 | −1491 | −466 | 430 | −118 | 251 | −250 | −234 | 644 |
| 3 | 2854 | 211 | 154 | 139 | 239 | −91 | −139 | −197 | −106 | −130 |
| 4 | 751 | −499 | −105 | −340 | 208 | 57 | 72 | −74 | 98 | −137 |
| 5 | −639 | 642 | 458 | −946 | −523 | 699 | 1023 | 358 | −194 | −195 |
| 6 | −3332 | 1004 | −246 | 491 | 285 | −1183 | 482 | 214 | 72 | −261 |
| 7 | 3227 | 1736 | 578 | 720 | −78 | −63 | −156 | 696 | 255 | 137 |
| 8 | 1842 | −1952 | 515 | −333 | −925 | −981 | 160 | −38 | −138 | 222 |
| 9 | −2757 | −710 | 666 | −276 | 259 | 89 | −120 | −288 | 732 | 36 |
| 10 | −1420 | −2058 | −332 | 418 | 440 | 428 | −153 | 878 | −65 | 320 |
| 11 | −2296 | 1004 | −514 | −441 | −994 | 55 | −1083 | 110 | −92 | −6 |
| 12 | 864 | −70 | 248 | −224 | 220 | 121 | −190 | −52 | 282 | −546 |
| 13 | 293 | −473 | −26 | −201 | 668 | −79 | −379 | −49 | −754 | −487 |
| 14 | −639 | 213 | 1406 | 728 | 60 | 232 | 43 | −554 | −217 | 372 |
| 15 | −1493 | 420 | 514 | 540 | −148 | 412 | 13 | −262 | −296 | 98 |
| 16 | 1662 | 264 | −172 | −863 | 432 | 9 | −140 | −130 | 408 | 214 |

同时,计算得到误差比例,各个重构样本的误差比例如图 4-3(d)所示。误差比例定量地反映重构的图片和原始图片的"距离",曲线峰值在 0.1 左右,最后的 5 个样本的误差比值明显偏高,误差比例和肉眼观察的结果基本一致,肉眼可以看出:此 5 幅图片的"重构"和"原始"之间的差距与其他样本相比尤为明显,从这个角度来看,误差比值较为准确地反映重构的误差。在分量取舍规则问题上,遵从"95"原则,该方法丢弃了部分信息,误差的存在是不可避免的。

此外,混合病变图像和人脸图像得到一个混合样本集,在此基础上进行了实验。混合数据集合的图片如图 4-4(a)所示。1～10 号样本为某实验对象的人脸图片,11、12、14、16 号又分别为不同实验对象的人脸[149],13、15 号为不同疾病的苹果病变图像。分量选择规则,使用"99"原则,这样特征向量变为 14 个,它们的图片如图 4-4(c)所示。选取的分量比重越大,特征个数相继增加。重构样本如图 4-4(b)所示,可以看出:图片基本上和原来图片保持很高的相似度,得到了比上一个实验更好的保真。同

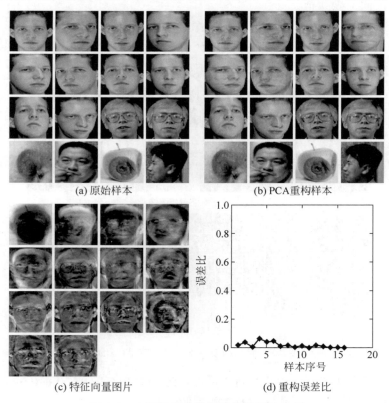

(a) 原始样本　　　　　　　　(b) PCA重构样本

(c) 特征向量图片　　　　　　(d) 重构误差比

图 4-4　人脸和病变图像混合集 PCA 分析

时,图 4-4(d)所示的误差比例曲线,与前面实验相比,平滑和起伏,也有明显的改善。

### 4.4.2　识别性能分析

实验过程中,整理 20 张苹果常见疾病的病果图像,为了降低数据量,图像分辨率降低至 64×64,考虑到视频传感器和目标点的空间相对关系随着病果分布而发生变化,而会得到不同的病变图像,因此,对病变图像实施了 90°、180°、270°共 3 个角度的旋转,来模拟方向的多样性。同时,野外采集环境,亮度主要受日光照射强度和目标遮挡的影响,光照强度易受阴、晴、雨、多云、雾霾等天气等因素的影响而不同,在不同时间点亮度也不同,目标遮挡情况有完全逆光、部分角度逆光等,病变图像的亮度呈现复杂多变,实施了 4 类亮度调整来模拟亮度的场景多样性,亮度调整的输入区间参数为[0,1]、[0.30 0.85]、[0.35 0.9]、[0.4 0.95],输出区间为默认值。

图 4-5(a)显示了部分变换后的图像。PCA 降维之后,阈值为 0.99,4096 个特征向量保留得到 69 个特征向量,特征向量是 4096 维,将其以图片格式可视化,即得到图 4-5(b)所示的效果。

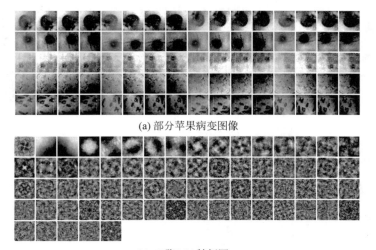

(a) 部分苹果病变图像

(b) 69张PCA特征图

图 4-5　苹果病变图像及其 PCA 特征图

降维分类识别实验分为两个过程:交叉验证(Cross Validation,CV)有效性实验和模型泛化能力有效性实验。

### 1. CV 有效性验证

利用亮度方向变换和亮度变换,每个图像样本得到 16 个样本,20 个疾病图像就得到 320 个样本,同 MNIST-Digit 的 70 000 个样本而言,样本数量少很多,因此,将折数(fold)序列调整为 5、2,核函数采样径向基,在惩罚参数 $C$ 和径向基参数 $\gamma$ 构成的网格中开展 CV 实验。网格的横轴变化为 $\log_2 C$(变化区间:$-5:2:15$),有 11 个刻度;中间的 2 为步长,纵轴变化为 $\log_2 \gamma$(变化区间:$-5:2:3$),有 10 个刻度,故网格点总计 110 个,方法如下:以 fold=5 为例,每折有 64 个样本,折的记为 $i_{\text{fold}}=0$,1,2,3,4,取某折为测试样本,则其余 4 折为训练样本,测试折要求可以遍历所有折,将 1 次遍历的测试正确样本累加得到测试准确总数,再除以测试样本总量(320),得到测试准确率,再变换参数重复试验。

绘制准确率等高线,如图 4-6 所示。图 4-6(b)显示,在 5"折"情况下,最高准确率为 100%,距离当前等值线最近的取整参数为 $\log_2 C=5$,核函数 $\log_2 \gamma=-7$ 附近,较低的准确率为 99.5%;图 4-6(a)显示,在 2 折情况下,最高准确率为 100%,其在距离当前网格最近的最好参数为 $\log_2 C=8$,核函数参数在 $\log_2 \gamma=-7$ 附近,较低的准确率为 99.5%~97% 不等。可以看出:PCA 降维之后,病变模式 SVN 识别的交叉验证实验呈现出相当不错的性能。

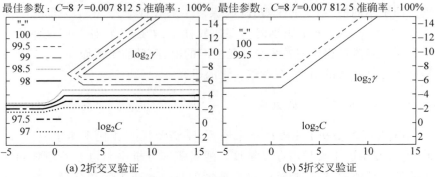

图 4-6　苹果病变图像的交叉验证准确等值线

### 2. 模型泛化能力有效性验证

在这个实验中,将样本分为训练样本和测试样本两个部分,训练样本用于训练输出识别的网络模型,训练参数依然在和上一实验相同的网格上进行,每个格点得到一个模型,模型在测试样本上开展识别,记录识别正确样本数量,得到识别准确率,所有模型都不准使用测试样本训练,准确率独立于测试样本,称之为泛化准确率,同时在 ORL 人脸数据集也进行了实验,将泛化准确率绘制为三维曲面,如图 4-7 所示。

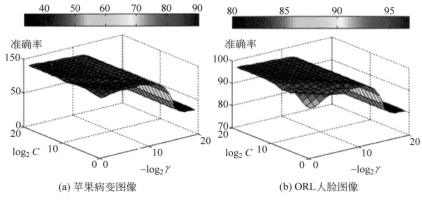

(a) 苹果病变图像　　　　　　　　　(b) ORL人脸图像

图 4-7　识别准确率和参数的三维曲面

图 4-7(a)显示的性能较交叉验证实验有大幅度下降,最好的准确率介于 $90\% \sim 85\%$,最低的准确率降至 $30\%$,图 4-7(b)表明人脸图像数据的结果比病变图像数据要好,最低的准确率 $70\%$,降维算法对数据集表现比较敏感,但是,最佳准确率都大于 $80\%$,这意味着,在合理选择训练参数的前提下,基于 PCA 降维模式的病变识别方法是有效的。降维和识别是两个不同的、独立的步骤,降维保留了部分特征,丢掉了大部分“它”认为“不重要”的特征;识别时需要比较样本的某些“特征”,而这些特征是隶属于降维过程保留的集合还是丢弃的集合,目前不得而知,这两个过程能否建立有效的衔接,有待进一步的研究。

### 3. 模型生成复杂度讨论

PCA 降维是基于矩阵计算来进行,不需要反复迭代来追求收敛,因此,它的复杂度主要是内存复杂度。通过矩阵分析得到协方差矩阵和该矩阵的特征值向量,影响这个过程速度的是样本的维度和数量。在可计算的环境下,一般都有很快的响应速度,因此,往往能够较快地得到降维数据集合。构造支持向量机分类模型本质上是一个优化问题,很大程度上受到约束条件数量和训练样本数量两个主要因素影响,不存在分批次、按轮数迭代的学习过程,模型生成时间短,对需求响应迅速。综上所述,基于 PCA 降维的病变模式识别方法适合于“瘦客户端”,在计算能力较弱的设施农业移动设备及嵌入式环境有着广阔的前景。

## 4.5 本章小结

本章首先分析了 PCA 方法的数学过程,给出一种基于特征值溢界丢弃的特征提取方法,针对降维性能的重构评价设计了误差距离分析方法,在苹果病变图像集合和人脸图像上展开了降维实验。数据显示:"95"原则的 PCA 特征提取表现出较好的重构性能,在 2"折"和 5"折"情况下,选择合适网络参数,最低准确率均可达 97%,算法表现出相当乐观的可用性;在 ORL 人脸数据集也进行了泛化实验,网格泛化准确率三维曲面显示的最低泛化准确率 70%,最佳准确率都高于 80%,再次说明,在合理选择训练参数的前提下,PCA 方法病变识别方法具有很高的有效性。

从数学过程来看,PCA 并没有实现降维,实现只是特征顺序化,它只是对特征从相关性角度进行了排序,将特征选取权限丢给了"其他算法",没有机器学习过程,降维"僵硬"而无法优化;从适配一致性来看,降维是过程,重构和识别是该过程两个不同的通用型应用目标,降维保留了部分特征,丢掉了大部分被算法默认为"不重要"的特征;识别要比较样本的某些"特征",而这些特征在降维过程到底是保留还是被丢弃,目前不得而知,如何在"降维"和"识别"之间建立有效的衔接,有待进一步研究。

# 第 5 章　玻尔兹曼机图像降维的病害识别

为了让分类器学习到物质世界样本更多的领域知识,改进其模式识别的准确率精度,人们通常需要采样数量巨大的数据特征,使得样本原始空间或者输入空间的维数可能高达几千维或上万维。假如直接在原始空间上训练分类器,就可能碰到两个麻烦:

(1) 一些在低维空间,性能良好的分类算法在计算上变得不可行;

(2) 在训练样本容量一定的前提下,特征维数的增加将使得样本统计特性学习变得更加困难,从而降低分类器的推广能力或泛化能力,呈现所谓的"过学习""过训练"的现象。

另外,高维数据中蕴藏着大量的冗余,并隐藏了表达关键联系的潜在特征,如何去掉其中的冗余,提取出相应的潜在特征,成为解决问题的瓶颈。降维的目的就是消除冗余,减少被处理数据的数量,因而广泛应用于数据分类和模式识别等领域。

PCA 方法广泛运用于数据降维,在一些领域的识别、聚类、数据可视化等数据分析应用中呈现较好的性能。从数学过程来看,PCA 并没有实现降维,实现的只是特征的变换和顺序化。说到底,它只是对特征从相关性角度进行了排序,将特征选取丢给了"其他算法"。没有机器学习过程,不能学习到"如何结合具体任务来提取特征"的相关知识,降维过程"僵硬",接受不到"任务的指导",而无法自我优化。

机器学习是人工智能研究较为年轻的分支,自 20 世纪发展成为学科以来,在生物特征识别、搜索引擎、医学诊断、检测信用卡欺诈、证券市场分析、DNA序列测序、语音和手写识别、博弈游戏和机器人运用等方面有着成功的应用,对于"人类智慧能否复制到机器,多大程度上可复制"的问题,它深刻改变了人们的看法。降维和特征提取方法不能一成不变,因为,人们对于特征的"价值取向"是因任务而异的。特征提取过程应该如同机器学习过程一样,是可以自我优化的。Hinton G. E. 在2006年提出基于限制玻尔兹曼机的降维神经网络,在针对数据重构和多维数据可视化应用上,展示了优秀性能[64]。玻尔兹曼机降维神经网络在作物病害图像识别上会有怎样的表现,无疑是一个让人充满期待的问题。

  玻尔兹曼机的原理是基于统计物理学,是一种源于能量函数的建模,能量函数通过玻尔兹曼分布表达属性之间的统计关系[150]。虽然,在其基础之上的学习算法比较复杂,但是,无论是算法还是逻辑结构都具备相当完备的物理阐释和严密的数理统计理论依据。因此,在本章中,从改善特征提取性能和创新特征提取方法的角度,按照图5-1所示的工作路线,围绕"玻尔兹曼机图像降维的病害识别",开展了系列实验研究。

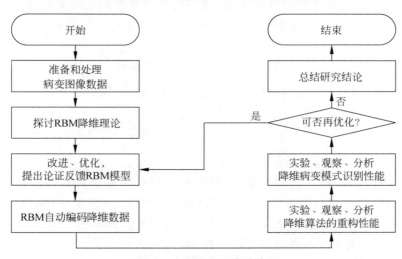

图 5-1   本章研究工作路线图

## 5.1   限制玻尔兹曼机

### 5.1.1   麦克斯韦-玻尔兹曼分布

  玻尔兹曼分布又称为麦克斯韦-玻尔兹曼分布,是一个概率分布,在物理学中应用广泛[151]。任何(宏观)物理系统的温度属性都是组成该系统的微观粒子(分子和原子)的运动结果。任何单个粒子的速度都因与其他粒子的碰撞而不断改变,这种碰撞时时刻刻在发生,粒子能量也随之变化。然而,对于作为研究对象的粒子集合来说,在一定平衡态下,具有一个特定的速度范围的粒子所占的比例却几乎不变,处于一定能态的粒子数量比例不变,或者说粒子处于某个能态的概率服从一定分布,如果系统处于或接近处于平衡,例如恒温过程、恒压过程,麦克斯韦-玻尔兹曼分布具体说明了这个比例,如式(5-1)所示。

$$P(E_i) = \frac{N_i}{N} = \frac{g_i \, \mathrm{e}^{(-E_i/kT)}}{\sum_j g_j \, \mathrm{e}^{(-E_j/kT)}} \tag{5-1}$$

式中,$N_i$ 为处于能态 $E_i$ 的粒子数量;$N$ 为粒子总量;$P(E_i)$ 为能量 $E_i$ 的概率密度;$g_i$ 为权值;$k$ 为玻尔兹曼常数。

粒子的动能和速率相对应,速率没有负值,在粒子质量恒定的情况下,它和能量是一一对应关系。因此,由能态的概率密度可以对应到速率分布曲线。能量函数是连续函数,速率的概率分布函数也是连续函数。例如:在常温下,几种惰性气体的速率分布函数如式(5-2)所示。

$$f(v) = \sqrt{\frac{2}{\pi} \left(\frac{m}{kT}\right)^3} \, v^2 \exp\left(\frac{-mv^3}{2kT}\right) \tag{5-2}$$

它们的速率分布曲线如图 5-2 所示。利用 $\dfrac{\mathrm{d}f(v)}{\mathrm{d}v} = 0, v > 0$,且为实数,可以得到分布的均值速率 $v_p = \sqrt{\dfrac{2kT}{m}} = \sqrt{\dfrac{2RT}{M}}$,其中,$R$ 为气体常数;$M$ 为摩尔质量,$T$ 为开尔温度。

能态概率、粒子最概然速率和摩尔质量相关,也和系统参数密切相关。从图 5-2 可以看出:速率呈现类似指数的分布,曲线的顶点就是平均速率,或者说概然速率,气体摩尔质量越小,曲线越平坦,速率分布范围越宽广,分子的可能速率越呈现均匀化趋势[152]。

用同样的方法也可以求得气体的速率,当 $T = 300\mathrm{K}$ 时,氮气有 $v_p = 422\mathrm{m/s}$。其速率分布曲线如图 5-3 所示,这个速率也就是粒子的概然速率,是系统中任何分子最有可能具有的速率。

### 5.1.2 玻尔兹曼机机器学习模型

单个的玻尔兹曼机结构是一个二分图。二分图又称作二部图,是图论中的一种特殊模型。设 $G = (V, E)$ 是一个无向图,如果顶点 $V$ 可分割

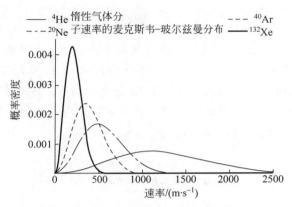

图 5-2 常温下惰性气体的速率分布

为两个互不相交的子集($A$, $B$),并且边集合 $E$ 的每条边($i$, $j$)所关联的两个顶点 $i$ 和 $j$ 分别属于这两个不同的顶点集($i \in A$, $j \in B$),则称图 $G$ 为一个二分图[153],玻尔兹曼机模型如图 5-4 所示。

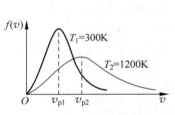

图 5-3 常温下氮气的速率分布

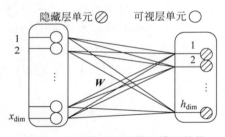

图 5-4 单层的玻尔兹曼机模型结构

表示玻尔兹曼机的二分图里,左边的部分指示可视层,由一个向量集合构成可视层变量空间(visible layer),用 $\hat{X}$ 表示,如式(5-3)所示,它有多个分量,常用行向量描述,单个变量用行向量(5-4)表示,其中,$x_{dim}$ 为 $\boldsymbol{x}$ 向量的维度。

$$\hat{X} = \{0,1\}^{x_{dim}} \tag{5-3}$$

$$\boldsymbol{x} = (\boldsymbol{x}_1, \boldsymbol{x}_2, \cdots, \boldsymbol{x}_{x_{dim}}) \tag{5-4}$$

右边的部分指示隐藏层(hidden layer),对应的向量空间用 $\hat{H}$ 表示,如式(5-5)所示,常用行向量描述,单个变量用行向量(5-6)表示,其中,$h_{dim}$ 为 $\boldsymbol{h}$ 向量的维度。

中间为连接可视层和隐藏层的权矩阵,用 $\boldsymbol{W}$ 表示。玻尔兹曼机学习过程本质上是一个随机采样过程,即隐藏层的单个节点的输出值(状态值)$h_i$是在其相邻的可见层向量(习惯性称输入)给定的条件下,$h_i$的取值呈现某个概率分布,则在该概率分布下采样的结果,称为向前采样;反之,可见层的单个节点的状态值(习惯性地称输出)$x_i$是在其相邻的隐藏层的输向量给定的条件下,执行概率分布采样的结果,称为向后采样。如果$x_{\dim} \geqslant h_{\dim}$向前采样的本质就是降维,反过来而向后采样本质就是重构。

特别说明的是,可视层和隐藏层的向量分量均为二值型数据,即$h_i$,$x_i \in \{0,1\}$,向量是离散空间的向量,即$h \in \hat{H}$,$x \in \hat{X}$。

$$\hat{H} = \{0,1\}^{h_{\dim}} \tag{5-5}$$

$$h = (h_1, h_2, \cdots, h_{h_{\dim}}) \tag{5-6}$$

### 5.1.3　玻尔兹曼机模型的能量函数

能量函数[154,155]是玻尔兹曼机模型中的一个关键概念,对于理解该模型的工作机制至关重要。对于给定$x$,或者$h$,不管玻尔兹曼机模型作何种变换,它都能向外界传递某种信息,产生某种输出,如果将$x$视为粒子质量,$h$视为在模型中获得的速率,则可以认为$(x,h)$对应着某个能量态,此时,能量函数如式(5-7)所示,其中$\theta$为模型参数$b,c,W$的统称。

$$E_\theta(x,h) = -xb^\mathrm{T} - ch^\mathrm{T} - xWh^\mathrm{T} \tag{5-7}$$

则进入该模型的任何粒子处于该能态的概率$P_\theta(x,h)$服从玻尔兹曼分布,如式(5-8)所示。

$$P_\theta(x,h) = \frac{1}{Z_\theta} \mathrm{e}^{-E_\theta(x,h)} \tag{5-8}$$

其中,式(5-9)表示配分函数,又称为归一化因子[156],数学含义为所有能态概率求和。注意:$(x,h)$描述了一个离散的有限状态空间,所以,$P_\theta(x,h)$是一个二维离散分布,如式(5-10)所示。

$$Z_\theta = \sum_{h \in \hat{H}, x \in \hat{X}} \mathrm{e}^{-E_\theta(x,h)} \tag{5-9}$$

$$\sum_{x \in \hat{X}} \sum_{h \in \hat{H}} P_\theta(x,h) = 1 \tag{5-10}$$

隐藏和可见层的相互作用表现为能量函数,总能量可视为由两部分构成,一部分是通过两层状态向量通过权值矩阵的相互作用得到,即$xWh^\mathrm{T}$,$W_{i,j}$是连接可见层$i$和隐藏层节点$j$的权,显然,$W$是$x_{\dim} \times h_{\dim}$的$R \times R$矩阵。

$$\hat{B} = R^{x_{\dim}} \tag{5-11}$$

$$b = (b_1, b_2, \cdots, b_{x_{\dim}}) \tag{5-12}$$

$$c = (c_1, c_2, \cdots, c_{h_{\dim}}) \tag{5-13}$$

$$\hat{C} = R^{h_{\dim}} \tag{5-14}$$

　　第二部分是由节点偏置和节点状态向量相互作用得到。可见层本底行向量如式(5-12)所示,$b \in \hat{B}$,如式(5-11)所示,属于实数笛卡儿空间的向量,它的维度等同可见层向量的维度。

　　隐藏层本底行向量,$c \in \hat{C}$,如式(5-14)所示,属于实数笛卡儿空间的向量,其维度等同隐藏层向量的维度。这样,可见层的本底能量表示为 $xb^T$,隐藏层的本底能量表示为 $c^T h$。模型的参数即 $\theta = \{c, b, W\}$,训练网络的任务就是在已有的条件下,沿着某个方向找到一组最优的参数[157]。

　　需要注意的是,玻尔兹曼机模型的"能量"和玻尔兹曼物理系统中的"能量"在物理意义上是完全不同的。统计力学当中,玻尔兹曼分布是一维分布(纯净的气体,每个粒子都具有相同的质量[156],只是速度在某个范围呈现分布),它只考虑直线运动的速率的动能,不要讨论粒子质量的变化和分布。在这个网络中,能量变成了二维分布,可认为 $x$ 是粒子质量,$h$ 是粒子获得的速率,粒子质量呈现分布变化,粒子的速率也是如此,好比是某个容器里注入的是混合气体。在玻尔兹曼机系统里,"质量-速率"组合和能量不再是一一对应的关系,而是系统能量同样服从玻尔兹曼分布。

## 5.2　理想玻尔兹曼机学习和自动编码

### 5.2.1　模型节点激活的条件概率

　　某个网络如图 5-5(a)所示,其 $W$ 矩阵如式(5-15)所示:

$$W = \begin{bmatrix} W_{1,1} & W_{1,2} \\ W_{2,1} & W_{2,2} \\ W_{3,1} & W_{3,2} \end{bmatrix} \tag{5-15}$$

则能态分量 $xWh^T$ 可做式(5-16)所示的表达:

$$x_1(W_{1,1}h_1 + W_{1,2}h_2) + x_2(W_{2,1}h_1 + W_{2,2}h_2) + x_3(W_{3,1}h_1 + W_{3,2}h_2)$$
$$= \sum_i \sum_j x_i W_{i,j} h_j = xWh^T \tag{5-16}$$

　　也可以改写为式(5-17):

$$x_1(W_{1,1}h_1 + W_{1,2}h_2) + x_2(W_{2,1}h_1 + W_{2,2}h_2) + x_3(W_{3,1}h_1 + W_{3,2}h_2)$$
$$= \sum_i \sum_j x_i W_{i,j} h_j = xWh^T \tag{5-17}$$

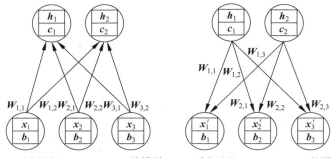

(a)正向过程(positive phrase)的模型　　(b) 反向过程(negative phrase)的模型

图 5-5　单层的玻尔兹曼机模型的参数

**定理 5-1**：记 $\alpha(\boldsymbol{x},j) = \left(\boldsymbol{c}_j + \sum_i \boldsymbol{x}_i \boldsymbol{W}_{i,j}\right)$ 和 $\beta(\boldsymbol{x},\boldsymbol{h}_{-j}) = \boldsymbol{b}\boldsymbol{x}^{\mathrm{T}} +$

$\displaystyle\sum_{i=1,i\neq j}^{n_h} \boldsymbol{c}_i \boldsymbol{h}_i + \sum_i \sum_{j'\neq j} \boldsymbol{x}_i \boldsymbol{W}_{i,j'} \boldsymbol{h}_{j'}$，则有式（5-18）。

$$E_\theta(\boldsymbol{x},\boldsymbol{h}) = -\alpha(\boldsymbol{x},j)\boldsymbol{h}_j - \beta(\boldsymbol{x},\boldsymbol{h}_{-j}) \tag{5-18}$$

**证明**：矩阵运算优先级采用"右结合"方式，将隐藏层的第 $j$ 个节点剥离（即独立出来），则本质是将状态 $j$ 分量 $\boldsymbol{h}_j$ 分离，同时，也将矩阵 $\boldsymbol{h}_j$ 的 $j$ 列分离，分量分离后的部分依然为向量，记为 $\boldsymbol{h}_{-j}$，如式（5-21）所示，隐藏层的偏置向量 $\boldsymbol{c}$ 也要有对应的分离处理，则上述结果可以写为两部分之和。则得到式（5-18）。

$$\boldsymbol{h}_{-j} = (\boldsymbol{h}_1,\boldsymbol{h}_2,\cdots,\boldsymbol{h}_{j-1},\boldsymbol{h}_{j+1},\cdots,\boldsymbol{h}_{h_{\dim}}) \tag{5-19}$$

$$\boldsymbol{x}\boldsymbol{W}\boldsymbol{h}^{\mathrm{T}} = \sum_i \boldsymbol{x}_i \boldsymbol{W}_{i,j}\boldsymbol{h}_j + \sum_i \sum_{j'\neq j} \boldsymbol{x}_i \boldsymbol{W}_{i,j'}\boldsymbol{h}_{j'} \tag{5-20}$$

再代入原来的能量函数，并可以改写为两部分：$-\alpha(\boldsymbol{x},j)\boldsymbol{h}_j$（$\alpha$ 是 $\boldsymbol{x}$，$j$ 的函数）和 $-\beta(\boldsymbol{x},\boldsymbol{h}_{-j})$（$\beta$ 是 $\boldsymbol{x}$，$\boldsymbol{h}_{-j}$ 的函数），过程如式（5-21）所示，这样表述使得梯度上升方法的推导变得简洁[38,158]。

$$\begin{aligned}
E_\theta(\boldsymbol{x},\boldsymbol{h}) &= -\boldsymbol{b}\boldsymbol{x}^{\mathrm{T}} - \boldsymbol{c}\boldsymbol{h}^{\mathrm{T}} - \boldsymbol{x}\boldsymbol{W}\boldsymbol{h}^{\mathrm{T}} = -\boldsymbol{b}\boldsymbol{x}_j^{\mathrm{T}} - \sum_{i=1}^{h_{\dim}} \boldsymbol{c}_i \boldsymbol{h}_i - \boldsymbol{x}\boldsymbol{W}\boldsymbol{h}^{\mathrm{T}} \\
&= -\boldsymbol{b}\boldsymbol{x}^{\mathrm{T}} - \boldsymbol{c}_j\boldsymbol{h}_j - \sum_{\substack{i=1\\i\neq j}}^{h_{\dim}} \boldsymbol{c}_i \boldsymbol{h}_i - \left(\sum_i \boldsymbol{x}_i \boldsymbol{W}_{i,j}\boldsymbol{h}_j + \sum_i \sum_{j'\neq j} \boldsymbol{x}_i \boldsymbol{W}_{i,j'}\boldsymbol{h}_{j'}\right) \\
&= -\left(\boldsymbol{c}_j + \sum_i \boldsymbol{x}_i \boldsymbol{W}_{i,j}\right)\boldsymbol{h}_j - \left(\boldsymbol{b}\boldsymbol{x}^{\mathrm{T}} + \sum_{\substack{i=1\\i\neq j}}^{n_h} \boldsymbol{c}_i \boldsymbol{h}_i + \sum_i \sum_{j'\neq j} \boldsymbol{x}_i \boldsymbol{W}_{i,j'}\boldsymbol{h}_{j'}\right) \\
&= -\alpha(\boldsymbol{x},j)\boldsymbol{h}_j - \beta(\boldsymbol{x},\boldsymbol{h}_{-j})
\end{aligned} \tag{5-21}$$

证明毕。

当学习网络一旦训练完毕，则参数都变成常数，本底为常量，矩阵也是常量。左边的部分 $\alpha(\boldsymbol{x},j)\boldsymbol{h}_j$ 主要受矩阵分量（列 $j$）和隐藏层向量分量（分量 $j$）及可见层的状态向量影响，右边的部分 $\beta(\boldsymbol{x},\boldsymbol{h}_{-j})$ 仅受分离后的残余矩阵和残余隐藏层向量及可见层的状态向量影响[157,159]。

而且，从定理 3-1 很容得到下面的 3 个推论。

**推论 5-1-A**：若 $\boldsymbol{h}_j=0$，则 $E_\theta(\boldsymbol{x},\boldsymbol{h}_j=0,\boldsymbol{h}_{-j})=-\alpha(\boldsymbol{x},j)\cdot 0-\beta(\boldsymbol{x},\boldsymbol{h}_{-j})=-\beta(\boldsymbol{x},\boldsymbol{h}_{-j})$。

**推论 5-1-B**：若 $\boldsymbol{h}_j=1$，则 $E_\theta(\boldsymbol{x},\boldsymbol{h}_j=1,\boldsymbol{h}_{-j})=-\alpha(\boldsymbol{x},j)\cdot 1-\beta(\boldsymbol{x},\boldsymbol{h}_{-j})$。

**推论 5-1-C**：两者能量之差为式（5-22）。

$$E_\theta(\boldsymbol{x},\boldsymbol{h}_j=1,\boldsymbol{h}_{-j})-E_\theta(\boldsymbol{x},\boldsymbol{h}_j=0,\boldsymbol{h}_{-j})=-\alpha(\boldsymbol{x},j) \quad (5\text{-}22)$$

玻尔兹曼机的输出不同于神经网络，它是基于某个概率分布采样的输出，因而，学习的过程就是要确定输出的概率分布。在已知可见样本向量的条件下，要确定隐藏层向量取某个值的概率，向量可以分解为若干个分量，则要依次确定其每个分量的状态的概率，或者说该节点激活的概率。

**定理 5-2**：在可见层向量 $\boldsymbol{x}$ 的条件下，事件"$\boldsymbol{h}_j=1$"发生的概率 $P(\boldsymbol{h}_j=1|\boldsymbol{x})$ 可以表示为式（5-23）。

$$P(\boldsymbol{h}_j=1\mid\boldsymbol{x})=\text{sigmoid}(\alpha(\boldsymbol{x},j))$$
$$=\text{sigmoid}\left(\left(\boldsymbol{c}_j+\sum_i \boldsymbol{x}_i\boldsymbol{W}_{i,j}\right)\right) \quad (5\text{-}23)$$

**证明**：现在只研究"$\boldsymbol{h}_j=1$"，$\boldsymbol{h}_{-j}$ 的状态和问题无关，但是其状态总存在，则一起转换为条件，即有 $P(\boldsymbol{h}_j=1|\boldsymbol{x})=P(\boldsymbol{h}_j=1|\boldsymbol{h}_{-j},\boldsymbol{x})$。

根据贝叶斯公式，改写成联合概率的比值形式，有式（5-24）。

$$P(\boldsymbol{h}_j=1\mid\boldsymbol{h}_{-j},\boldsymbol{x})=\frac{P(\boldsymbol{h}_j=1,\boldsymbol{h}_{-j},\boldsymbol{x})}{P(\boldsymbol{h}_{-j},\boldsymbol{x})} \quad (5\text{-}24)$$

条件当中，没有考虑 $\boldsymbol{h}_j$，其状态有两种可能，因而，进一步拓展并得到式（5-25）。

$$\frac{P(\boldsymbol{h}_j=1,\boldsymbol{h}_{-j},\boldsymbol{x})}{P(\boldsymbol{h}_{-j},\boldsymbol{x})}=\frac{P(\boldsymbol{h}_j=1,\boldsymbol{h}_{-j},\boldsymbol{x})}{P(\boldsymbol{h}_j=1,\boldsymbol{h}_{-j},\boldsymbol{x})+P(\boldsymbol{h}_j=0,\boldsymbol{h}_{-j},\boldsymbol{x})} \quad (5\text{-}25)$$

拓展之后的联合概率均可用剥离前的网络的能量函数来表达，得式（5-26）。

$$\frac{P(\boldsymbol{h}_j=1,\boldsymbol{h}_{-j},\boldsymbol{x})}{P(\boldsymbol{h}_{-j},\boldsymbol{x})}=\frac{P(\boldsymbol{h}_j=1,\boldsymbol{h}_{-j},\boldsymbol{x})}{P(\boldsymbol{h}_j=1,\boldsymbol{h}_{-j},\boldsymbol{x})+P(\boldsymbol{h}_j=0,\boldsymbol{h}_{-j},\boldsymbol{x})} \quad (5\text{-}26)$$

约分化简变为式（5-27）。

$$\frac{P(\boldsymbol{h}_j=1,\boldsymbol{h}_{-j},\boldsymbol{x})}{P(\boldsymbol{h}_{-j},\boldsymbol{x})}=\frac{P(\boldsymbol{h}_j=1,\boldsymbol{h}_{-j},\boldsymbol{x})}{P(\boldsymbol{h}_j=1,\boldsymbol{h}_{-j},\boldsymbol{x})+P(\boldsymbol{h}_j=0,\boldsymbol{h}_{-j},\boldsymbol{x})} \quad (5\text{-}27)$$

同时除以 $e^{-E(\boldsymbol{h}_k=1,\boldsymbol{h}_{-k},\boldsymbol{x})}$，再根据隐藏层某个节点状态翻转前后的能量差的公式（推论 5-1-C），则有式（5-28）。

$$\frac{e^{-E(\boldsymbol{h}_j=1,\boldsymbol{h}_{-j},\boldsymbol{x})}}{e^{-E(\boldsymbol{h}_j=1,\boldsymbol{h}_{-j},\boldsymbol{x})}+e^{-E(\boldsymbol{h}_j=0,\boldsymbol{h}_{-j},\boldsymbol{x})}}=\frac{1}{1+e^{-\alpha(\boldsymbol{x},j)}}$$

$$=\text{sigmoid}(\alpha(\boldsymbol{x},j)) \quad (5\text{-}28)$$

这样，就得到了式（5-29），即式（5-23）。

$$P(\boldsymbol{h}_j=1\mid\boldsymbol{x})=\text{sigmoid}(\alpha(\boldsymbol{x},j))$$

$$=\text{sigmoid}\left(\left(\boldsymbol{c}_j+\sum_i\boldsymbol{x}_i\boldsymbol{W}_{i,j}\right)\right) \quad (5\text{-}29)$$

证明毕。

这个概率仅仅取决于隐藏层节点 $j$ 的本底和矩阵的列 $j$。如果还需要求解 $P(\boldsymbol{h}_j=0|\boldsymbol{x})$ 也很容易，根据概率的归一性即可。

有了 $P(\boldsymbol{h}_j=1|\boldsymbol{x})$，即能对节点状态进行采样，就能确定为 0 还是 1。故此，关注 $P(\boldsymbol{h}_j=0|\boldsymbol{x})$ 没有必要。

如果信息反向流动，可以直接把箭头反向①，由于能量函数满足交换率，经过类似的推导，可以得到式（5-30），其中 $\boldsymbol{W}^{\text{T}}$ 如式（5-31）所示。

$$P(\boldsymbol{x}_i=1\mid\boldsymbol{h})=\text{sigmoid}\left(\left(\boldsymbol{b}_i+\sum_j\boldsymbol{h}_j\boldsymbol{W}_{j,i}^{\text{T}}\right)\right) \quad (5\text{-}30)$$

$$\boldsymbol{W}=\begin{bmatrix}\boldsymbol{W}_{1,1} & \boldsymbol{W}_{1,2}\\ \boldsymbol{W}_{2,1} & \boldsymbol{W}_{2,2}\\ \boldsymbol{W}_{3,1} & \boldsymbol{W}_{3,2}\end{bmatrix}\rightarrow\boldsymbol{W}^{\text{T}}=\begin{bmatrix}\boldsymbol{W}_{1,1} & \boldsymbol{W}_{2,1} & \boldsymbol{W}_{3,1}\\ \boldsymbol{W}_{1,2} & \boldsymbol{W}_{2,2} & \boldsymbol{W}_{3,2}\end{bmatrix} \quad (5\text{-}31)$$

在可见层元件状态给定的情况下，各隐藏层元件的激活概率条件独立；反过来，在隐藏层元件状态给定的情况下，各可见层元件的激活概率也是条件独立；则各向量的概率分别表示为式（5-32）。

$$P(\boldsymbol{x}\mid\boldsymbol{h})=\prod_i P(\boldsymbol{x}_i\mid\boldsymbol{h});\ P(\boldsymbol{h}\mid\boldsymbol{x})=\prod_i P(\boldsymbol{h}_i\mid\boldsymbol{x}) \quad (5\text{-}32)$$

### 5.2.2 样本的概率分布

前已述及，在玻尔兹曼机模型当中，能态分布服从玻尔兹曼分布。能量由状态向量 $\boldsymbol{x}$ 和隐藏状态向量 $\boldsymbol{h}$ 共同决定，而状态组合也就服从玻尔兹曼分布。通过这个分布对 $\boldsymbol{h}$ 求边缘分布可以得到 $\boldsymbol{x}$ 的概率分布函数：

---

① 注意：权值矩阵进行了转置，$\boldsymbol{W}_{j,i}^{\text{T}}$ 表示连接原 $\boldsymbol{h}$ 的节点 $j$ 和 $\boldsymbol{h}$ 的节点 $i$，变换过程如式（5-31）所示。

$$P_\theta(\pmb{x}) = \sum_{\pmb{h} \in \hat{H}} \frac{1}{Z_\theta} \mathrm{e}^{-E_\theta(\pmb{x}, \pmb{h})} \tag{5-33}$$

反过来,通过它对 $\pmb{x}$ 求边缘分布可以得到 $\pmb{h}$ 的概率分布函数:

$$P_\theta(\pmb{h}) = \sum_{\pmb{x} \in \hat{X}} \frac{1}{Z_\theta} \mathrm{e}^{-E_\theta(\pmb{x}, \pmb{h})} \tag{5-34}$$

玻尔兹曼机模型的输出服从某个分布,它不是传统的"确定性模型",而是一个"概率模型"。输出的角色是相对而言的,不是固定不变的。因此,实际上可以得到 $\pmb{x}, \pmb{h}$ 的分布。

统计学中,对于离散的随机变量有分配律函数, $p(x, \theta_1, \theta_2, \cdots, \theta_m)$ ,对于连续的随机变量有概率密度函数 $f(x, \theta_1, \theta_2, \cdots, \theta_m)$ ,分别对于事件 " $X = x$ "的概率或者概率密度。基于某次采样或者某个样本集合,利用矩估计方法,可以算出基于采样集的参数估计值,在整体分布的参数值无法确定的前提下,可以用对应参数的估计值去近似。估计之前,参数是未知的。将采样也视为一个事件" $(X_1 = x_1, X_2 = x_2, \cdots, X_n = x_n)$ ",它已经发生,一般而言,已经发生的事件,可以认为它本身具有最大的发生概率,那么,离散型和连续性的两个概率可分别表示为式(5-35)和式(5-36)。

$$\prod_i P(x_i, \theta_1, \theta_2, \cdots, \theta_m) = L(\theta_1, \cdots, \theta_m, x_1, \cdots, x_m) \tag{5-35}$$

$$\prod_i F(x_i, \theta_1, \theta_2, \cdots, \theta_m) = L(\theta_1, \cdots, \theta_m, x_1, \cdots, x_m) \tag{5-36}$$

式(5-35)和式(5-36)称为参数 $\theta$ 的似然函数。使得似然函数取得极大值的参数 $\hat{\theta}_1, \hat{\theta}_2, \cdots, \hat{\theta}_m$ 称为 $\theta_1, \theta_2, \cdots, \theta_m$ 的极大似然估计值,即满足式(5-37)。

$$L(\hat{\theta}_1, \cdots, \hat{\theta}_m, x_1, \cdots, x_m) = \max_{\theta_1, \cdots, \theta_m} L(\theta_1, \cdots, \theta_m, x_1, \cdots, x_m) \tag{5-37}$$

回到讨论中的问题,假定训练样本集合记为 $\bar{S}$ ,注意到: $\bar{S} \subseteq \hat{X}$ ,它有 $n_s$ 个样本,即如式(5-38)所示。

$$\bar{S} = \{\bar{\pmb{x}}^1, \bar{\pmb{x}}^2, \cdots, \bar{\pmb{x}}^{n_s}\} \tag{5-38}$$

$$L_\theta(\bar{S}) = L(\hat{\pmb{b}}, \hat{\pmb{W}}, \hat{\pmb{C}}, \bar{\pmb{x}}^1, \cdots, \bar{\pmb{x}}^{n_s})$$
$$= \max_{\pmb{b}, \pmb{W}, \pmb{C}} L(\pmb{b}, \pmb{W}, \pmb{C}, \bar{\pmb{x}}^1, \cdots, \bar{\pmb{x}}^{n_s}) \tag{5-39}$$

那么,玻尔兹曼机学习模型即可表示为式(5-39),其本质也就是一个玻尔兹曼机网络的参数通过不断学习优化取得极大似然估计值的过程。

前已提及, $\bar{\pmb{x}}^i$ 在某次采样到被观察得到,则按照小概率事件原理"在随机的一次采样实验中,小概率事件几乎不可能发生,实际中看成不可能事件"[160]，那么，反过来思考，"在一次随机实验中，某事件就发生了，则该事件应该是最可能事件"。样本集合 $\overline{S}$ 的概率应该最大化，则未来确定玻尔兹曼机模型参数的方向就是模型参数必须使得概率表达式(5-40)中的 $P_\theta(\overline{S})$ 最大化。

$$P_\theta(\overline{S}) = \prod_{i=1}^{n_s} P_\theta(\overline{\boldsymbol{x}}^i) \tag{5-40}$$

由于连乘式和它的对数具有相同单调性[161]，则连乘式的最大化过程，可等价于求式(5-41)的最大化。如果在训练和学习的过程对模型的参数进行调整，则调整方向为概率的对数值最大化，其中，$L_\theta(\overline{S})$ 常称为似然函数。

$$\ln L_\theta(\overline{S}) = \sum_{i=1}^{n_s} \ln P_\theta(\overline{\boldsymbol{x}}^i) \tag{5-41}$$

### 5.2.3　理想梯度上升的玻尔兹曼机学习

最大化概率和最大化概率密度，同某个样本的成功采样成为最可能事件的关系密切[162]。对于连续统计变量 $x$ 的概率分布函数，$P_\theta(x)$ 如式(5-42)所示，求导可得到对应的密度函数如式(5-43)所示，$P_\theta(x)$ 表示样本点落在 $x$ 左边的概率。当在该点，具有更大的概率密度时，统计变量"落在左边"是否具有更大的发生概率？下面就围绕该问题进行讨论。值得提醒的是，概率具有归一性和非负性。

$$P_\theta(x) = \int_0^x p_\theta(x) \, \mathrm{d}x \tag{5-42}$$

$$L(x) = P_\theta(x)' = p_\theta(x) \tag{5-43}$$

如图 5-6 所示，两条概率密度曲线，当落在点 1 位置时，$p_\theta(x) < p_\theta'(x)$，明显可看出 $P_\theta(x) < P_\theta'(x)$，概率密度大时，样本点有更大的概率落在左边；当落在点 2 位置时，$p_\theta(x) > p_\theta'(x)$，明显可看出，两条曲线围成两个对角的带状曲边形，左边的曲边形使得 $P_\theta'(x)$ 相对增加，而右边则反之。在这种情况下，$P_\theta(x)$，$P_\theta'(x)$ 的大小不可确定，故对于事件"落在左边"的发生概率和概率密度大小没有必然联系。

事件统计变量"样本点落在 $x$ 附近"的概率，"$x$ 附近"的概念用区间 $[x-u/2, x+u/2]$ 表示[163]。则该事件的概率为

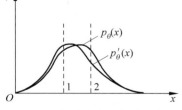

图 5-6　概率密度和概率分布

$P_\theta(x)$，则它的积分式和近似式如式(5-44)所示，$\dot{x}$ 为区间任意值。当 $u$ 足够小时，近似公式能够在一定精度表达概率。在这个前提下，可得出结论：最大化概率密度，就能最大化样本点落在 $x$ 附近的概率。

$$P_\theta(x) = \int_{x-u/2}^{x+u/2} p_\theta(x)\mathrm{d}x \approx p_\theta(\dot{x}) \cdot u \tag{5-44}$$

$$\sum_x \sum_h P_\theta(x,h) = 1 \tag{5-45}$$

$$\frac{\partial E_\theta(x,h)}{\partial \theta} \tag{5-46}$$

现在，回到玻尔兹曼机模型，前面已经提到，$(x,h)$ 描述了一个离散的有限状态空间，$P_\theta(x,h)$ 是一个二维的离散分布，有式(5-45)，注意 $\theta$ 是连续的。在训练时刻，观察样本出现了，由模型的能态分布可以计算样本的发生概率 $P_\theta(x)$，它应该具有尽可能大的取值。现在模型参数"待定"，则参数优化的方向就是最大化 $P_\theta(x)$，即玻尔兹曼机学习的方向就是最大化样本的采样概率[164]。

要概率最大化，必须求得概率对于参数的梯度，而概率是能量函数的表达式，则首先要求得能量函数对于参数的梯度。式(5-49)是能量函数对于模型参数的梯度，容易求得能量函数相对于权值矩阵元素、可见层偏置分量和隐藏层偏置分量的偏导，分别为式(5-47)、式(5-48)和式(5-49)。

$$\frac{\partial E_\theta(x,h)}{\partial w_{i,j}} = -x_i h_j \tag{5-47}$$

$$\frac{\partial E_\theta(x,h)}{\partial b_i} = -x_i \tag{5-48}$$

$$\frac{\partial E_\theta(x,h)}{\partial c_i} = -h_i \tag{5-49}$$

式(5-41)讨论的是样本集出现的概率，对数之后是若干项的累加。"和"要最大化，先讨论各项的最大化[165]，则有式(5-50)。

$$\begin{aligned}
\ln P_\theta(\bar{x}) &= \ln\Big(\sum_{h \in \hat{H}} e^{-E_\theta(\bar{x},h)}\Big) - \ln Z_\theta \\
&= \ln\Big(\sum_{h \in \hat{H}} e^{-E_\theta(\bar{x},h)}\Big) - \ln \sum_{h \in \hat{H}, x \in \hat{X}} e^{-E_\theta(x,h)}
\end{aligned} \tag{5-50}$$

对参数求偏导数之后得式(5-51)。

$$\frac{\partial \ln P_\theta(\bar{x})}{\partial \theta} = -\frac{1}{\sum_{h \in \hat{H}} e^{-E_\theta(\bar{x},h)}} \sum_{h \in \hat{H}} e^{-E_\theta(\bar{x},h)} \frac{\partial E_\theta(\bar{x},h)}{\partial \theta} +$$

$$\frac{1}{\sum_{h \in \hat{H}, x \in \hat{X}} e^{-E_\theta(x,h)}} \sum_{h,v} e^{-E_\theta(x,h)} \frac{\partial E_\theta(x,h)}{\partial \theta}$$

$$= -\sum_{h \in \hat{H}} \left( \frac{e^{-E_\theta(\bar{x},h)}}{\sum_{h \in \hat{H}} e^{-E_\theta(\bar{x},h)}} \frac{\partial E_\theta(\bar{x},h)}{\partial \theta} \right) +$$

$$\sum_{h \in \hat{H}, x \in \hat{X}} \left( \frac{e^{-E_\theta(x,h)}}{\sum_{h \in \hat{H}, x \in \hat{X}} e^{-E_\theta(x,h)}} \frac{\partial E_\theta(x,h)}{\partial \theta} \right) \tag{5-51}$$

应用边缘分布和条件分布[1]有式(5-52)。

$$\frac{\partial \ln P_\theta(\bar{x})}{\partial \theta} = -\sum_{h \in \hat{H}} \left( P(h \mid \bar{x}) \frac{\partial E_\theta(\bar{x},h)}{\partial \theta} \right) +$$

$$\sum_{h \in \hat{H}, x \in \hat{X}} \left( P(x,h) \frac{\partial E_\theta(x,h)}{\partial \theta} \right) \tag{5-52}$$

可以看出：梯度可以表示为两个数学期望线性运算，第 1 项的括号内容是该梯度在某个条件分布下的数学期望，第 2 项的括号内容则是该梯度在某联合分布下的数学期望[166]。

**定理 5-3**：在多样本情况下，即 $\bar{S} = \{x^1, x^2, \cdots, x^{n_s}\}$，则目标函数对于参数的梯度有式(5-53)、式(5-54)和式(5-55)成立。

$$\frac{\partial \ln P_\theta(\bar{S})}{\partial w_{i,j}} = \sum_{\bar{x} \in \bar{s}} \{ P(h_j = 1 \mid \bar{x}) \bar{x}_i -$$

$$\sum_{x \in \bar{X}} P(x) [P(h_j = 1 \mid x) x_i] \} \tag{5-53}$$

$$\frac{\partial \ln P_\theta(\bar{S})}{\partial b_i} = \sum_{\bar{x} \in \bar{s}} \{ \bar{x}_i - \sum_{x \in \bar{X}} P(x) x_i \} \tag{5-54}$$

$$\frac{\partial \ln P_\theta(\bar{S})}{\partial c_j} = \sum_{\bar{x} \in \bar{s}} \{ P(h_j = 1 \mid \bar{x}) -$$

$$\sum_{x \in \bar{X}} P(x) P(h_j = 1 \mid x) \} \tag{5-55}$$

**证明**：式(5-52)的第二项中的 $P(x,h)$ 表示隐藏层和可见层的联合概率分布，将联合分布用边缘分布和条件分布表示，作适当变换得式(5-56)。

---

① 条件分布、联合分布和边缘分布的关系：$P(x \mid y) = P(x,y)/P(y)$。

$$\sum_{h \in \hat{H}, x \in \hat{X}} \left( P(\pmb{x}, \pmb{h}) \frac{\partial E_\theta(\pmb{x}, \pmb{h})}{\partial \theta} \right) = \sum_{x \in \hat{X}} \sum_{h \in \hat{H}} P(\pmb{x}) \left( P(\pmb{h} \mid \pmb{x}) \frac{\partial E_\theta(\pmb{x}, \pmb{h})}{\partial \theta} \right)$$

(5-56)

注意：在推导过程中，容易产生直接由式(5-56)到式(5-57)的变换，并应用式(5-58)做进一步的化简，这个操作其实是不符合逻辑的，也是错误的。因为式(5-49)与 $P(\pmb{x})$ 虽共享 $\pmb{x}$，但是，不同的 $\pmb{x}$ 有着不同的梯度，$\pmb{x}$ 不是常数，故不能作为公共系数提取而前置。

$$\sum_{h \in \hat{H}, x \in \hat{X}} \left( P(\pmb{x}, \pmb{h}) \frac{\partial E_\theta(\pmb{x}, \pmb{h})}{\partial \theta} \right) = \sum_{x \in \hat{X}} P(\pmb{x}) \sum_{h \in \hat{H}} \left( P(\pmb{h} \mid \pmb{x}) \frac{\partial E_\theta(\pmb{x}, \pmb{h})}{\partial \theta} \right)$$

(5-57)

$$\sum_{x \in \hat{X}} P(\pmb{x}) = 1$$

(5-58)

值得指出的是"求和符号"的提取而前置的前提是原表达式满足结合律。例如求某个点集合中，以每个点和原点为对角围成的矩形的面积之总和，表示成式(5-59)，可以按点先求各点对应的面积再求和，也可以将点按坐标分解为两个分变量，由于面积公式对各分变量满足结合律，故先求分变量之和，再在和基础上求乘积也可。再换一个示例，如果替换为式(5-60)，所求变为距离和则不能执行上述操作，因为距离公式不满足分配率[167]。

$$\sum_{x_2} \sum_{x_1} x_1 x_2 = \sum_{x_2} x_2 \sum_{x_1} x_1$$

(5-59)

$$\sum_{x_2} \sum_{x_1} \sqrt{x_1^2 + x_2^2}$$

(5-60)

回到证明过程，将式(5-56)回代进式(5-52)，有式(5-61)。

$$\frac{\partial \ln P_\theta(x)}{\partial \theta} = -\sum_{h \in \hat{H}} \left( P(\pmb{h} \mid \bar{\pmb{x}}) \frac{\partial E_\theta(\bar{\pmb{x}}, \pmb{h})}{\partial \theta} \right) +$$

$$\sum_{x \in \hat{X}} \sum_{h \in \hat{H}} P(\pmb{x}) \left( P(\pmb{h} \mid \pmb{x}) \frac{\partial E_\theta(\pmb{x}, \pmb{h})}{\partial \theta} \right)$$

(5-61)

可以看出，在形式上仅仅需要计算出子项；如式(5-62)，即可得到对于参数的梯度。值得提醒的是：式(5-61)的第1项不能够应用式(5-63)。式(5-63)本身是正确的，然而，它和变量通过 $\bar{\pmb{x}}$ 关联，不同的 $\bar{\pmb{x}}$ 有不同的梯度，如式(5-64)，故不能分离作求和计算。

$$\sum_h \left( P(\pmb{h} \mid \pmb{x}) \frac{\partial E_\theta(\pmb{x}, \pmb{h})}{\partial \theta} \right)$$

(5-62)

$$\sum_{\boldsymbol{h} \in \hat{H}} P(\boldsymbol{h} \mid \overline{\boldsymbol{x}}) = 1 \tag{5-63}$$

$$\frac{\partial E_\theta(\overline{\boldsymbol{x}}, \boldsymbol{h})}{\partial \theta} \tag{5-64}$$

众所周知，$\theta = \{\boldsymbol{W}_{i,j}, \boldsymbol{b}_i, \boldsymbol{c}_i\}$，有 3 个参数，下面分 3 种情况讨论。

首先，看连接矩阵参数 $\boldsymbol{W}$。

$$P(\boldsymbol{h}_{-i} \mid \boldsymbol{x}) = \prod_{k \neq i} (P(\boldsymbol{h}_k \mid \boldsymbol{x}) \tag{5-65}$$

$$\sum_{\boldsymbol{h}_{-j} \in \{0,1\}^{h\,\dim - 1}} [P(\boldsymbol{h}_{-j} \mid \boldsymbol{x})] = 1 \tag{5-66}$$

将向量 $\boldsymbol{h}$ 剔除分量 $i$ 得到的向量记为 $\boldsymbol{h}_{-i}$，再求条件概率，即式（2-62）。同理，$\boldsymbol{h}_{-j}$ 是剔除了一个分量的隐藏层向量，所以仍然满足"归一性"，即式（2-66）。对于 $\boldsymbol{W}_{i,j}$ 和实验样本空间的变量 $\boldsymbol{x}$，将向量条件概率分解为各个分量的条件概率，则有式（5-67）：

$$\sum_{\boldsymbol{h} \in \hat{H}} \left( P(\boldsymbol{h} \mid \boldsymbol{x}) \frac{\partial E_\theta(\boldsymbol{x}, \boldsymbol{h})}{\partial \boldsymbol{W}_{i,j}} \right) = -\sum_{\boldsymbol{h} \in \hat{H}} \prod_k (P(\boldsymbol{h}_k \mid \boldsymbol{x}) \boldsymbol{x}_i \boldsymbol{h}_j \tag{5-67}$$

再将连积分解形式改写为分量 $\boldsymbol{h}_j$ 和剩余向量 $\boldsymbol{h}_{-j}$ 的表达式得式（5-68）。

$$-\sum_{\boldsymbol{h} \in \hat{H}} \prod_k (P(\boldsymbol{h}_k \mid \boldsymbol{x}) \boldsymbol{x}_i \boldsymbol{h}_j = -\sum_{\boldsymbol{h} \in \hat{H}} [P(\boldsymbol{h}_j \mid \boldsymbol{x}) P(\boldsymbol{h}_{-j} \mid \boldsymbol{x})] \boldsymbol{x}_i \boldsymbol{h}_j$$

$$\tag{5-68}$$

$$\sum_{\boldsymbol{h}_{-j}} P(\boldsymbol{h}_{-j} \mid \boldsymbol{x}) = 1 \tag{5-69}$$

经变换，并在各自空间分立求和，有式（5-66），并得式（5-70）。

$$-\sum_{\boldsymbol{h} \in \hat{H}} [P(\boldsymbol{h}_j \mid \boldsymbol{x}) P(\boldsymbol{h}_{-j} \mid \boldsymbol{x})] \boldsymbol{x}_i \boldsymbol{h}_j$$

$$= -\sum_{\boldsymbol{h}_j} \sum_{\boldsymbol{h}_{-j}} [P(\boldsymbol{h}_j \mid \boldsymbol{x}) P(\boldsymbol{h}_{-j} \mid \boldsymbol{x})] \boldsymbol{x}_i \boldsymbol{h}_j$$

$$= -\sum_{\boldsymbol{h}_j} [P(\boldsymbol{h}_j \mid \boldsymbol{x}) \boldsymbol{x}_i \boldsymbol{h}_j] \sum_{\boldsymbol{h}_{-j}} [P(\boldsymbol{h}_{-j} \mid \boldsymbol{x})]$$

$$= -\sum_{\boldsymbol{h}_j} [P(\boldsymbol{h}_j \mid \boldsymbol{x}) \boldsymbol{x}_i \boldsymbol{h}_j] \tag{5-70}$$

对 $\boldsymbol{h}_j$ 的状态空间进行穷举，得式（5-71）。

$$-\sum_{\boldsymbol{h}_j} [P(\boldsymbol{h}_j \mid \boldsymbol{x}) \boldsymbol{x}_i \boldsymbol{h}_j]$$

$$= -[P(\boldsymbol{h}_j = 0 \mid \boldsymbol{x}) \boldsymbol{x}_i \cdot 0] - [P(\boldsymbol{h}_j = 1 \mid \boldsymbol{x}) \boldsymbol{x}_i \cdot 1]$$

$$= -P(\boldsymbol{h}_j = 1 \mid \boldsymbol{x})\boldsymbol{x}_i = \sum_{\boldsymbol{h} \in \hat{H}} \left( P(\boldsymbol{h} \mid \boldsymbol{x}) \frac{\partial E_\theta(\boldsymbol{x}, \boldsymbol{h})}{\partial \boldsymbol{W}_{i,j}} \right) \quad (5\text{-}71)$$

注意到：上述过程，不涉及状态向量 $\boldsymbol{x}$ 的变化范围，显而易见，也有式(5-72)：

$$\sum_{\boldsymbol{h} \in \hat{H}} \left( P(\boldsymbol{h} \mid \bar{\boldsymbol{x}}) \frac{\partial E_\theta(\bar{\boldsymbol{x}}, \boldsymbol{h})}{\partial \boldsymbol{W}_{i,j}} \right) = -P(\boldsymbol{h}_j = 1 \mid \bar{\boldsymbol{x}})\bar{\boldsymbol{x}}_i \quad (5\text{-}72)$$

则有式(5-73)，此处是对于单个样本 $\bar{x}$ 求梯度，将其用训练集和替代，则即定理 5-3 的第 1 个关系式。

$$\frac{\partial \ln P_\theta(\bar{\boldsymbol{x}})}{\partial \boldsymbol{W}_{i,j}} = -\sum_{\boldsymbol{h} \in \hat{H}} \left( P(\boldsymbol{h} \mid \bar{\boldsymbol{x}}) \frac{\partial E_\theta(\bar{\boldsymbol{x}}, \boldsymbol{h})}{\partial \theta} \right) - \sum_{\boldsymbol{x} \in \hat{X}} P(\boldsymbol{x})P(\boldsymbol{h}_j = 1 \mid \boldsymbol{x})\boldsymbol{x}_i$$

$$= P(\boldsymbol{h}_j = 1 \mid \bar{\boldsymbol{x}})\bar{\boldsymbol{x}}_i - \sum_{\boldsymbol{x} \in \hat{X}} P(\boldsymbol{x})P(\boldsymbol{h}_j = 1 \mid \boldsymbol{x})\boldsymbol{x}_i \quad (5\text{-}73)$$

其次，对于 $\boldsymbol{b}_i$，有式(5-74)：

$$\sum_{\boldsymbol{h} \in \hat{H}} \left( P(\boldsymbol{h} \mid \boldsymbol{x}) \frac{\partial E_\theta(\boldsymbol{x}, \boldsymbol{h})}{\partial \boldsymbol{b}_i} \right) = -\sum_{\boldsymbol{h} \in \hat{H}} (P(\boldsymbol{h} \mid \boldsymbol{x})\boldsymbol{x}_i$$

$$= -\boldsymbol{x}_i \sum_{\boldsymbol{h} \in \hat{H}} (P(\boldsymbol{h} \mid \boldsymbol{x}) = -\boldsymbol{x}_i \quad (5\text{-}74)$$

同理可得式(5-75)：

$$\sum_{\boldsymbol{h} \in \hat{H}} \left( P(\boldsymbol{h} \mid \bar{\boldsymbol{x}}) \frac{\partial E_\theta(\bar{\boldsymbol{x}}, \boldsymbol{h})}{\partial \boldsymbol{b}_i} \right) = -\sum_{\boldsymbol{h} \in \hat{H}} (P(\boldsymbol{h} \mid \bar{\boldsymbol{x}})\bar{\boldsymbol{x}}_i$$

$$= -\bar{\boldsymbol{x}}_i \sum_{\boldsymbol{h} \in \hat{H}} (P(\boldsymbol{h} \mid \bar{\boldsymbol{x}}) = -\bar{\boldsymbol{x}}_i \quad (5\text{-}75)$$

则有梯度式(5-76)，用训练集和替代单个样本，即定理 5-3 的第 2 个关系式。

$$\frac{\partial \ln P_\theta(\boldsymbol{x})}{\partial \boldsymbol{b}_i} = -\sum_{\boldsymbol{h} \in \hat{H}} \left( P(\boldsymbol{h} \mid \bar{\boldsymbol{x}}) \frac{\partial E_\theta(\bar{\boldsymbol{x}}, \boldsymbol{h})}{\partial \boldsymbol{b}_i} \right) - \sum_{\boldsymbol{x} \in \hat{X}} P(\boldsymbol{x})\bar{\boldsymbol{x}}_i$$

$$= \bar{\boldsymbol{x}}_i - \sum_{\boldsymbol{x} \in \hat{X}} P(\boldsymbol{x})\boldsymbol{x}_i \quad (5\text{-}76)$$

最后，对于 $\boldsymbol{c}_j$，执行和前面类似的过程，得到式(5-77)：

$$\sum_{\boldsymbol{h} \in \hat{H}} \left( P(\boldsymbol{h} \mid \boldsymbol{x}) \frac{\partial E_\theta(\boldsymbol{x}, \boldsymbol{h})}{\partial \boldsymbol{c}_j} \right)$$

$$= -\sum_{\boldsymbol{h} \in \hat{H}} \prod_k (P(\boldsymbol{h}_k \mid \boldsymbol{x})\boldsymbol{h}_j$$

$$= -\sum_{h}[P(\pmb{h}_j \mid \pmb{x})P(\pmb{h}_{-j} \mid \pmb{x})]\pmb{h}_j$$

$$= -\sum_{h_j}\sum_{h_{-j}}[P(\pmb{h}_j \mid \pmb{x})P(\pmb{h}_{-j} \mid \pmb{x})]\pmb{h}_j$$

$$= -\sum_{h_j}[P(\pmb{h}_j \mid \pmb{x})\pmb{h}_j]\sum_{h_{-j}}[P(\pmb{h}_{-j} \mid \pmb{x})]$$

$$= -\sum_{h_j}[P(\pmb{h}_j \mid \pmb{x})\pmb{h}_j]$$

$$= -[P(\pmb{h}_j = 0 \mid \pmb{x}) \cdot 0] - [P(\pmb{h}_j = 1 \mid \pmb{x}) \cdot 1]$$

$$= -P(\pmb{h}_j = 1 \mid \pmb{x}) \tag{5-77}$$

同理,有:

$$\sum_{\pmb{h} \in \hat{H}}\left(P(\pmb{h} \mid \bar{\pmb{x}})\frac{\partial E_\theta(\bar{\pmb{x}}, \pmb{h})}{\partial \pmb{c}_j}\right) = -P(\pmb{h}_j = 1 \mid \bar{\pmb{x}}) \tag{5-78}$$

则有梯度如式(5-79),用训练集求和替代单个样本,即定理 5-3 的第 3 个关系式。

$$\frac{\partial \ln P_\theta(\pmb{x})}{\partial \pmb{c}_j} = P(\pmb{h}_j = 1 \mid \bar{\pmb{x}}) - \sum_{\pmb{x} \in \hat{X}}P(\pmb{x})P(\pmb{h}_j = 1 \mid \pmb{x}) \tag{5-79}$$

在 3 个梯度公式中,有 2 个用到了 $P(\pmb{h}_j = 1 \mid \pmb{x})$,它表示在已知可见向量的条件下,$\pmb{h}$ 的第 $j$ 个分量取 1 的概率,也就是对应于隐藏层 $j$ 个节点"被激活"的概率,这个值已经被求出,见定理 5-2。这样,在单个样本的情形下,各个梯度分量的计算公式都已经确定。在多样本的情况下,$\bar{S} = \{\pmb{x}^1, \pmb{x}^2, \cdots, \pmb{x}^{n_s}\}$,只需要对各个训练样本的梯度单独计算梯度再累加即可得到训练集下的梯度,即定理 5-3。

证明毕。

复杂度分析:显然,训练空间 $\bar{S}$ 是已知的,而且其元素个数往往是由用户确定,但是,$P(\pmb{x})$ 的计算需要配分函数,这需要遍历空间 $\hat{H}$ 和 $\hat{X}$,所得复杂度如式(5-80)所示。如果采用 Gibbs 采样方法来对这个空间进行近似,则需要通过充分多的状态转移才能确保采集的样本符合目标分布,并且需要大量样本,从而使得 RBM 网络训练复杂度庞大,过程收敛慢,因此,理想梯度上升学习方法实际应用中很难执行[168]。

$$O(2^{x_{\dim} + h_{\dim}}) \tag{5-80}$$

### 5.2.4　RBM 自动编码网络

通过玻尔兹曼机的梯度学习,可以得到连接可见层和隐藏层权值矩阵和节点的偏置参数,堆叠多个 RBM 就得到一个 RBM 网络。如果需要一个降维的网络,网络的节点数是逐步减少的,例如 784 个属性的样本通过网络得到的中间样本的属性依次为 1000、500、250,最后降维至 30 个属性的样本。如图 5-7 的上半部所示,向右箭头连线表示降维过程。

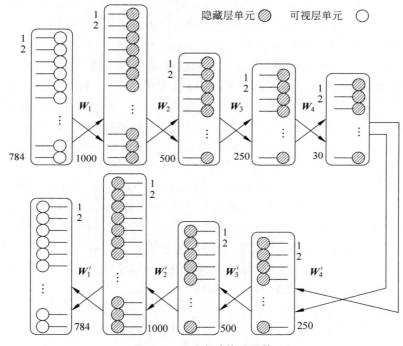

图 5-7　RBM 自动编码网络

第一层的玻尔兹曼机的连接矩阵为 $W_1$,784×1000 的结构。在接受训练之前,它通过随机函数来完成初始化。784 个属性的样本触发正向过程,通过矩阵传递得 1000 个属性的样本,每个值的数学含义就是概率,这个概率就是表示节点激活的概率,本质也是此层数据的输出,还可以得到"隐藏偏置增量"和"可见偏置增量",连接权值矩阵增量的比例因子。已知节点激活的概率分布,在该分布下对节点的激活状态向量采样就得到状态向量,该向量是一个 1000 维的二进制向量,这个向量沿着 $W_1$ 回传得到 784 个属性的样本,由此而触发反向过程。结合正向过程和反向过程,可以不断调整该层 RBM 网络的参数和输出。

第二层的玻尔兹曼机连接矩阵为 $W_2$,1000×500 的结构,层 1 的 1000 个属性的样本触发该层的正向过程,执行同样的过程就完成对该层的学习。以此类推,不断学习,直至得到 $W_1$ 和 $W_4$,这样就得到了具备降维功能的网络雏形。然而，这个过程中，降维所接受的是基于概率的训练，而没有从输出和观察值的比较中得到任何信息，这种学习是粗糙的，但是，它为网络学习准备了较好的初始化值，为缩短网络后期的训练时间奠定了基础。

重构网络是一个反向堆叠的 RBM 网络，它是一个提升维度的网络，一般而言，网络的节点数是逐步增加的。如图 5-7 的下半部所示，如 30 个属性的样本通过网络得到的中间样本属性依次为 250、500、1000，最后还原至 784 个属性的样本，向左指向的连接表示了重构的整个过程。比较重构的样本和输入样本的误差，就可以用误差指导网络参数的学习。重构网络和降维网络从逻辑上是一个反向的关系，从连接矩阵来看则是一个转置的关系，因此，整个网络的 8 个权值连接矩阵的后面 4 个就可以用前面 4 个来完成初始化，有如下关系：$W_5 = W'_4$，$W_6 = W'_3$，$W_7 = W'_2$，$W_8 = W'_1$。

交叉熵(cross entropy)函数是 RBM 网络分析样本重构损失的重要方法。假设网络学习的目标函数是一个概率函数，即它的每个节点的输出值表示一个与之对应的属性取"1"的概率 $o_i$，$t_i$ 是目标值，真值是与之对应的某个属性取"1"的真实概率，则将这两个值的交叉熵定义为式(5-81)，在向量形式下，则为各个分量的交叉熵求和，可以证明最小化交叉熵函数的网络也能给出极大似然的参数估计[129]。

$$f_{CE}(o_i) = -t_i \log o_i - (1 - t_i)\log(1 - o_i) \tag{5-81}$$

将网络处理为函数 $O = f(W, T)$，$O$ 为输出向量，$W$ 为网络各层的权值矩阵重塑得到的权值向量，它的维数为各个矩阵的元素之和，同时，还要计算各后继权矩阵的节点偏置，最后一层节点没有后继矩阵连接，因此没有偏置，这样图 5-7 所示的网络就有 2 837 413 个待学习的参数，如式(5-82)和式(583)所示。

$$785 \times 1000 + 1001 \times 500 + 501 \times 250 + 251 \times 30 +$$
$$31 \times 250 + 251 \times 500 + 501 \times 1000 + 1001 \times 784$$
$$= 2\ 837\ 314 \tag{5-82}$$

$$f^*_{CE} = \underset{W}{\mathrm{Min}} f_{CE}(W_0, T)；\ W^* \rightarrow W_1, W_2, W_3, W_4, W_5, W_6, W_7, W_8 \tag{5-83}$$

RBM 网络的交叉熵可视为权值和观察值的二元函数，观察值是已知的，权值待定，而学习的方向是交叉熵最小，则以当前的权值 $W_0$ 为起点，利用共轭梯度方法做一次熵最小化，返回得到一次极小化熵 $f^*_{CE}$ 和取极小值的权值参数 $W^*$，$W^*$ 即是此次学习的结果，再将它分配到各层连接矩阵,玻尔兹曼机就完成了一次学习,过程如式(5-83)所示。

通过一定迭代周期的学习,就得到了一个降维重构网络,称之为 RBM 自动编码网络,通过其降维可以将高维度农作物病变模式降解到低维进行识别,从而降低识别的复杂度和网络训练复杂度。

## 5.3　玻尔兹曼机对比散度学习和随机反馈学习

### 5.3.1　朴素对比发散方法学习方法

5.2 节已经谈到,当实验样本空间很大的情况下,运用梯度上升方法很不现实。能否通过一个随机过程模拟,采样得到 $\hat{X}$ 的一个子空间 $\hat{X}^*$,而两者具有近似的分布,再在此基础上,对梯度做近似估算。以该思想为基础,Hinton 在 2002 年提出了对比发散方法(contrastive divergence method),它已经成为 RBM 训练的经典方法[169]。由于在训练过程中,它执行了一个 $k$ 步 Gibbs 采样的过程,所以简称为 $k$CD。

观察式(5-73)的第 2 项,只需要考虑分量 $x_j = 1$ 的向量,明显有式(5-84):

$$\sum_{x \in \hat{X}} P(\boldsymbol{x}) P(\boldsymbol{h}_j = 1 \mid \boldsymbol{x}) \boldsymbol{x}_i = \sum_{x \in \hat{X}, x_i = 1} P(\boldsymbol{x}) P(\boldsymbol{h}_j = 1 \mid \boldsymbol{x})$$

$$\leqslant \sum_{x \in \hat{X}} P(\boldsymbol{x}) P(\boldsymbol{h}_j = 1 \mid \boldsymbol{x}) \qquad (5\text{-}84)$$

事件"$\boldsymbol{h}_j = 1 \mid \boldsymbol{x}$"和"$\boldsymbol{h}_j = 0 \mid \boldsymbol{x}$"必有一件发生,所以概率 $P(\boldsymbol{h}_j = 1 \mid \boldsymbol{x})$ 为某狭窄区间的某个值,如式(5-85)所示,可以取某个常数来逼近。$P(\boldsymbol{x})$ 如式(5-86)所示,相对很大的数而言,它可以视为是常数[170],则有式(5-87)。

$$0.5 - \sigma < P(\boldsymbol{h}_j = 1 \mid \boldsymbol{x}) < 0.5 + \sigma \qquad (5\text{-}85)$$

$$P(\boldsymbol{x}) \approx 1/2^{x_{\dim}} \ll 1/2 \qquad (5\text{-}86)$$

$$\sum_{x \in \hat{X}} P(\boldsymbol{x}) P(\boldsymbol{h}_j = 1 \mid \boldsymbol{x}) \boldsymbol{x}_i \approx P(\boldsymbol{h}_j = 1 \mid \boldsymbol{x}) \boldsymbol{x}_i \sum_{x \in \hat{X}} P(\boldsymbol{x})$$

$$= P(\boldsymbol{h}_j = 1 \mid \boldsymbol{x}) \boldsymbol{x}_i \qquad (5\text{-}87)$$

式(5-88)成立,故得到式(5-89)。

$$\sum_{x \in \hat{X}, x_i = 1} P(\boldsymbol{x}) \approx \frac{1}{2} \qquad (5\text{-}88)$$

$$\sum_{\bm{x} \in \hat{X}} P(\bm{x}) P(\bm{h}_j = 1 \mid \bm{x}) \bm{x}_i = \sum_{\bm{x} \in \hat{X}} P(\bm{x}) \tau = \tau/2 \tag{5-89}$$

在 $\bm{x}$ 已经被采样的前提下，同理，事件"$\bm{x}_j = 1$"和"$\bm{x}_j = 0$"必有一件发生，最后得到式(5-90)。

$$\frac{\partial \ln P_\theta(\bar{\bm{x}})}{\partial \bm{W}_{i,j}} \geqslant P(\bm{h}_j = 1 \mid \bar{\bm{x}}) \bar{\bm{x}}_i - \tau/2$$

$$\approx P(\bm{h}_j = 1 \mid \bar{\bm{x}}) \bar{\bm{x}}_i - P(\bm{h}_j = 1 \mid \bm{x}) \bm{x}_i \tag{5-90}$$

整理为式(5-91)：

$$\frac{\partial \ln P_\theta(\bar{\bm{x}})}{\partial \bm{W}_{i,j}} \approx P(\bm{h}_j = 1 \mid \bar{\bm{x}}) \bar{\bm{x}}_i - P(\bm{h}_j = 1 \mid \bm{x}) \bm{x}_i \tag{5-91}$$

$k$ CD 过程如下：

Step-1：对于任意一个训练样本 $\bar{\bm{x}}$，赋值到随机采样过程的起点，$\bm{x}^{(0)} = \bar{\bm{x}}_i$；

Step-2：利用 $P(\bm{h}_j = 1 \mid \bm{x}^{(0)})$ 采样得到分量 $\bm{h}_j$，直至得到向量 $\bm{h}$，记为 $\bm{h}^{(0)}$；

Step-3：隐藏层和可视层换位，则利用 $P(\bm{x}_j = 1 \mid \bm{h}^{(0)})$ 采样得到分量 $\bm{x}_j$，直至得到向量 $\bm{x}$，记为 $\bm{x}^{(1)}$；

Step-2 和 step-3 执行 $k$ 步骤，最终得到 $k$ 时刻的 $\bm{x}^{(k)}$，用它的 $i$ 分量来取代式(5-91)中的 $\bm{x}_i$ 来计算权值元素的梯度，如式(5-92)所示。

$$\frac{\partial \ln P_\theta(\bm{x}^{(0)})}{\partial \bm{W}_{i,j}} \approx P(\bm{h}_j = 1 \mid \bm{x}^{(0)}) \bm{x}_i^{(0)} - P(\bm{h}_j = 1 \mid \bm{x}^{(k)}) \bm{x}_i^{(k)}$$

$$= \bm{x}_i^{(0)} \cdot \mathrm{sigmoid}\left(\bm{c}_j + \sum_n \bm{x}_n^{(0)} \bm{W}_{i,j}\right) -$$

$$\bm{x}_i^{(k)} \cdot \mathrm{sigmoid}\left(\left(\bm{c}_j + \sum_n \bm{x}_n^{(k)} \bm{W}_{i,j}\right)\right) \tag{5-92}$$

同理，其他两个参数的梯度如式(5-93)和式(5-94)所示。

$$\frac{\partial \ln P_\theta(\bm{x}^{(0)})}{\partial \bm{b}_i} = \bm{x}_i^{(0)} - \bm{x}_i^{(k)} \tag{5-93}$$

$$\frac{\partial \ln P_\theta(\bm{x}^{(0)})}{\partial \bm{c}_j} \approx P(\bm{h}_j = 1 \mid \bm{x}^{(0)}) - P(\bm{h}_j = 1 \mid \bm{x}^{(k)})$$

$$= \mathrm{sigmoid}\left(\left(\bm{c}_j + \sum_n \bm{x}_n^{(0)} \bm{W}_{i,j}\right) -\right.$$

$$\left. \mathrm{sigmoid}\left(\bm{c}_j + \sum_n \bm{x}_n^{(k)} \bm{W}_{i,j}\right)\right) \tag{5-94}$$

这样 $k$ CD 的梯度的计算就完全可行了。通过该算法就获取了在一次学习过程中的各参数梯度的近似值，分别用 $\Delta \bm{c}$，$\Delta \bm{b}$，$\Delta \bm{W}$ 表示。同时，玻尔兹曼机网络的本质就是由 3 个参数 $c,b,W$ 确定其内部各元件之间的联系,网络用 RBM($b,W,c$) 表示。完整算法如图 5-8 所示。

$k\text{CD}(k,S,\text{RBM}(b,W,c))$
output: $\Delta c,\Delta b,\Delta W$
$\Delta c = 0,\Delta b = 0,\Delta W = 0$;
for each $\bar{x}$ $in$ $\bar{S}\{x^{(0)}=\bar{x}_i$
  for $t=0$ to $k-1\{$
    $h^{(t)}=\text{sampe\_positive}(x^{(t)},\text{RBM}(b,W,c))$;
    $x^{(t+1)}=\text{sampe\_negative}(h^{(t)},\text{RBM}(b,W,c))$;
  $\}$
  for $i=1$ to $n_x$; $j=1$ to $n_h\{$
    $\Delta b_i = \Delta b_i + x_i^{(0)} - x_i^{(t+1)}$;
    $\Delta W_{i,j} = \Delta W_{i,j} + P(h_j=1|x^{(0)})x_i^{(0)} - P(h_j=1|x^{(t+1)})x_i^{(t+1)}$;
    $\Delta c_j = \Delta c_j + P(h_j=1|x^{(0)}) - P(h_j=1|x^{(t+1)})$
  $\}$
$\}$

图 5-8 朴素对比发散学习

### 5.3.2 基于反馈的随机对比散度方法

众所周知,学习网络的最终目标是"求样本分布参数的极大似然估计",目标参数要尽量使得训练集合有最大的概率。这就意味着通过采样函数得到的单个样本也要有最大概率,至少是局部极大值点,这样才能确保在此条件下求得的参数为极大似然估计值。然而,对采样样本没有任何评价分析,就直接介入梯度上升学习过程,此外,对任何训练样本全部执行单次采样,这种处理方式无疑难以保证网络学习效率,也常常导致一个缓慢的学习过程[171]。

基于此,本书提出基于反馈的随机对比散度方法。采样过程中引入评价机制,最常用的是重构误差方法。从 RBM 模型可以看出,$x$ 就是网络的输入,$h$ 就是网络的输出,网络输出是通过数值传递计算,而 RBM 的输出和输入是通过采样完成,由 $x$ 采样得到 $h$(某些文献上表示为 positive phrase),$h$ 采样得到 $x'$(某些文献上表示为 negative phrase),计算 $x$ 和 $x'$ 的相似度,能从一定程度反映此次采样的优劣[172]。

通过一系列采样,如果计算得到的距离一直在减少,则说明在当前参数起始点附近,存在一组最佳参数,使得反向采样样本和起始样本距离最近,也就意味着起始点样本有最大概率;当距离变化方向改变,即"减少变增加",则说明当前参数开始逃离"最优",则应该终止采样,"相对最优参数"对应的采样已经找到,基于它进行梯度上升学习。该过程对采样进行了评价,评价指标是起点的"距离"(2-范数),从而跟踪了评价指标的"动向","动向"没有逆转,则采样过程继续,否则,终止采样。在这个过程中,完成多少次采样比较合适? 这个次数对应于朴素对比散度方法中的 $t$,在此变成随机数[173],完全取决于训练样本质量,故称之为"基于反馈的随机对比发散方法",英文名为 random step contrastive divergence based on feedback,缩略为 random CD on feedback。具体的算法表示为 $\boldsymbol{x}^{(t+1)} =$ sample_with_evaluation($\bar{\boldsymbol{x}}_i$, RBM($\boldsymbol{b}$, $\boldsymbol{W}$, $\boldsymbol{c}$)),如图 5-9 所示。

$$
\begin{aligned}
&\boldsymbol{x}^{(t+1)} = \text{sample\_with\_evaluation}(\bar{\boldsymbol{x}}_i, \text{RBM}(\boldsymbol{b}, \boldsymbol{W}, \boldsymbol{c})) \\
&\delta = 0; \delta' = 0; \boldsymbol{x}^{(0)} = \bar{\boldsymbol{x}}_i; \\
&\quad \text{while } \delta' < \delta \{ \\
&\qquad \boldsymbol{h}^{(t)} = \text{sampe\_positive}(\boldsymbol{x}^{(t)}, \text{RBM}(\boldsymbol{b}, \boldsymbol{W}, \boldsymbol{c})); \\
&\qquad \boldsymbol{x}^{(t+1)} = \text{sampe\_negative}(\boldsymbol{h}^{(t)}, \text{RBM}(\boldsymbol{b}, \boldsymbol{W}, \boldsymbol{c})); \\
&\qquad \delta' = \delta; \\
&\qquad \delta = \| \boldsymbol{x}^{(t+1)} - \boldsymbol{x}^{(0)} \|; \\
&\qquad t = t + 1; \\
&\quad \}
\end{aligned}
$$

图 5-9　支持评价的采样方法

对训练集合应用基于评价的采样方法,则集合的基于反馈的对比发散学习过程用 feedback_CD($\bar{S}$, RBM($\boldsymbol{b}$, $\boldsymbol{W}$, $\boldsymbol{c}$)) 表示,算法如图 5-10 所示。

$$
\begin{aligned}
&\text{feedback\_CD}(\bar{S}, \text{RBM}(\boldsymbol{b}, \boldsymbol{W}, \boldsymbol{c})) \\
&\text{output}: \Delta \boldsymbol{c}, \Delta \boldsymbol{b}, \Delta \boldsymbol{W} \\
&\Delta \boldsymbol{c} = 0, \Delta \boldsymbol{b} = 0, \Delta \boldsymbol{W} = 0; \\
&\delta = 0; \delta' = 0; \\
&\text{for each } \bar{\boldsymbol{x}} \text{ in } \bar{S} \{ \\
&\quad \boldsymbol{x}^{(k)} = \text{sample\_with\_evaluation}(\bar{\boldsymbol{x}}_i, \text{RBM}(\boldsymbol{b}, \boldsymbol{W}, \boldsymbol{c})); \\
&\quad \text{for } i = 1 \text{ to } n_x; j = 1 \text{ to } n_h \{ \\
&\qquad \Delta \boldsymbol{b}_i = \Delta \boldsymbol{b}_i + \boldsymbol{x}_i^{(0)} - \boldsymbol{x}_i^{(k)}; \\
&\qquad \Delta \boldsymbol{W}_{i,j} = \Delta \boldsymbol{W}_{i,j} + P(\boldsymbol{h}_j = 1 | \boldsymbol{x}^{(0)}) \boldsymbol{x}_i^{(0)} - P(\boldsymbol{h}_j = 1 | \boldsymbol{x}^{(k)}) \boldsymbol{x}_i^{(k)}; \\
&\qquad \Delta \boldsymbol{c}_j = \Delta \boldsymbol{c}_j + P(\boldsymbol{h}_j = 1 | \boldsymbol{x}^{(0)}) - P(\boldsymbol{h}_j = 1 | \boldsymbol{x}^{(k)}) \\
&\quad \} \\
&\}
\end{aligned}
$$

图 5-10　基于反馈的对比发散学习

采样有两个过程,第 1 个由 $x^{(0)}$ 采样得到 $h^{(0)}$,称之为正向采样,在输入元件状态确定,网络参数都已知情况下,隐藏层某元件的状态值取 0 还是 1(对应隐藏层向量的某个分量)的概率是可以计算(由概率分布函数)得到的。已知概率分布函数可以采样得到一系列模拟随机状态值,且这些随机状态值也满足已知的概率分布[174]。

根据式(5-23)可以计算得到 $P(h_j = 1 | x)$,记 $P(h_j = 1 | x) = P_j^{(x)}$,表示在可见状态向量的条件下,隐藏层第 $j$ 个元件激活的概率,该元件某次最终是否激活,这并不是问题的关键,重要的是在"一次又一次",反反复复的采样中,激活概率应该和分布保持一致。在区间 $[0,1)$ 取一个随机值,记为 $\gamma_j$,构造事件"$P_k^{(x)} > \gamma_j$",该事件的实验样本空间也只有"1"和"0"(对应"true"和"false"),在 $\gamma_j$ 为随机的背景下,如果事件 $P("P_j^{(x)} > \gamma_j" = \text{true}) = P_j^{(x)}$,和事件"$h_j = 1 | x$"有着相同的分布,则"$P_j^{(x)} > \gamma_j$" $= \text{true}$ 发生,事件"$h_j = 1 | x$"也发生。

大量采样得到大量的 $\gamma_j$ 实例,那么"$P_j^{(x)} > \gamma_j$" $= \text{true}$ 发生的频度则和 $P_j^{(x)}$ 表示的 0 起点到 $P_j^{(x)}$ 线段的长度成正比。这个过程记为 $h = \text{sampe\_positive}(x, \text{RBM}(b, W, c))$,它对各分量采样就得到了隐藏层向量,这就是正向采样过程,如图 5-11 所示。

$$
\begin{array}{l}
h = \text{sampe\_positive}(x, \text{RBM}(b, W, c))\{ \\
\quad \text{for } k = 1 \text{ to } h_{\dim}\{ \\
\quad P_k^{(x)} = \text{sigmoid}((c_k + \sum_i x_i W_{i,k})); \\
\quad \text{1. generate a random number } \gamma_k \in [0,1]; \\
\quad \text{2. } h_k = \begin{cases} 1 & \text{if } P_k^{(x)} > \gamma_k; \\ 0 & \text{otherwise} \end{cases} \\
\quad \} \\
\quad \text{return } h; \\
\}
\end{array}
$$

图 5-11　正向采样方法

第 2 个由 $h^{(0)}$ 采样得到 $x^{(1)}$,称反向采样,将可见层和隐藏层换位,交换对应符号,即得到相应的过程。记为 $x = \text{sampe\_negative}(h, \text{RBM}(b, W, c))$,如图 5-12 所示。

用 $n_{\text{epoch}}$ 表示训练的迭代轮数,$\eta$ 表示学习速率,$s_{\bar{S}}$ 表示 $\bar{S}$ 的样本数量,则基于随机反馈的对比发散方法的完整玻尔兹曼机训练算法如图 5-13 所示。

$$
\begin{aligned}
&\boldsymbol{x} = \text{sampe\_negative}(\boldsymbol{h}, \text{RBM}(\boldsymbol{b}, \boldsymbol{W}, \boldsymbol{c})) \{ \\
&\quad \text{for } k = 1 \text{ to } x_{\dim} \{ \\
&\quad\quad P_k^{(h)} = \text{sigmoid}((\boldsymbol{b}_k + \sum_j \boldsymbol{h}_j \boldsymbol{W}_{k,j})); \\
&\quad 1.\ \text{generate a random number } \gamma_k \in [,1]; \\
&\quad 2.\ \boldsymbol{x}_k = \begin{cases} 1 & \text{if } P_k^{(x)} > \gamma_k; \\ 0 & \text{otherwise} \end{cases} \\
&\quad \} \\
&\quad \text{return } \boldsymbol{x}; \\
&\}
\end{aligned}
$$

图 5-12　反向采样方法

$$
\begin{aligned}
&\text{train}(\overline{S}, \text{RBM}(\boldsymbol{b}, \boldsymbol{W}, \boldsymbol{c})) \{ \\
&1.\ \text{initialization}: n_{\text{epoch}}, \eta; \\
&2.\ \text{initialization}: \boldsymbol{c}, \boldsymbol{b}, \boldsymbol{W}; \\
&\text{for } i_{\text{epoch}} = 1 \text{ to } n_{\text{epoch}} \{ \\
&\quad \text{feedback\_CD}(\overline{S}, \text{RBM}(\boldsymbol{b}, \boldsymbol{W}, \boldsymbol{c})); \\
&\quad \boldsymbol{c} = \boldsymbol{c} + \frac{1}{s_{\overline{S}}} \cdot \eta \cdot \Delta\boldsymbol{c}; \boldsymbol{W} = \boldsymbol{W} + \frac{1}{s_{\overline{S}}} \cdot \eta \cdot \Delta\boldsymbol{W}; \boldsymbol{b} = \boldsymbol{b} + \frac{1}{s_{\overline{S}}} \cdot \eta \cdot \Delta\boldsymbol{b}; \\
&\quad \} \\
&\}
\end{aligned}
$$

图 5-13　完整的 RBM 训练算法

## 5.4　模型评价和实验分析

### 5.4.1　基于分批的学习和机器模型评价

从 5.3 节的分析可知,利用训练样本集合 $\overline{S}$,通过每个样本的梯度累加,最后得到各个参数梯度 $\Delta\boldsymbol{c}, \Delta\boldsymbol{b}, \Delta\boldsymbol{W}$。而在具体应用中,通常的做法是:在每一轮训练中,先将训练集 $\overline{S}$ 分成许多批,每批有数十个或者数百个样本,每批的产生不是连续选择,而是随机抽取,这样能最大限度地保证混搭的均匀性和随机性,在每一轮中,让机器都在接受不同的训练,从而增加搜索全局最优参数的概率[175],而后逐批计算梯度。这样各个批次的训练可以并行,从而提高效率。

$$\overline{S} = \bigcup_{i_{\text{batch}}=1}^{n_{\text{batch}}} \overline{B}_{i_{\text{batch}}}, i \neq j, \overline{B}_i \bigcap \overline{B}_j = \varnothing, | \overline{B}_1 | = | \overline{B}_2 | = \cdots = | \overline{B}_{n_B} | = s_{\text{batch}}$$

$$(5\text{-}95)$$

分批过程如式(5-95)所示,其中$| \overline{B}_i |$表示某批次的样本数量,可以看出:各批互不相交,原则上,除最后一批外各批具有相同的容量。但是,适当选择训练样本规模和批容量,则可以得到等容量的批划分,这个训练过程就是基于分批的学习。

令$s_{\text{batch}}$表示批容量;$n_{\text{batch}}$表示批数量,则基于随机反馈的分批训练算法如图 5-14 所示。

---

$\text{train}(\overline{S}, \text{RBM}(\boldsymbol{b}, \boldsymbol{W}, \boldsymbol{c}))\{$

1. initialization: $n_{\text{epoch}}$, $\eta$
2. initialization: $\boldsymbol{c}=\boldsymbol{0}, \boldsymbol{b}=\boldsymbol{0}, \boldsymbol{W}=\boldsymbol{0}$

for $i_{\text{epoch}}=1$ to $n_{\text{epoch}}\{$

$$\overline{S} = \bigcup_{i\text{batch}=1}^{n_{\text{batch}}} \overline{B}_{i\text{batch}};$$

for ibatch$=1$ to $n_{\text{batch}}\{$

feedback_CD$(\overline{B}_{i\text{batch}}, \text{RBM}(\boldsymbol{b}, \boldsymbol{W}, \boldsymbol{c}));$

$\boldsymbol{c}=\boldsymbol{c}+\dfrac{1}{s_{\text{batch}}} \cdot \eta \cdot \Delta\boldsymbol{c}; \boldsymbol{W}=\boldsymbol{W}+\dfrac{1}{s_{\text{batch}}} \cdot \eta \cdot \Delta\boldsymbol{W}; \boldsymbol{b}=\boldsymbol{b}+\dfrac{1}{s_{\text{batch}}} \cdot \eta \cdot \Delta\boldsymbol{b};$

$\}$

$\}$

$\}$

图 5-14 基于分批的 RBM 训练算法

---

在梯度均值化时,无论是一次性学习还是分批学习,在调整参数时,学习速率都乘以某个数的倒数(要么是样本集数量$s_{\overline{S}}$的倒数,或者批容量$s_{\text{batch}}$的倒数)。这主要是考虑到机器学习过程不是把多次累加得到的调整量作为一个整体来修正,而是要根据在该次调整量生成过程中,有多少个训练样本驱动,然后取总体调整量的平均。换言之,为了防止调整步伐过快,而错过收敛点,调整前参数将调整量取定为样本在该轮训练过程中的平均值[176]。这样就尽可能做到:无论是整体训练还是分批训练,"通过平均调整量来学习参数"这一原则始终被坚持,从而保持合理的搜索步速。

对应参数初始化方法,一般情况下,$\boldsymbol{c}, \boldsymbol{b}, \boldsymbol{W}$不直接赋值为 0,方法因

参数而异。$W$ 用正态分布初始化,用 0 附近的正态分布的随机数[177],即 $N(0, 0.01)$;隐藏层偏置 $c$ 初始化为 0,可见层本底 $b$ 按照式(5-96)初始化,其中,$P_i$ 表示训练集合,第 $i$ 个特征取值为 1 的样本在训练集所占的比例。

$$a_i = \log \frac{P_i}{1 - P_i} \qquad (5\text{-}96)$$

学习速率和动量学习方法也是参数优化过程中必须注意的两个关键点。学习速率和收敛速度关系密切,$\eta$ 比较大时,算法很难稳定,容易漏掉极值点;较小时,一方面,收敛曲线变得稳定,但是,收敛周期变长。本书解决这个矛盾的做法就是:在学习时刻,引入动量项[178],使得此时学习的"方向"和"力度"不完全由当前调整量均值决定,而是必须有上次调整量的介入,如式(5-97)所示,其中,$\Delta\theta^{(n)}$ 为时刻 $n$ 的调整量;$\rho$ 为惯性系数;$\overline{\Delta\theta}$ 为当前批次贡献的调整量。理论上,这种方法能较好地保持稳定性,避免错过收敛点,同时,获得较快的收敛速度[179,180]。

$$\Delta\theta^{(n)} = \rho\Delta\theta^{(n-1)} + \eta\overline{\Delta\theta} \qquad (5\text{-}97)$$

对于正在训练中的 RBM 网络或者已经训练完毕的 RBM,如何对其质量和性能进行评价?这就引出了网络评价方法的问题。最直接的指标是目标函数式(5-41)和式(5-50),然而,求解式(5-50)中的 $\ln P_\theta(\overline{x})$ 无疑要计算配分函数,当隐藏层和可见层的节点数量达到一个规模时,其计算复杂度为式(5-80),复杂度随着节点数增加而迅速上升,实际操作时基本上不可行,本书中取而代之的做法是采用如下近似的方法来评价[181]。

使用最多的是"重构误差"方法。从 RBM 模型可以看出,$x$ 就是网络的输入,$h$ 就是网络的输出,网络输出是通过数值传递计算,而 RBM 的输出和输入是通过采样来完成,$\overline{x}$ 采样得到 $h$,$h$ 采样得到 $\overline{x}'$,观察 $\overline{x}$ 和 $\overline{x}'$ 的差别,能从一定程度体现机器模型的优劣,"差别"的表达使用 2-范数(欧几里得距离)[182],如式(5-98)所示。在实际操作中,常常从某批样本重构一批样本(称为重构样本),比较两者则得到"距离","距离"和原始样本的"长度"相比得到比率,评价比率,则可以比较客观地评价模型的重构误差,从而评价分析得到模型质量,距离计算如式(5-99)所示,比率计算如式(5-100)所示,比率均值计算如式(5-101)所示。

$$\delta = \| \overline{x}' - \overline{x} \|_2 \qquad (5\text{-}98)$$

$$\delta_i = \| \overline{x}'^i - \overline{x}^i \|_2 \qquad (5\text{-}99)$$

$$r_i = \frac{\delta_i}{\| \overline{x}^i \|_2} \qquad (5\text{-}100)$$

$$\bar{r} = \frac{\sum_{1}^{n_{\text{batch}}} r_i}{n_{\text{batch}}} \tag{5-101}$$

### 5.4.2 玻尔兹曼机的病变图像降维实验及分析

#### 1. 不同数据集上的性能分析

实验采用的深度玻尔兹曼机网络是一个 4 层结构,可见层维度为 784,4 个隐层的维度分别为 1000、500、250、30,网络结构如图 5-15 所示。迭代轮数为 500,批容量为 100,可见层偏置,隐藏偏置和权的参数学习速率均为 0.1,动量均为 0.5。

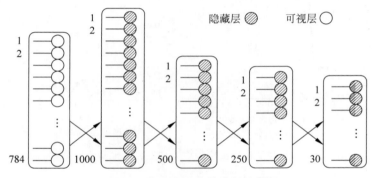

图 5-15 实验中设计的玻尔兹曼机

为了和 PCA 方法作对比,选择了与之相同的实验数据集合,16 个不同疾病的苹果的病变图像如图 5-16(a)所示。重构样本如图 5-16(b)所示,从肉眼看来,图片 15、16 和原图相比,失真相对较大,其余图片基本保留原来的视觉特征,重构效果较好。

用训练得到的模型反向采样输出的可见层样本,估算得到目标函数,即似然估计对数,不断改变训练轮数,从而增加参数调整次数,重复上述过程,对数总量和参数调整次数之间曲线如图 5-16(c)所示,可以看出,开始阶段,似然函数值上升很快,上升到 -195 附近,在该值附近窄幅振荡,基本趋于稳定,在该点附近,采样的样本集合更加能够真实地模拟理想样本空间[172]。

原始样本和重构样本进行比较可以得到误差率均值,计算方法和 PCA 方法一致,见式(5-99)、式(5-100)和式(5-101),所得曲线如图 5-16(d)所示。该曲线定量地反映重构图片和原始图片的"距离",曲线峰值在

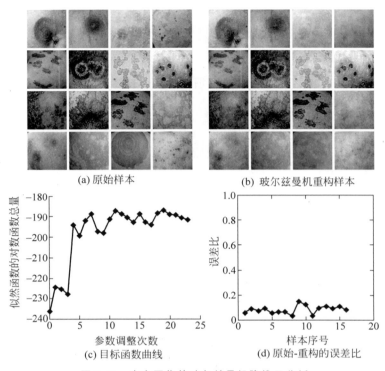

(a) 原始样本　　　　　　　(b) 玻尔兹曼机重构样本

(c) 目标函数曲线　　　　　　(d) 原始-重构的误差比

图 5-16　病变图像的玻尔兹曼机降维及分析

0.13左右,10号和9号样本的误差比明显偏高,这和肉眼观察的结果并不一致。事实上,肉眼观察比较的是宏观效果,局部亮度对比是否明显,纹理和轮廓是否相似,而误差却是所有像素亮度差别的综合,再者,细微到某个数量的差别,肉眼难以分辨,个别样本表现得不一致,并不影响总体评价。

　　就算法本质而言,无论是对比散度方法,还是基于反馈的随机散度方法,都是对理想梯度上升方法(解析梯度上升方法)的近似,事实也是如此,维度最小的隐藏层也到达了30个维度,最多达到1000个,要计算理想的配分变量是不可能的,所以,通过这种采样的方法,学习过程只能得到某个局部较优的最大似然估计,模型存在误差是必然的[183]。

　　为了检验算法对样本数据的敏感性,基于人脸[184]和病变图像的混合样本集,也进行了同样的实验。对比原始图片(图5-17(a))和重构图片(图5-17(b)),可发现:重构图片有轻微模糊,7号和13号样本比较明显,但是,不影响识别和归类,重构图片较好地反映了原始图片的视觉特征。图5-17(c)所示的似然估计目标函数对数曲线,反映的目标极值和大致趋势和前面的实验一致,相同更新次数对应的数值略有偏差,属于样本变化和参数随机初始化引起的偶然误差。误差例如图 5-17(d)所示,情况和目标曲线相似,总体上,模型有良好重构效果。

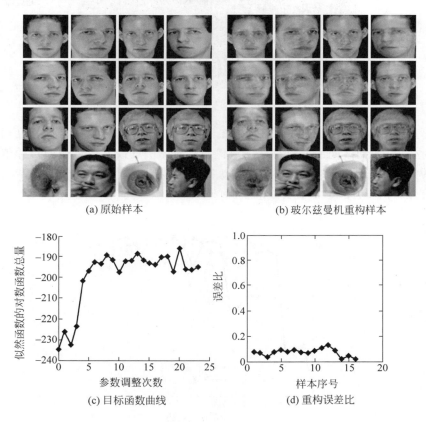

(a) 原始样本　　　　　　　　　　　　(b) 玻尔兹曼机重构样本

(c) 目标函数曲线　　　　　　　　　　(d) 重构误差比

图 5-17　人脸和其他图像的玻尔兹曼机降维及分析

## 2. 随机反馈发散方法和朴素散度方法的目标函数对比

实验样本取自 MNIST 数据集[185],该数据集的训练样本和测试样本合计多达 60 000 个,样本充足,可以满足分多批而不重复的要求,部分样本如图 5-18 所示。拟选择其中的 2000 个样本,网络为拥有 1000 个单元的单隐藏层网络,其他参数保持不变,没有降维和重构,仅仅观察训练目标函数随参数更新次数的变化,所得结果如图 5-19 所示。

从图 5-19 看出,当更新次数很少时(<300),朴素散度方法和随机反馈发散方法的目标函数值非常接近,随着更新次数的增加,目标函数值都

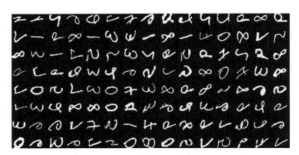

图 5-18　MNIST 数字字符图片

迅速上升,朴素散度方法的目标值在最终－200 附近抖动,且抖动幅度相对较大,波动区间的起点位于 400 附近;而随机反馈发散方法的目标值的抖动中心最终在－185 附近,波动相对比较稳定,波动区间在 1000 的位置后出现,此后,没有明显的下降。

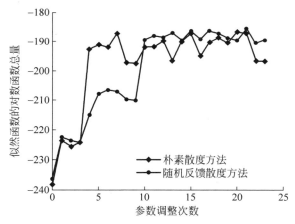

图 5-19　不同学习方法的似然度函数-参数更新对比

从目标值最优而言,随机反馈发散方法明显高于朴素散度方法,随机反馈发散方法的每次采样至少尝试 2 次,直到拐点出现,因而,它能找到更优样本,故而表现出更大的目标值;而朴素散度方法每次仅 1 次采样,而且对采样结果缺乏评价,因而,就无法确保采集到高质量样本,所以,总体上的训练目标值相对偏低。

3. 降维方法的重构误差性能对比

在这个实验里,对比讨论 3 个方法的降维效果。对于基于玻尔兹曼机的方法,选择 MNIST 的 5000 个为样本,用图 5-15 所示的网络,批容量为 50，迭代轮数为 200，其他参数不变，从训练样本集合中抽取 16 个样本进行降维和重构。

玻尔兹曼机方法是基于采样的输出方法，即便输入不变，就每个节点而言，输出服从某个分布，每次采样有随机性，故此，每个样本重构 10 次，计算得到平均的距离偏差比。PCA 方法是"确定性"输入方法，主成分截取遵从"95"原则，实验结果如图 5-20 所示。通常来说，样本不同，各方法误差比例有所变化。可以看出，误差比最小值在 0.01 以下，最大值不过 0.07，3 个方法都能控制在 0.1 以下；针对同一样本，例如 7 号样本，误差由高到低依次为 PCA 方法，朴素散度方法和随机反馈发散方法，此后的样本都维持着这个顺序；之前的样本，朴素散度方法也有过最低，PCA 方法在绝大部分情况下误差最大。

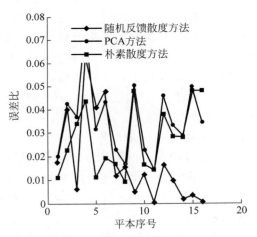

图 5-20  3 种算法的重构误差率对比

由此可以看出，随机反馈发散方法训练模型的重构性能优于朴素散度方法和 PCA 方法，而 PCA 方法和朴素散度方法差别不明显。

### 4. 收敛性比较

基于机器学习的降维方法都必须通过时间来训练方可用于降维，这个时间的长短直接关系到算法的效率和实用性，学习方法收敛性在很大程度上决定了训练时间。

在这个试验里，选择 1000 个字符样本，批容量为 50，对一个隐藏层维度为 1000 的玻尔兹曼机分别采样两种散度方法训练，迭代轮数以 50 为单位逐步递增至收敛，算法的目标函数值和迭代轮数的关系曲线如图 5-21 所示。

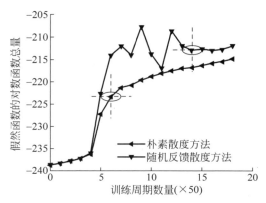

图 5-21　RBM 学习方法的收敛性比较

开始阶段,在 200 轮之前,朴素散度方法和随机反馈发散方法的曲线基本重叠,此后,随着轮数增加,目标曲线都开始抬升,约在 300 轮(椭圆十字标注点)附近,朴素散度方法的曲线上升速度剧烈减小,此后温和上升,而随机反馈发散方法的曲线在快速上升之后,开始了一个振荡过程,直至 700 轮时(椭圆十字标注点),曲线才开始温和抬升或者趋于平缓,但是,此后位于朴素散度方法的曲线之上。

可以得出两个结论:①从收敛的时间点上,朴素散度方法比随机反馈发散方法要早,在本实验中约提前了 400 轮;②从似然估计目标函数的最优化上,随机反馈发散方法要优于朴素散度方法。随机反馈发散方法中,对每次采样调用都嵌入了评价过程,只有找到拐点出现的样本才终止,这样,采样次数相比于常数阶对比散度方法($k=1$)要多,无疑增加了计算量,成为了时间延长的主因。当然,富余计算在带来收敛减慢的同时,也就使得目标函数更加优化,为更加出色的重构性能创造了条件。

## 5.4.3　基于识别性能分析

本节实验中,使用了和第 4 章 4.2.2 小节"识别性能分析"的相同的原始病变图像数据,为了和基准数据进行对比,分辨率格式化"28×28",在方位和亮度复杂成像环境模拟时,也采用相同的办法。玻尔兹曼机自动编码降维是基于迭代机器学习的降维,模型收敛的程度和迭代轮数密切相关。在正向过程的迭代轮数为 100,反向迭代过程为 2000 时,训练时间约为 2h30min,训练输出降维模型,该模型重构的部分模式和原始样本对例如图 5-22 所示。在图中,可以观察到明显的不同之处,字母标注行表示某疾病病变模式的 16 个样本,紧挨其下的行是与之对应的重构样本,可以看出:a 行和 d 行的重构样本较之原始图像有较大的不同,大部分的纹理和细微斑点没有被重构,而其余行总体上得到了逼真的重构,只有个别样本的重构能肉眼观察到明显区别。例如 b 行样本 5、14,c 行的样本 1、5、14 和 g 行的样本 1。

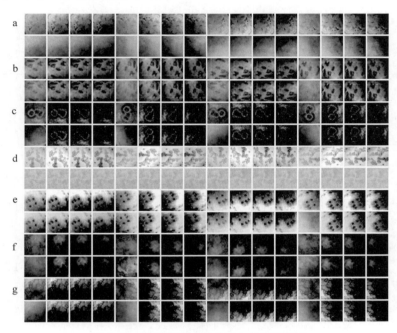

图 5-22 苹果病变图像的玻尔兹曼机重构

整体而言,对于大部分的苹果病变图像模式,基于反馈限制玻尔兹曼机的自动编码方法能实现有效的降维重构。

病害图像识别实验分为 3 个过程:交叉验证(Cross Validation,CV)有效性和模型泛化能力有效性实验,最后是算法复杂度比较。

1. CV 有效性验证

除样本分辨率不同之外,其他处理方法都保持不变,在惩罚参数 $C$ 和径向基参数 $\gamma$ 构成的网格开展 CV 实验,网格横轴范围为 $\log_2 C$:$-5$:$2$:$15$,11 个刻度;2 为步长,纵轴区间为 $\log_2 \gamma$:$-5$:$2$:$3$,10 个刻度,格点总计 110 个,在 fold$=5$ 和 2 时分别得到识别的准确率曲线,如图 5-23 所示。

图 5-23(a)显示,2"折"情况下,最高准确率为 $90\%$,其在距离当前网格最近的最好参数为 $C=2048$,$\gamma=0.000\,48$,核函数参数在 $\log_2 \gamma=-1$

最佳参数：$C=2048$ $\gamma=0.000\,48$ 准确率：90.2125%　最佳参数：$C=32\,768$ $\gamma=3.05e\text{-}5$ 准确率：95.31%

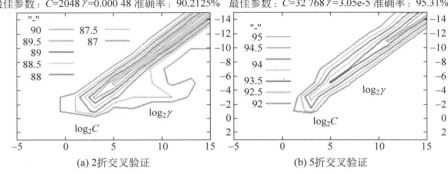

(a) 2折交叉验证　　　　　　　　　(b) 5折交叉验证

图 5-23　玻尔兹曼机的 SVN 交叉验证

附近，最低的准确率为 87％；图 5-23(b)显示，5"折"情况下，最高准确率为 95％，其在距离当前网格最近的最优参数为 $C=32\,768$，$\gamma=3.05\times 10^{-5}$，核函数参数在 $\log_2\gamma=-2$ 附近，最低的准确率为 92％。数据显示：基于 RBM 降维的病变模式 SVN 识别方法是有效的，性能量化层面稍微逊色于 PCA 方法；PCA 降维后的病变模式保留了 67 个主要属性，而 RBM 降维之后仅仅保留了 30 个属性，降维之后的残留属性本质上就是样本参与识别的信息，不同的降维方法会得到不同的简化样本，约简程度一定层面上影响识别性能。

### 2. 迭代次数的影响

在这次实验中，观察了不同迭代轮数下输出的玻尔兹曼机网络的降维样本，通过支持向量网络识别表现的性能准确率等值曲面如图 5-24 所示。图 5-24(a)呈现了迭代轮数为 2000 的情形，最低值为 70％，最高值约为 90％，曲面平滑；图 5-24(b)呈现了迭代轮数为 200 的情形，最低值

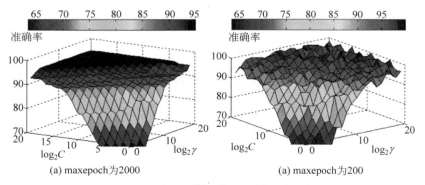

(a) maxepoch为2000　　　　　　　(a) maxepoch为200

图 5-24　不同迭代周期下的 SVN 模型准确率曲面

也为 70%,最高值在 90%附近振荡,曲面起伏粗糙。PCA 方法是基于确定计算的降维,而 RBM 是基于学习的降维,学习过程的终止取决于迭代参数,输出的网络性能取决于学习过程,也就间接影响了该网络降维后输出的降维样本属性,机器学习过程也在一定程度影响了识别性能。

3. 模型生成复杂度讨论

RBM 降维是基于机器学习模型来完成,学习过程需要反复迭代来追求模型收敛,因此,其复杂度主要是迭代周期相关的计算复杂度。每轮迭代需要梯度传递过程,来不断更新网络参数,影响这个过程速度的因素是网络结构(网络深度、层节点数目)和训练样本数量。在可计算的环境下,一般都有延迟明显的等待时间,因此,往往需要等待才能得到降维模型,当有实时采集样本需要加入学习过程时,可以在现有模型的基础上继续训练,而 PCA 必须重新计算主成分以产生新的模型。SVN 分类模型本质上是个优化问题,只是约束条件数量和训练样本数量线性相关,不存在分批次、按轮数迭代的过程。

因此,综上所述,模型生成时间较长,可实施增量学习,基于 RBM 降维的病变模式识别方法适合部署于"服务器端",不断面向计算能力较弱的设施农业移动设备及嵌入式终端推送模型,在基于分布式、虚拟计算的农业智能领域有着乐观的应用前景。

## 5.5  本章小结

本章首先分析了限制玻尔兹曼机能量模型的数学逻辑,针对网络的粗糙学习过程,在 $k$ 阶对比散度方法的基础上提出"基于随机反馈的对比散度方法",并以 RBM 自动编码网络为工具,开展了苹果病变图像和人脸图像上的降维和识别的一系列实验。重构图片和原图相比,基本保留原来的视觉特征,重构效果较好;重构误差比曲线的峰值在 0.1 附近,较 PCA 算法有明显的改进,总体上,模型有良好重构效果。随机反馈发散方法和 $k$CD 的目标函数趋近对比实验显示:随着更新次数的增加,目标函数值都迅速上升,相比之下,前者收敛时间较长,但是收敛之后,其目标函数具备更好的稳定性,更高的最优目标值,更加有利于系统性能的稳定。在 $k$CD 自动编码网络、随机反馈自动编码网络和 PCA 方法的重构误差定量对比中,随机反馈对比散度方法训练的模型的重构性能优于 $k$CD 自动编码网络和 PCA 方法。

　　在病害识别的交叉验证实验中,数据说明:基于 RBM 降维的病变模式 SVN 识别方法是有效的,准确率数量层面稍微逊色于 PCA 方法;PCA 降维的病变模式保留了 67 个主要属性,而 RBM 降维之后仅保留了 30 个属性,这在一定程度上影响识别性能。RBM 是基于学习的降维,学习过程终止时间取决于迭代参数,输出的网络性能取决于学习过程,也就间接地影响了该网络降维性能,不同迭代次数的识别实验中,较长时间的学习训练容易得到光滑的准确率曲面,也就容易产生鲁棒性强的分类器。

　　本方法将"机器学习"的思想引入特征提取过程,让机器在提取过程中接受指导,有倾向性地完善提取性能,这相对于基于数值分析计算的"一成不变"的降维和提取思路,有着别开生面的创新意义。方法在收敛性、鲁棒性和有效性的改善方面表现积极,这预示着其对于作物病害图像的病变智能预警和响应系统的建设开发具有积极的现实意义。

# 第6章　基于深度卷积网络的病变图像识别

为了实现基于病害图像模式的病变识别，人们设计了诸多从图像模式中提取病变特征的方法。第4章的主分量方法就是利用属性之间的相关性进行分析，以相关性因子为权重，提取得到主分量矩阵，并在此基础上通过降维来提取病害图像特征。这个过程从本质上来说是一个数值分析过程，虽然，基于重构和分类的实验效果分析佐证了其有效性和不凡的性能表现，但是它的特征提取过程缺乏针对性，这难免在人们心头施加了对于其泛化推广效果的怀疑。第5章中的基于玻尔兹曼机降维的方法，将半监督学习引入特征提取，网络在重构误差的监督下不断调整完善网络参数，使得提取之后的重构误差尽量朝着下降最快的方向推进，虽然网络层数量和网络参数数量相对于其他深度网络达到了一个空前的高度，但是，由于限制玻尔兹曼机学习算法的嵌入让网络完成了良性初始化，从而在较短的时间内实现了网络收敛、重构，识别的性能表现预示着其乐观的研究前景和提升潜力。基于玻尔兹曼机降维的方法在"自我优化"方面比PCA方法前进了一大步，但是该方法用"重构误差"监督下的特征提取自我优化，成形之后，再提取用于病变识别的特征，这种不一致性的监督就是"半监督"，它在某个程度上成为了识别性能提升阻力。

卷积和采样运算能在某种程度上维持所提取的方向性边沿、端点、角落等基元视觉的特征对于图像平移缩放和扭曲的不变性，非常适合复杂多变环境下的图像模式的特征提取。能否将提取特征和识别部件集成到一个统一的网络,统一用识别误差来监督识别部件和提取部件的优化,这样的网络识别病害图像模式会有怎样的表现呢？这无疑令人们满怀期待。

基于此,本章按照图 6-1 的研究路线,在神经网络中引入卷积和采样元件,形成深度卷积网络,围绕让网络在识别过程中自动提取符合病变图像识别任务的特征集、实现基于图像感知物联网的实时病害诊断展开研究。

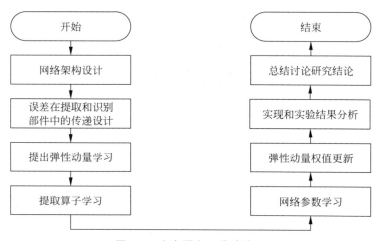

图 6-1　本章研究工作路线图

## 6.1　卷积神经网络

### 6.1.1　网络结构和参数

学习网络中,"层"表示同列的元件或者节点集合,"连接"表示连通一个节点的输出(该节点称为连接的前驱)和另外节点(该节点称为连接的后继)的输入的权或者卷积算子。信息从前驱单向地向后流向后继。层之间的联系通过连接来表达,相邻连接通过层来桥接。层的结构和厚度指的是神经元激励函数,没有激励而直接线性向其后继连接传递的层为"虚层"。多层栈式堆叠得到学习网络,存储连接参数的数据结构定义在连接的后继层。

为了便于和不同基准数据集进行实验对比,图像的大小被格式化为 $28 \times 28$。层的类型标注为 c 和 s,分别表示卷积层和采样层。"全连接"是一个高斯连接,它是输出前的"善后"。层和连接数组类型的参数采用

cell 结构存储。

struct('type','c','outputmaps',6,'kernelsize',nkernelsize)定义卷积层,该层前驱连接是卷积,该连接的输出特征图数量 outputmaps＝6,卷积核大小 kernelsize＝5,输出的特征图水平和垂直方向的分辨率分别比原来减少 kernelsize-1 个像素。

struct('type','s','scale',2)定义采样层,该层前驱连接类型是采样,该连接的压缩比 scale＝2,即每连续 2 行(列)采样 1 行(列)得到特征图,这样采样前后水平分辨率和垂直分辨率变为原来的 1/2。

图 6-2 表示了所设计的 5 层卷积网络的逻辑结构。图顶部方框标明层序号、层类型和特征图(feature maps,F. Maps)参数。可见,通过卷积和下采样,网络形成了"双金字塔"架构。F. Maps 分辨率由前向后降低,数量由前向后增加。学习网络对于输入的几何变换不变性通过逐步降低特征空间分辨率来获得,而分辨率约减导致的信息亏损从特征图表现的丰富性得到补偿。

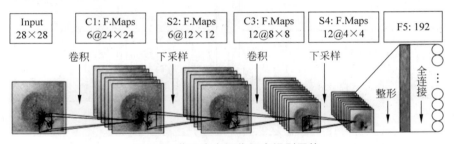

图 6-2 苹果病变图像深度识别网络

### 6.1.2 网络功能流程

如图 6-3(a)所示,立方体表示帧序列,C 标注的带对角线的矩形表示卷积连接,为全连接,每条连接表示后继和前驱之间的卷积关系;两端为"○",表示层的输入和输出;方框中间为 $f(\cdot)$,表示激励函数,它们合体表示神经元件,同行的神经元件构成了层,数据结构上把 $f(\cdot)$ 所用的 $b$(偏置)和卷积算子所用的核都保存到同列的结构体中。同行的神经元件构成层,元件输出得 6 个帧序列。

S 标注的带双垂直线的矩形表示采样连接,只是算子矩阵为常元素,scale×scale＝4,连接输出为 24＋1－2＝23 阶的方阵,向下分辨率变小,向上则分辨率变大;23 为奇数,隔 1 采样所得行数和列数均为 $\lceil 23/2 \rceil＝$ 12;这里的连接和采样都不必通过学习过程调整参数,所以不是常规意

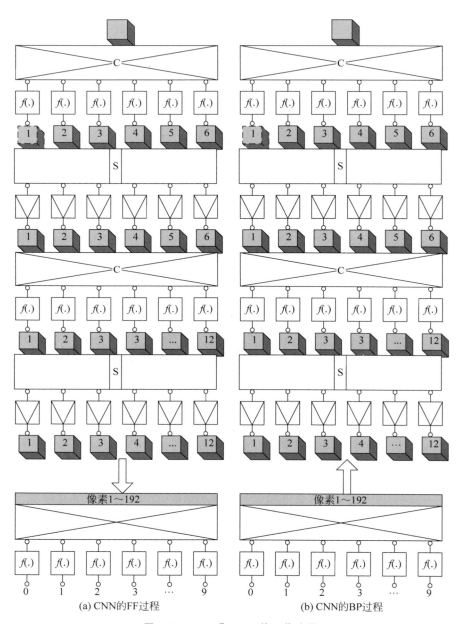

(a) CNN的FF过程          (b) CNN的BP过程

图 6-3   cnnbp 和 cnnff 的工作流程

义上的神经元；次层也输出 6 个帧，6 帧和 12 个神经元件之间存在 c 标注的全连接，即 $6 \times 12 = 72$ 个卷积算子，考虑到序列数量不大和信息亏损[125]，放弃了 LeNet-5[186] 的稀疏卷积连接结构。

以此类推，经第 2 个采样层，输出 12 个帧序列；箭头表示 reshape 操作，得到 192 个特征值，以从像素 1 到像素 192 的矩形表示，并作为经典神经网络的输入。随后，中间无字母标注的对角线矩形，表示 FFW 连接（feed forward weights，前馈全连接网络），经由激励函数，输出表决值，最大表决值的元件标签即为样本模式的类别标签。

可以看出，5 层网络的训练参数由连接参数和层参数构成。层参数 b 的偏差用 db 表示，病害种类为 20（即标签数量），2 个 c 层和 1 个输出层，共 $6 + 12 + 20 = 38$ 个激励元件（38 个 b）；连接参数为核参数，2 个卷积连接，共 $1 \times 6 + 6 \times 12 = 78$ 个卷积算子，核大小取 5，共 $78 \times 5^2 = 1950$ 个核参数，FFW 参数为 $192 \times 20 = 3840$ 个，合计 $78 + 1950 + 3840 = 5868$ 个参数。如果采用层数相同的全连接神经网络，仅仅连接参数有 2 100 000 个，相比之下，卷积网络大大简化了学习任务。

以此结构为例，输入层不算"层"，有激励函数必有偏置 b，它和 sigmoid 调用是层结构的代表性参数，所以具备"层"的结构，但不是神经元层。

### 6.1.3　网络 BP 梯度偏差传递算法

神经网络用误差传递算法来模拟大脑接受外界刺激并逐步将刺激传递给相邻神经元的学习机制，因此，误差传递算法是神经网络学习的关键算法。输入层将刺激传递给隐藏层，隐藏层通过神经元之间联系的强度（权重）和传递规则（激活函数）将刺激传到输出层，输出层整理隐藏层处理后的刺激产生最终结果。若有正确的结果，那么将正确的结果和产生的结果进行比较，得到误差，再逆推对神经网中的链接权重进行反馈修正，从而完成学习。这就是 BP 神经网的反馈机制，也正是 BP（back propagation）算法：运用向后反馈的学习机制来修正神经网中的权重，最终达到输出正确结果的目的。

### 1. 全连接偏差传递

偏差通过网络输出和样本标签比较得到，根据网络流程，偏差传递的第一站就是全连接，它和经典的神经网络类似，采用损失函数来计算网络输出和标签的"比较"结果。节点层面由一组元件构成，元件 j 贡献的调

整系数可表示为

$$\delta_j = -\frac{\partial E_d}{\partial net_j} \tag{6-1}$$

式中，$E_d(\cdot)$ 为损失函数，取误差平方和，"$\cdot$"表示待学习的自由参数；$net_j$ 为激励元件 $j$ 的输入。$\delta_j$ 本质上即 $E_d(\cdot)$ 对于元件 $j$ 的输入递减最快的比率。

元件 $j$ 的 $i$ 个入权的调整量 $\Delta w_{ji}$ 可由 $\delta_j$、沿着 $w_{ji}$ 传导的输入 $x_{ji}$ 和学习速率 $\eta$ 获得。

$$\Delta w_{ji} = \eta \delta_j x_{ji} \tag{6-2}$$

如果 $j$ 为输出元件，对应的输出值和目标值分别为 $o_j$ 和 $t_j$，则 $\delta_j$ 可用式(6-3)计算得到。将输出元件构成列的形式，输出值用向量 $\boldsymbol{o}$ 表示，目标值用向量 $\boldsymbol{t}$ 表示，利用元素对位运算写出误差的向量形式 $\boldsymbol{e}$，如式(6-4)所示。

$$\delta_j = (t_j - o_j)f(x)'_{|x=o_j} \tag{6-3}$$

$$\boldsymbol{e} = \boldsymbol{o} - \boldsymbol{t} \tag{6-4}$$

令元件激励函数为 $\sigma(y)$，则偏差 $\Delta\boldsymbol{o}$ 的分量可按式(6-5)得到，再经由全连接网络按照式(6-6)回退得特征值的偏差 $\Delta\boldsymbol{o}_{\text{fv}}$。

$$\Delta o_i = e_i \times \sigma(y)'_{|y=o_i} \tag{6-5}$$

$$\Delta\boldsymbol{o}_{\text{fv}} = \boldsymbol{W}_{\text{ffw}}' \times \Delta\boldsymbol{o} \tag{6-6}$$

将偏差特征值向量整形得到特征图序列矩阵的偏差 $\Delta\boldsymbol{O}_{\text{fmap}}$，它可分解特征图偏差的序列。

$$\Delta\boldsymbol{O}_{\text{fmap}} = \text{reshape}(\Delta\boldsymbol{o}_{\text{fv}}) \tag{6-7}$$

2. 卷积偏差传递

将卷积运算引入到学习网络，是卷积网络不同于经典神经网络的关键地方，然而，如何为携带卷积运算的网络节点设计误差传递算法也就成为了一个突出问题。全连接网络的前驱网络节点就是卷积运算的节点，在网络的诸多部分往往就是卷积运算和采样运算交替出现。仿照视网膜信息获取原理，卷积偏差传递按照以下方法设计。

如果隐藏层 $l$ 是卷积层，根据学习网络的结构，则 $l$ 之后的连接是采样连接。令 scale 为放大系数，沿着连接前进，分辨率缩小到 1/scale；沿着连接后退，则分辨率要放大到 scale×scale 倍。expand 函数将 $l+1$ 层的 $j$ 个特征图偏差矩阵的每个元素扩展为 scale×scale 的矩阵，得到分辨率变为 scale 倍的特征图偏差。则 $l$ 层的特征图偏差为

$$\Delta \boldsymbol{O}^{l}_{\text{fmap}-j} = f(\boldsymbol{x})'\big|_{x=o^{l}_{\text{fmap}-j}} \times \text{expand}(\Delta \boldsymbol{O}^{l+1}_{\text{fmap}-j},[\text{scale scale}]) \qquad (6\text{-}8)$$

式中，$f(\boldsymbol{x})$ 为层 $l$ 的激励函数；$f(\boldsymbol{x})'\big|_{x=o^{l}_{\text{fmap}-j}}$ 为 $f(\boldsymbol{x})$ 在层 $l$ 的第 $j$ 个特征图 $\boldsymbol{O}^{l}_{\text{fmap}-j}$ 处的导数；$\text{expand}(\Delta \boldsymbol{O}^{l+1}_{\text{fmap}-j},[\text{scale scale}])$ 为 $l+1$ 层的特征图偏差扩展矩阵。

### 3. 采样偏差传递

采样层不含自由参数，但是特征图偏差的向后传递必须穿透采样层，卷积层的特征图偏差必须通过采样层回退而得到。如果层 $l$ 是采样层，则该层之后的连接是卷积连接。对于隐藏层 $l$ 的节点 $i$ 有 outmaps 个卷积连接回退，故 outmaps 个分量求和。令 size() 为返回矩阵维度大小的函数，则向前为 valid 卷积得结构缩小为 $\text{size}(\boldsymbol{O}^{l},1)-(\text{size}(\boldsymbol{K},1)-1)$ 的矩阵 $\boldsymbol{O}^{l+1}$；向后卷积必须为 full 卷积，得到大小为 $\text{size}(\boldsymbol{O}^{l+1},1)+\text{size}(\boldsymbol{K},1)-1$ 的矩阵 $\boldsymbol{O}^{l}$，同时用 inv() 操作将卷积核翻转，按式(6-9)执行 $n$ 维 full 卷积操作 convn 得到层 $l$ 的 $i$ 个特征图偏差矩阵：

$$\Delta \boldsymbol{O}^{l}_{\text{fmap}-i} = \sum_{j=1}^{\text{outmaps}} \text{convn}(\Delta \boldsymbol{O}^{l+1}_{\text{fmap}-j},\text{inv}(\boldsymbol{K}^{l+1}_{ij}),\text{'full'}) \qquad (6\text{-}9)$$

## 6.2　弹性动量学习

### 6.2.1　算子学习和参数学习

通过偏差的向后传递，各层 $l$ 的节点 $i$ 依次获得了特征图偏差 $\Delta \boldsymbol{O}^{l}_{\text{fmap}-j}$，从 $l=2\sim n$ 向前选择卷积层学习，可得到卷积算子的偏差量。由式(6-9)可知，翻转的卷积核和矩阵偏差 full 卷积得到输出偏差；反之，如式(6-10)所示，将翻转的矩阵 $\text{inv}(\boldsymbol{O}^{l-1}_{\text{fmap}-i})$ 和输出偏差进行 valid 卷积，$\Delta \boldsymbol{O}^{l}_{\text{fmap}-j}$ 就得到核偏差 $\Delta \boldsymbol{K}^{l}_{ij}$。

$$\Delta \boldsymbol{K}^{l}_{ij} = \text{convn}(\text{inv}(\boldsymbol{O}^{l-1}_{\text{fmap}-i}),\Delta \boldsymbol{O}^{l}_{\text{fmap}-j},\text{'valid'}) \qquad (6\text{-}10)$$

依次经过一次回退和一次向前，全连接层的权值偏差和各卷积层的核偏差都已经得到。从 $l=2$ 到向前选择卷积核，将时刻 $n-1$ 的核状态 $\boldsymbol{K}^{(n-1)}_{ij}$ 应用偏差量得学习后的卷积核，也就是时刻 $n$ 的核状态 $\boldsymbol{K}^{(n)}_{ij}$：

$$\boldsymbol{K}^{(n)}_{ij} = \boldsymbol{K}^{(n-1)}_{ij} - \Delta \boldsymbol{K}_{ij} \qquad (6\text{-}11)$$

同理，对于最后的权连接层的权值矩阵，也要执行类似的过程，即时刻 $n-1$ 的权值 $w_{ji}$ 应用偏差量可得学习后的权值，也就是时刻 $n$ 的状态 $w^{(n)}_{ji}$：

$$w_{ji}^{(n)} = w_{ji}^{(n-1)} - \Delta w_{ji} \tag{6-12}$$

### 6.2.2 弹性动量的权值更新方法

有人提出动量方法(在某些文献中,动量被称为冲量[129])可以加快收敛,它让算法以更快速度逃离可能存在局部极小值的区域,绕开局部最优陷阱。$\alpha$ 为属于区间 $[0,1]$ 的常数,$\alpha$ 为 0 时则式(6-13)退化为式(6-2);$\alpha$ 非 0 时,第 $n$ 次的权值调整量 $\Delta w_{ji}^{(n)}$ 以某定量惯性方式记忆了上次的调整量 $\Delta w_{ji}^{(n-1)}$,得 $\alpha \Delta w_{ji}^{(n-1)}$,则 $\Delta w_{ji}^{(n)}$ 为

$$\Delta w_{ji}^{(n)} = \eta \delta_j x_{ji} + \alpha \Delta w_{ji}^{(n-1)} \tag{6-13}$$

式中,$\alpha \Delta w_{ji}^{(n-1)}$ 为动量项;$\alpha$ 为惯性量。

在卷积网络里,学习过程除了更新全连接权值之外,还要刷新大量的卷积算子,被调整项统一用 $\tau_{ji}$ 表示。考虑到动量项和偏差量的符号不一致性,采用常数方法则动量项和偏差项的符号关系是随机的。以全连接的权值 $\Delta w_{ji}^{(n-1)}$ 为例,偏差项的符号按照式(6-13),由调整系数 $\delta_j$ 和传导值 $x_{ji}$ 共同作用,而 $\delta_j$ 又由该点的梯度决定,$x_{ji}$ 是随机变化的,由当时的样本确定。这样,动量项和偏差项的运动方向时而同向,时而反向,在学习过程中随机抵消,导致两者之和的方向也呈现随机性。然而,算法实现尽快收敛,却必须沿着当前梯度符号所指的方向来调整参数,这样,符号关系随机性很大程度上减慢了学习过程的收敛。

能不能对惯性系数进行动态的修正,用惯性项的随机性"对冲"偏差项的符号随机性,使得动量方法中,参数调整始终沿着梯度所指的方向来进行,这种实时调整变化的动量项,称为弹性动量(flexible momentum),如表 6-1 所示。

表 6-1  弹性动量规则中的参数符号

| $\partial \tau$ | $\Delta \tau^{(n-1)}$ | $\alpha'$ | $\alpha' \Delta \tau^{(n-1)}$ |
|---|---|---|---|
| + | + | + | + |
| + | − | − | + |
| − | + | − | + |
| − | − | + | + |

记 sign() 为计算当前偏差量 $\partial \tau_{ji}$ 和上次调整量 $\Delta \tau_{ji}^{(n-1)}$ 的乘积符号函数,它返回符号,使得动量项和偏差项的方向始终动态保持一致。除了方向上的动态之外,惯性系数的值也根据上次惯性项和偏差量动态变化,

使得惯性分量部分不会突然增大或者陡然减小,以比较稳定的速度搜索收敛点。

因此,惯性量大小的选取有多种方法,如式(6-14)所示的方法称为线性弹性法(linear flexible momentum)。如果将线性弹性方法中的 $\Delta\tau_{ji}^{(n-1)}$ 用对应的平方项替代,分母中的 $\partial\tau_{ji}$ 也执行同样的操作,并去掉绝对值符号,则成为二次弹性法(quadratic flexible momentum),如式(6-15)所示,调整量如式(6-16)所示。

可以看出弹性动量规则方法灵活地改变了惯性大小;偏差量大,则惯性适度缩小,偏差量小,则惯性适当增大,调整量始终动态地保持稳定速度,称为弹性冲量。它使算法既能以较快速度冲出局部极值陷阱,又能防止过快而错过收敛点。

$$\alpha' = \text{sign}(\partial\tau_{ji} \cdot \Delta\tau_{ji}^{(n-1)}) \left| \frac{\Delta\tau_{ji}^{(n-1)}}{\Delta\tau_{ji}^{(n-1)} + \partial\tau_{ji}} \right| \tag{6-14}$$

$$\alpha' = \text{sign}(\partial\tau_{ji} \cdot \Delta\tau_{ji}^{(n-1)}) \frac{(\Delta\tau_{ji}^{(n-1)})^2}{(\Delta\tau_{ji}^{(n-1)})^2 + \partial\tau_{ji}^2} \tag{6-15}$$

$$\Delta\tau_{ji}^{(n)} = \partial\tau_{ji} + \alpha'\Delta\tau_{ji}^{(n-1)} \tag{6-16}$$

## 6.3　识别网络的实现

### 6.3.1　全局参数

学习网络由节点构成,节点之间的基本关系就是"连接",两个节点分别为连接的起点和终点,在整个链条上,起点是终点的前驱,终点是起点的后继,连接的列数比层数少 1,连接参数放在终点所在的层。

层的类型标注"i,c,s",分别对应于"输入层,卷积层,采样层"。"全连接"没有采用同样的结构体来描述,它也不构成层(layer)。可以认为"全连接"只是输出前的一个善后而已。全连接的 FFW 不属于层,而属于网络(net)。cell 数组是蜂窝数组,数组的一个元素称之为 cell,它可以对应一个常规数组;而常规数组的元素是某个基本型变量,也可以是一个 cell。

如变量 cnn 表示某个 CNN 网络,其初始化代码如图 6-4 所示。

cnn 的全局参数含义如下。

cnn.layers{1,2}:表示 1 列 2 行的 struct 对象,cell 类型用矩阵的形式标注其元素;

```
cnn. layers = {
    struct('type', 'i') %input layer
    struct('type', 'c', 'outputmaps', 6, 'kernelsize', nkernelsize)
%convolution layer
    struct('type', 's', 'scale', 2) %sub sampling layer
    struct('type', 'c', 'outputmaps', 12, 'kernelsize', nkernelsize)
%convolution layer
    struct('type', 's', 'scale', 2) %subsampling layer
};
cnn = cnnsetup(cnn, train_x, train_y);
opts. alpha = 1;
opts. batchsize = 50;
opts. numepochs = 1;
```

图 6-4　CNN 的初始化

cnn. layers：输入层、卷积层和采样层的集合；

cnn. ffb，10x1＜double＞：输出层元件偏置；

cnn. ffW，10×192＜double＞192＝4×4×12：表示输出层元件前驱全连接矩阵权值；

cnn. rL，1×21＜double＞：误差函数（error of learning），其中，21 即批数量；

cnn. fv，192×5＜double＞：批特征值，即总 pix 数量，5 为批容量；

cnn. o，10×5＜double＞：批输出，标签数量×批容量；

cnn. e，10×＜double＞：批误差，标签数量×批容量；

cnn. L，＜double＞：误差函数备用变量；

cnn. od，10×5＜double＞：该批的输出增量，标签数量×批容量；

cnn. fvd，192×5＜double＞该批 fv 增量，该批的总 pix 数量×批容量；

cnn. dffb，10×1＜double＞：ffb 的增量；

cnn. dffw，10×192＜double＞：ffw 增量。

代码"cnn. layers{1}. a{j}＝ sigm(z ＋cnn. layers{1}. b{j})"得到卷积层的结果；z 是连接的输出，它通过激励 S 型函数的层的输出。

## 6.3.2　卷积层参数

卷积层的数据结构不同于采样层，有如下的对象。

cnn. layers{2}. type：2 行 1 列的结构体类型对象的类型属性，常以

{2}引用；

 cnn. layers{2}. outputmaps：特征图数量；

 cnn. layers{2}. kernelsize：卷积核大小；

 cnn. layers{2}. k,1×1<cell>：卷积算子矩阵集合，图6 4中的第3行 outmaps 初始化为6故有6元素(5×5<double>)的初始化就是6个25元素的双精度型方阵，下同；

 cnn. layers{2}. b,1×1< cell >：卷积算子矩阵的偏置集合6元素(1<double>)；

 cnn. layers {2}. a,1×6<cell>：层输出，特征长方体，(24×24<double>)；

 cnn. layers {2}. d,1×6<cell>：特征长方体抖动量，(24×24<double>)；

 cnn. layers{2}. dk,1×1<cell>：卷积算子矩阵抖动量，6元素(5×5<double>)；

 cnn. layers{2}. db,1×1< cell >：元件激励前偏置抖动量，6元素(1<double>)。

### 6.3.3　采样层参数

采样层的数据结构如下。

cnn. layers{3}. b：保留的参数；

cnn. layers{3}. a<1×6cell>：保存采样得到6个帧序列；

cnn. layers{3}. d<1×6cell>：回退时保存6帧图的抖动量。

### 6.3.4　网络的初始化

cnnsetup(net,x,y)执行以下的操作。

net. layers{2}. k{1}{j=1..6}：初始化 C2 的卷积算子；

net. layers{2}. b{j=1..6}= 0：初始化 C2 的偏置；

net. layers{3}. b{j=1..6}= 0：初始化 S3 的偏置；

net. layers{4}1. k{i=1..6}{j=1..12}：初始化 C4 的卷积算子；

net. layers{4}. b{j=1..12}= 0：初始化 C4 的偏置；

net. layers{5}. b{j=1..12}= 0：初始化 S5 的偏置；

net. ffb = zeros(onum,1)：输出偏置初始化；

net. ffW = (rand(onum,fvnum) - 0.5) * 2 * …)：全连接矩阵；

特征图分辨率 mapsize 变化：28×28→24×24→12×12→8×8→4×4；

特征帧数 inputmaps 变化：$1 \rightarrow 6 \rightarrow 6 \rightarrow 12 \rightarrow 12$；

fvnum = prod(mapsize) * inputmaps：全连接网络的神经元数量。

### 6.3.5 网络输入的前馈

已知输入，将数据向前馈送求得网络的输出是获取网络误差的前奏，采用函数 cnnff(net, x) 来实现该功能。cnnff(net, x) 是已知网络的参数求 net. o，即网络的输出。其中，x 为学习序列帧，高度或者长度为 batchsize，默认 =5；net 为学习网络；a{i} 为编号为 i 的特征图序列。

将 batch_x 从输入端馈入，通过 2 次的卷积-激励-压缩，pix 特征值全连接网络变换-激励得到 net. o 用 cnnff(net, x) 表示，如图 6-3(a) 所示。

（1）如果 l 层是卷积层：

z = z + convn (net. layers {l − 1}. a {i}, net. layers {l}. k{i}{j}, 'valid');

输入帧流进行卷积，卷积结果累加，累加和偏置送入神经元件激励：

net. layers {l}. a {j} = sigm(z + net. layers{l}. b{j});

sigmoid 函数响应得到激励帧（特征图）。

（2）如果 l 层是采样层：

z = convn (net. layers {l − 1}. a{j}, ones(net. layers{l}. scale)..., 'valid');

输入帧（上层特征图）经卷积运算（1 个）得到卷积帧；

net. layers {l}. a {j} = z(1 : net. layers{l}. scale : end, 1 : net. layers{l}. scale : end, :);

卷积帧行和列相隔 scale 采样得到采样帧（采样层特征图），所以面积变为 1/4，相对而言，特征图被压缩。

（3）如果 l 层是全连接层：

全连接矩阵左乘 fv，得到长方形 sizeof a featurevalue，其缩写为 sa，返回帧流的维度：

net. fv = [net. fv; reshape (net. layers{n}. a{j}, sa(1) * sa(2), sa(3))];

例如，sa=[4 4 5]，5 个一批，每个为 4×4 的矩阵；串联得 fv（全连接层输入）：

net. o = sigm (net. ffW * net. fv + repmat (net. ffb, 1, size (net. fv, 2)));

串联 1 次（共 12）增加 16×5 块，垂直堆叠偏置长方形（每批有 5 个输出,偏置要复制 5 次),再经 sigmoid 函数激励得到输出。

### 6.3.6　网络误差的后传

cnnbp(net,y)将 batch_y 从网络的输出端馈入,和输入的标签值真值进行比较,得到输出偏差抖动量 net.E,向后传,最后求得 batch_x 的抖动量。要使得 net.E 为零向量,即网络的输出和真值完全一致,或者调整输入,或者调整网络的参数;输入是客观存在的,则只能调整网络的参数,这个过程就是学习。这里并不是一个严格的反向计算过程,因为存在输出抖动,如果输入不可调整则只能通过参数的调整来实现,但是,先要计算得到输入的抖动量,又称为增量。该函数的流程如图 6-3(b)所示。

(1)元件的导数,从误差得到中间层变量的抖动率(向前计算)。

```
net.e = net.o - y;                        //计算输出值和真值的误差;
net.L = 1/2 * sum(net.e(:) .net.e(:)) / size(...);  //方差均值损失函数
net.od = net.e * (net.o . * (1 - net.o));  //输出抖动
net.fvd = (net.ffW' * net.od);             //fv 特征值抖动
//如果末层是卷积层,则考虑激励抖动
if 末层.type = 'c'net.fvd = net.fvd . * (net.fv . * (1 - net.fv));
//将抖动的长方形向量重构成 12 个抖动帧流;
//从 n-1 层到 1 层
    case 1 c-layer
//将其后层的抖动帧流分辨率放大到 4 倍;像素灰度取 1/4
//上述长方体乘以当前层激励函数激励时的导数得抖动帧流的导数 d{j};
net.layers {l}.d{j} = net.layers{l}.a{j} . * (1 - net.layers{l}.a
{j}) * ...
    case 2 s-layer:
//清 0 抖动帧流导数;
//从其后继的 c 层退回的导数都有多个分量,累加;
//前进的 valid 卷积,分辨率降低;
//回退的卷积分辨率要升高用 full 卷积;
//后继的卷积层的核翻转 180;
//照上述方法,将后继的特征抖动帧流卷积得到导数分量;
//分量累加得到特征长方体的导数;
z = z + convn (layers {l + 1}.d{j},rot180(layers{l + 1}.k{i}{j}),'full');
```

(2)卷积层卷积算子(相当于带权弧)的抖动,由中间变量的抖动得到网络参数的抖动率(向后面计算)。

```
convn(28x28,5x5,valid) = (24,24);convn(28x28,24x24,valid) = (5,5);
//结果抖动传导到算子的抖动量,同样通过卷积来计算
//起点的特征体翻转 180;
//终点的特征体抖动率 valid 卷积得到卷积核抖动率;卷积核抖动量累加;
Layers{l}.d{i}{j} = convn(flipall(layers{l - 1}.a{i}),layers{l}.d{j},
```

```
'valid');
net.layers{1}.db{j},//取前者的均值;
```

（3）全连接权值和偏置的抖动率（向后面计算）。

```
//全连接权抖动量＝后继点导数＊传导值,即增量除以批容量得学习速率;
net.dffW = net.od * (net.fv)'/ size (net.od,2);
net.dffb = mean(net.od,2); //元件偏置也用了抖动量,取导数的均值.
```

net.E 利用激励函数的导数（函数值 net.o 的函数值），求得误差对于网络输入 fv 的导数值 net.od（不是抖动量，而是导数值），即误差增长率，然后求得 fv 的抖动量 fvd，fvd 重构成抖动帧 d，即 layer{5}.d。已知 layer{5}.d 要求 layer{4}.d，layer{4}.type='c'，中间必须有一个反向压缩过程，即 expand，正常卷积不要反，再反作用神经元件激励，乘以输出导数即可。

Layer{3}.type＝"s"，再 full 卷积，放大即得到 layer{3}.d；

layer{2}.type＝"c"，用 expand，再神经元件的激励，乘以输出导数即可；

Layer{1}.type≠"c"和"s"，直接结束。

学习过程并未结束，只是学习得到抖动帧，即各层的输入抖动量，尚未学到参数的抖动。由于参数有连接参数和层参数，两者都在连接的后继节点层里，不是所有层都要进行参数学习，只有存在神经元件的层，或者说非线性激励的元件需要学习参数，即 c 层和输出层。所以，流程是跳跃式的，跳过了采样层，通过对于卷积运算的导数即可求得卷子算子的抖动量。

```
aout = conv(ainput,k)
```

则

```
dk = conv(flip(a),daout);
```

输入不能改变，要获得帧抖动的必须有相应的卷积算子抖动，学习速率为批大小的倒数。

对于输出层

```
net.o = net.ffw' * net.fv;
```

今 o 抖动由 ffw 抖动来调整，根据向后传播的调整式，可以求得输出对于 net 输出的导数值：

$$\Delta w_{ji} = \eta \delta_j \cdot x_{ji} = \eta(t_j - o_j)o_j(1 - o_j)x_{ji} \qquad (6\text{-}17)$$

还有个问题，就是函数 expand(a,[dim1 dim2])如何实现扩充采样。

它类似于矩阵元素沿着矩阵维度的方向重复,这样该元素重复后得到 dim1×dim2 的矩阵。相当于原来的 a 被放大了,总的元素个数可以通过计算得知,这个过程称为上采样,其本质就是放大。如图 6-5 所示,元素 (1,1) 变为 2 行 2 列的矩阵,其他元素类似,原矩阵变为 8 行 7 列,末行末列的元素做列扩充、或者行扩充、或者同时扩充取决于整体扩充状态的奇偶性要求。

| −0.003 | −0.0015 | 0.0264 | −0.0405 |
|--------|---------|--------|---------|
| 0.0035 | 0.0455 | 0.0352 | 0.0634 |
| −0.1014 | 0.0106 | −0.0109 | 0.0015 |
| −0.0309 | 0.0303 | −0.0014 | −0.0233 |

| −0.003 | −0.003 | −0.0015 | −0.0015 | 0.0264 | 0.0264 | −0.0405 |
|--------|--------|---------|---------|--------|--------|---------|
| −0.003 | −0.003 | −0.0015 | −0.0015 | 0.0264 | 0.0264 | −0.0405 |
| 0.0035 | 0.0035 | 0.0455 | 0.0455 | 0.0352 | 0.0352 | 0.0634 |
| 0.0035 | 0.0035 | 0.0455 | 0.0455 | 0.0352 | 0.0352 | 0.0634 |
| −0.1014 | −0.1014 | 0.0106 | 0.0106 | −0.0109 | −0.0109 | 0.0015 |
| −0.1014 | −0.1014 | 0.0106 | 0.0106 | −0.0109 | −0.0109 | 0.0015 |
| −0.0309 | −0.0309 | 0.0303 | 0.0303 | −0.0014 | −0.0014 | −0.0233 |
| −0.0309 | −0.0309 | 0.0303 | 0.0303 | −0.0014 | −0.0014 | −0.0233 |

图 6-5　矩阵上采样

### 6.3.7　网络的梯度下降和动量学习

$\alpha$ 常常表示折扣系数和动量,在 Mitchell 的教材里面[129],该符号用来说明冲量方法,但是,准确地说,将其理解为冲量并不准确。在式(6-13)中, $n$ 时刻的调整量 $\Delta w_{ji}^{(n)}$ 中,以惯性的方式记忆了 $n-1$ 时刻的调整量 $\Delta w_{ji}^{(n-1)}$,就像一个滚动的铁球,在通过有起伏的平面时,它能以上次的速度保持运动,通过误差曲面的局部最小值或者平坦的区域,并不会因此次的偏差量 $\eta \delta_j x_{ji}$ 过小,而以过低的速度通过,甚至几乎在原地保持静止,从而加快收敛。 $\delta_j$ 表示误差函数对元件 $j$ 的网络输入 $net_j$ 的导数。

在 MATLAB 代码中,梯度下降过程采用函数 cnnapplygrads(net, opts)来实现,过程说明如下:

从第 2 层到最后一层做顺序遍历,如果是卷积层,则修改卷积算子,乘以抖动量,对输出量和输入量循环,得到学习连接参数:

```
layers{l}.k{ii}{j} = layers{l}.k{ii}{j} - opts.alpha * layers{l}.dk
{ii}{j};
```

卷积层的偏置参数的调整：

Layers {l}.b{j} = net.layers{l}.b{j} − opts.alpha * layers{l}.db{j};

调整全连接权值：

net.ffW = net.ffW − opts.alpha * net.dffW;

调整输出层偏置：

net.ffb = net.ffb − opts.alpha * net.dffb;

连接的结构参数通过 FFW 和卷积算子来体现。采样层通过 layers{l}.a{j} =z (1:layers{l}.scale : end, 1 : layers{l}.scale : end, :) 到层的输出，采样过程就是该层的功能结构。从这个意义来讲，它不是"神经网络层"。输出层通过 net.o = sign(net.ffW * net.fv + repmat (net.ffb, 1, size(net.fv, 2))) 得到结果，net.ffW * net.fv 是连接输出，sign(⋯+b) 是偏置和激励，所以，输出层是典型的神经元层。

由此看来，此网络是 5 层结构：2(c 层)＋2s(s 层)＋1(o 层)＝5。训练参数也分为连接参数和层参数。层参数为 $b$ 和 $db$；共有 28(6(c 层)＋12(c 层)＋10(o 层)＝28)个神经元。连接参数为 $k$ 参数，共有 78(c＋c＝1×6+6×12=78)个卷积核，核大小为 5，则 $k$ 参数共 78×5²=1950 个，还有权连接矩阵 FFW 参数 192×10＝1920，合计 3898(28＋1950＋1920＝3898)个参数。显然，参数训练量和网络结构密切相关。卷积网络的"权值共享"，实际上就是"卷积核"共享，例如第 2 个 c 层，输入 6 帧而输出 12 帧；从输入的第 6 帧流进输出第 1 帧得到对应的帧分量，12×12 个像素连接到 8×8 像素，没有使用全连接模式(需要 144×64 个连接)，而只用 25 个连接(即卷积核元素个数)，本质上共享卷积核 k{6}{1}，大大减少了学习参数，从而提高网络学习效率。

## 6.4  基准数据上的实验分析及讨论

### 6.4.1  MNIST-Zip-Digit 字符数据实验及结果

MNIST (Mixed National Institute of Standards Database and Technology，美国国家技术标准研究所混和手写数字数据库)手写数字数据库是包含 60 000 个训练样本、10 000 个测试样本的样本集合。NIST 提供了可用的更大的数据集合，MNIST 数据集是它的一部分。在固定大小的像素盒上,这些数字模式完成了大小规范化和位置居中格式化。对于想用现实世界数据测试机器学习技术和模式识别方法的研究人员而言,该数据集合几乎不需要预处理和格式化就可投入使用。最初的 NIST 集合中的黑白(二值图)图像大小归一化处理后,适合在一个 $20 \times 20$ 的像素盒里再现。保持原有纵横比例,并运用抗混叠技术的规格化算法计算得到图像灰度值,图像被中心对齐在一个 $28 \times 28$ 像素图像上,通过计算像素质心和相关变换,实现和 $28 \times 28$ 像素盒中心对齐。当采用周边中心对齐而非质心中心对齐,一些分类方法(基于模板的方法,如支持向量机 SVM 和 KNN)的错误率有所提高。部分字符模式如图 6-6 所示。

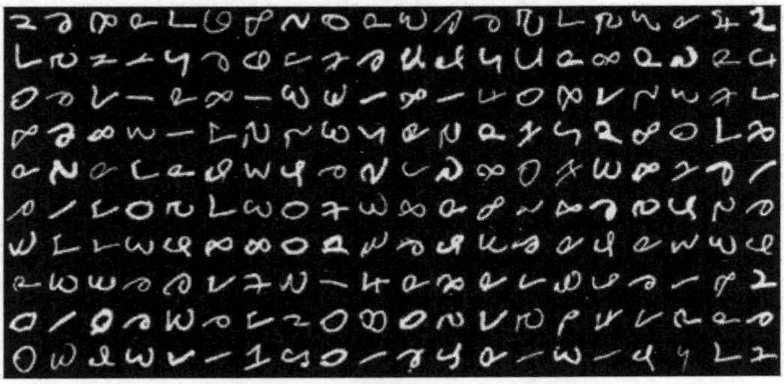

图 6-6 MNIST 的手写字符图片

MNIST 数据库由 NIST 的包含手写二值图像的专题数据库 3(SD-3)和专题数据库 1(SD-1)组成。NIST 最初指定 SD-3 为训练集,而 SD-1 为测试集。事实上,SD-3 比 SD-1 更清晰、更容易识别,因为 SD-3 字符的手写者是人口普查局工作人员,而 SD-1 字符手写者是高中生。要从机器学习实验中得出合理的结论,这就要求实验结果有独立性。也就是说,训练集和测试集在完备样本集合中必须具备不相关性或者独立性。因此,有必要通过混合 NIST 的专题数据库建立一个新数据库。

MNIST 训练集由 SD-1 的 30 000 个样本和 SD-3 的 30 000 个样本构成。本实验的测试集由 SD-1 的 5000 个样本和 SD-3 的 5000 个样本组成。

在 SD-3 中,每个作者手写的字符组是按顺序出现的。SD-1 的手写字符群的顺序是混乱的,包含 58 527 个数字图像,来自 500 个不同的作者。由于 SD-1 作者身份信息可跟踪,可以使用这个信息来解读作者信息。这样,SD-1 的前 250 个作者的手写字符并入了训练集,余下的 250 位作者的手写字符并入测试集,确保了训练样本和测试样本的作者是不相交的。因此,得到两套近似为 30 000 个模式的样本集合。训练集的构造按如下方法:选择其中一个样本集合,加上 SD-3 提供的足量样本,从 SD-3 的模式 0 开始选取,直至凑满 60 000 个模式形成训练集合[158]。

在这些训练图片里,二值图是常用的表示方式。对于某个灰度图,如果每个像素灰度值归一化之后,要么是 0,要么是 1,这样的灰度图定义为二值图,而一般的灰度图的像素灰度值在[0,1]连续分布。从这个意义上,数字库是灰度图,但是,处理之后的字符图片基本上呈现黑白 2 色,灰度值明显呈现极性分布,基本上近似为二值图,从图 6-6 可以看出。

这套训练集和测试集测试了许多机器学习方法,在相关的论文中给出了详细陈述。一些实验使用定制版本的数据库,在该版本里面,输入图像进行了偏斜校正(通过计算接近垂直的图像形状的主轴,再平移,从而使它垂直)。在其他的一些实验中,训练集还被加入了人工扭曲的最初模式样本(扭曲变换就是缩放、倾斜和压缩,甚至是变换的组合等)。

本实验在联想至强塔式服务器上开展,其详细配置环境如表 6-2 所示。

表 6-2　实验硬件环境

| 项　　目 | 描　　述 |
| --- | --- |
| 计算机型号 | 联想至强服务器 42237C0 Tower |
| 操作系统 | Windows 7 旗舰版 64 位( DirectX 11 ) |
| 处理器 | 英特尔 Xeon(至强) E5-2650@ 2.00GHz 八核 (X2) |
| 主板 | 联想 NONE ( 英特尔 Xeon E5/Core i7 DMI2-X79 PCH- ) |
| 内存 | 16GB (DDR3 1600MHz ) |
| 速度 | 2.00GHz(100MHz×20.0) |
| 处理器数量 | 核心数 8/线程数 16 |
| 网卡 | 英特尔 82579LM Gigabit Network Connection/联想 |
| BIOS | 联想 A1KT48AUS/制造日期:2013 年 10 月 15 日 |

首先,观察字符识别率和迭代轮数,数据如表 6-3 所示,采用线性弹性方法,其他参数见表注,在只有 1 轮迭代的情况下,准确率也能达到 89%,算法的有效性是很明显的,由样本数量为 60 000,因时间消耗而产生的时延也很明显,将近 3min;以倍增的方式增加了迭代次数,训练时间也迅速增加,100 次迭代耗时约 4h20min,准确率约 99%;500 次,迭代耗时约 94h,将近 4 天,准确率约 99.1%。在这个时间算法已经完全收敛,也就是说,在 100 次之后,再提高迭代轮数或者延迟训练时间,准确率不会有明显的起色。

表 6-3 MNIST 库的识别率和轮数

| 实验时间 | 迭代轮数 | 训练耗时/s | 识别率/% |
|---|---|---|---|
| 2014-4-17 14:35 | 1 | 158.106 | 88.79 |
| 2014-4-17 15:02 | 10 | 1575.384 | 97.36 |
| 2014-4-17 19:24 | 100 | 15 758.368 | 98.87 |
| 2014-4-21 18:21 | 500 | 341 783.583 | 99.09[①] |

① MNIST-Digit 28×28,训练:60 000;测试 10 000;标签组数 10;卷积核大小 5;批大小 50。

然后,以 500 个样本为起点,依次增加训练样本数量观察识别性能的变化,数据变化见表 6-4,其他参数设置参见表注。当训练样本增加至 26 000 个时,准确率达 70%,方可证明算法的有效性。随着训练样本增加,识别性能不断改善,训练时间也逐步变长,这和人类专家的学习规律基本一致,学习次数和内容增加,能从样本集合中学到更多的知识,就能更准确地把握客户事物之间的联系。

表 6-4 MNIST 库的识别率和训练样本

| 实验时间 | 训练样本数量 | 训练耗时/s | 识别率/% |
|---|---|---|---|
| 2014-4-17 10:56 | 500 | 1.419 | 9.82 |
| 2014-4-17 10:57 | 3500 | 9.267 | 10.10 |
| 2014-4-17 10:59 | 14 000 | 119.169 | 11.35 |
| 2014-4-17 11:00 | 17 500 | 174.58 | 30.98 |
| 2014-4-17 11:10 | 19 000 | 86.581 | 22.98 |
| 2014-4-17 11:01 | 21 000 | 239.695 | 45.98 |
| 2014-4-17 11:05 | 26 000 | 201.973 | 71.93 |
| 2014-4-17 11:11 | 28 500 | 175.454 | 68.51 |
| 2014-4-17 11:06 | 32 500 | 296.151 | 80.79 |
| 2014-4-17 11:13 | 38 000 | 284.061 | 84.74[①] |

① MNIST-Digit 28×28;训练块 50;测试量 10 000;标签组数 10;卷积核大小 5;轮数 1。

最后,观察批容量变化对机器学习性能的影响,数据变化见表 6-5,其他参数设置参见表注。从数据来看,批容量越小,则识别性能越好,随着"批"变得越来越大,准确率越来越低。在学习过程中,误差的来源不是从单个样本得来,而是从一批样本"学习得来",学习一次就对参数更新一次,这样在总体样本数量保持一定的情况下,一批所容纳的样本越少,意味批的数量就越大,那么,机器就将完成更多次数的学习和调整,对样本的学习就越来越精细,就更有可能从数据集合学习精细化的、准确的知识,从而提高识别性能。

表 6-5　MNIST 库的识别率和训练块

| 实验时间 | 训练块大小 | 训练耗时/s | 识别率/% |
|---|---|---|---|
| 2014-4-16 9:00 | 5 | 677.635 | 96.81 |
| 2014-4-16 9:06 | 10 | 356.611 | 95.67 |
| 2014-4-16 9:11 | 20 | 244.795 | 92.49 |
| 2014-4-16 9:14 | 25 | 222.503 | 91.56 |
| 2014-4-16 9:17 | 40 | 169.401 | 89.59 |
| 2014-4-16 9:20 | 50 | 152.552 | 88.31① |

① MNIST-Digit　28×28；训练 60000；测试 10000；标签组数 10；卷积核大小 5；轮数 1。

### 6.4.2　基于 ORL-Face 数据集的人脸识别

ORL 人脸数据库是机器学习领域广泛使用的另一套基准数据集合，它包含一套在 1992 年 4 月至 1994 年 4 月期间于实验室采集的人脸图像集合。它最初应用于人脸识别项目，该项目是剑桥大学的 Olivetti 研究所和工程系视觉机器人、语音项目小组合作执行的项目。数据集来源于 40 个不同的实验对象，每个对象采集 10 个不同的脸部图像。图像采集的时间、面部表情（眼睛睁开或者闭合、是否有微笑）、光照环境、面部细节（眼镜佩戴与否）都存在着不同，如图 6-7 所示。

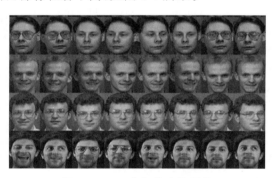

图 6-7　ORL 的部分人脸图片

可以看出：图片在亮度一致性背景下，从脸部的正前方获取，一部分还允许小幅度的侧面运动。存储最初格式是 PGM 格式（在 UNIX 系统下，能方便地使用 XV 程序查看），图片大小为 92×112 像素（10304），256 级灰度。在压缩文件当中，图像组织成 40 个目录，每个实验对象的图片对应一个目录，目录名称采用 sX 形式，X 表示实验对象的编号。在这些目录的每一项里面，有对应实验对象的 10 张不同的脸部图像，图像的名称命名形式为 Y.pgm，Y 是实验对象的图像的编号（1～10）。

在实验之前,为了方便和字符手写数据集进行性能对比,以 MNIST 为参考对人脸数据进行了预处理。首先对大小进行格式化,将原来图片统一重塑为 28×28 像素的大小,其次,MNIST 图片均为近似二值图,对于人脸图片进行了去均值化处理,这样,图片就去掉较大幅度的亮度本底,也近似为二值图,而脸谱的轮廓依稀可见,如图 6-8 所示。

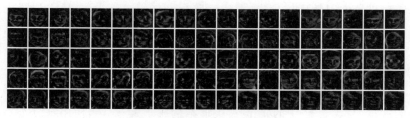

图 6-8 预处理之后的人脸图像

将预处理后的 400 个样本中的 320 个构成训练集,余下的 80 个构成测试集合。为了测试算法的有效性,改变迭代轮数进行了实验,其他参数和字符集合实验保持一致,数据如表 6-6 所示。当仅仅为 1 次迭代时,准确率为 38%,看不出有效性;当迭代轮数为 100 时,准确率提高 85%,算法对数据集的有效性已经相当明显,在训练时间为 44h 之后,也就是 500 次迭代之后,准确率为 92%,已经可以和字符集上的准确率接近;但是,总体上的性能比字符低。

表 6-6 ORL 人脸库的识别率和轮数

| 实验时间 | 迭代轮数 | 训练耗时/s | 识别率/% |
| --- | --- | --- | --- |
| 2014-6-9 9:20 | 1 | 156.431 | 38.00 |
| 2014-6-9 9:47 | 10 | 1597.147 | 75.00 |
| 2014-6-9 14:13 | 100 | 15951.717 | 85.00 |
| 2014-6-11 10:56 | 500 | 161 015.902 | 92.00 |

可以看出,对于 MNIST-Zip-Digit 字符数据集,算法表现出了很好的识别精度和收敛速度;而在 ORL-Face 集上,稳定后的识别精度低了许多。但是,实验数据说明算法基本有效,精度尚有改进提升的空间。比较认可的解释是:字符模式简单,只有线条、弯角;人脸模式复杂,有区域、表情、覆盖物(眼镜、帽等),复杂性一定程度上影响识别精度。人脸模式相比于字符模式的复杂度也具体表现在:标签空间要大(40>10),学习样本数量要小(320≪60000),从知识表达和传递的充分性和完备性都比不上字符数据集。

## 6.5　病害图像识别实验

### 6.5.1　混淆矩阵和召回率

在机器学习精度评价中,混淆矩阵(confusion matrix)又称为匹配矩阵,主要用于比较分类结果和实际测得值,即用混淆矩阵 $C[i,j]$ 表示被划分为类 $i$(输出类)而实测为类 $j$(目标类,或者观察值)的样本数量在测试样本总量所占的百分比。

召回率也是在机器学习领域应用广泛的概念,它用来评价分类器性能的度量,令集合 $S$ 中的 $n$ 个 A 类样本构成子集 $S_T$,当使用某分类器对测试集合 $S$ 进行测试,归类为 A 类的样本构成子集 $S_O$,记 $S_{OT}=S_T\bigcap S_O$,则 $S_{OT}$ 的元素个数和 $n$ 的比值为分类器对 A 的召回率。

选择黑星病、锈果病等 4 类苹果病害的病理图像数据子集,样本可视化如图 6-9 所示,通过它们对网络进行训练。用 500 个样本测试所得模型,得到二次动量方法的混淆矩阵如图 6-10 所示。(1,1)对应的单元格显示,120 个输出为类 1(锈果病)且目标类也是为类 1 的样本,在样本总量中占 24%;(1,3)对应的单元格显示,4 个输出为类 1 的样本实际属类 3(花脸病),在样本总量中占 8%。(5,1)对应的单元格表示,120 个类 1 目标全部被识别,其召回率 100%;类 3 目标仅召回了 112 个,召回率 94.9%。总体而言,召回率为 98.2%。单独来看,对病理图像数据,算法召回率高,效果较好。

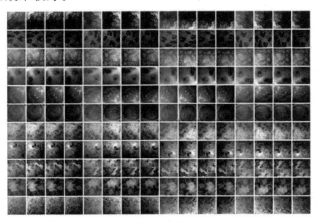

图 6-9　格式化的苹果病害图像

| | 1 | 2 | 3 | 4 | |
|---|---|---|---|---|---|
| **1** | 120<br>24.0% | 0<br>0.0% | 4<br>0.8% | 0<br>0.0% | 96.8%<br>3.2% |
| **2** | 0<br>0.0% | 133<br>26.6% | 0<br>0.0% | 1<br>0.2% | 99.3%<br>0.7% |
| **3** | 0<br>0.0% | 0<br>0.0% | 112<br>22.4% | 1<br>0.2% | 99.1%<br>0.9% |
| **4** | 0<br>0.0% | 0<br>0.0% | 2<br>0.4% | 127<br>25.4% | 98.4%<br>1.6% |
| **输出类** | 100%<br>0.0% | 100%<br>0.0% | 94.9%<br>5.1% | 98.4%<br>1.6% | 98.4%<br>1.6% |
| | 1 | 2 | 3 | 4 | 目标类 |

图 6-10　网络的混淆矩阵

### 6.5.2　识别性能对比

以苹果病害为例,按照第 3 章述及的图像采集处理方法,在果树植保科学家的指导下,依次采集了轮纹病、黑星病、黑腐病、锈果病锈果症状、锈果病花脸症状、炭疽病、褐腐病等 10 余种表现于苹果果体的外表病变图像[187],得到苹果病害图像的基础数据库。枝干、树叶、根和果心等其他部位病变暂时不予考虑。

在识别准确率方面,对比了弹性方法(QFM 标注,使用二次弹性)、5 层深度的 LeNet(LeNet-5[186])、增强 4 层深度的 LeNet(Boosted-LeNet-4,即 B-LeNet-4[188])、$k$-Nearest-Neighbour($k$ 最邻近节点,缩写为 $k$-NN)[189],以及层数为 3 的多层神经网络(MNN)方法的实验结果。每个算法在病害数据集上按照不断增加迭代轮数的方法进行一系列实验,最佳准确率条形图如图 6-11 所示。

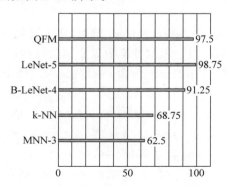

图 6-11　5 种方法的识别率对比

就识别率而言,动量弹性算法不是最好的,但是差距甚微;和传统的浅层学习算法相比,识别性能优势明显。

### 6.5.3　不同网络的性能收敛

在识别性能对比实验的基础上,挑选 3 个准确率较高的算法,观察错误率随迭代轮数的变化,如图 6-12 所示,带"十"字椭圆标注的点是收敛近似起点。

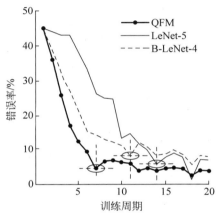

图 6-12　错误率和收敛性

可以看出:相对于识别性能最好的 LeNet-5 的收敛点(迭代 14 轮)和 B-LeNet-4 的收敛点(迭代 11 轮),QFM 方法的收敛时间最短(迭代 7轮),比其他两个方法分别短了 7 个和 4 个迭代周期。就收敛后的平滑性和波动性而言,QFM 方法的表现也颇具竞争力。

### 6.5.4　不同数据集合的识别精度收敛

针对苹果病害图像(lesion image)识别,算法表现从前面的实验已经大体得以验证。然而,对于不同基准数据集,算法的收敛精度会如何? 团队又使用了 MNIST-Zip-Digit[190] 和 ORL-Face[191] 两个数据集进行算法训练实验。

从图 6-13 可以看出:对于 MNIST-Zip-Digit 和病害图像数据,QFM算法表现了很好的识别精度和收敛速度,识别准确率约为 90%,并且在6 个左右的单位训练时间能实现识别精度收敛。而在 ORL-Face 集上,QFM 的最好准确率约为 80%,稳定精度也比 90%稍有下降。但是,75%

左右的识别率表明算法基本有效,精度尚有改进提升的空间;同时算法收敛的时间也相比于使用前面两个基准数据集合要长。比较合理的解释是:字符模式简单,只有线条、弯角;病害图像有纹理、斑点等;而人脸模式相对较为复杂,处理固定的特征如区域、轮廓之外,还有动态的特征点,如表情、覆盖物(眼镜、帽等),复杂性一定程度上影响识别精度。精度收敛时间和很多因素密切相关,例如,模型本身的复杂度以标签数量来衡量,字符集合只需要区别 10 种可能,而人脸集合却高达 40 种可能;又如,训练集合的样本数量,机器学习的知识只能来自样本,从某个角度来看,训练针对某个领域的具备某个识别精度的模型需要的信息量是一定的,当样本数量较少,往往需要更多的训练周期,从而需要更长的训练时间。

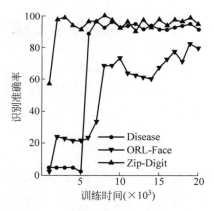

图 6-13　不同基准数据集上的学习性能

### 6.5.5　不同动量方法的误差函数收敛性

从理论上来看,动量方法改善了机器学习时调整误差增量项和惯性项的方向一致性,必将对误差函数的收敛速度产生积极影响,因此,在本次实验中,针对卷积深度学习网络选择 4 个动量算法观察训练目标损失函数值随迭代轮数的变化,如图 6-14 所示。其中,标准动量梯度下降方法表示为 train-GDM(在有些文献中也表示为 traingdm);线性弹性动量梯度下降方法表示为 train-GD-LFM;二次弹性动量梯度下降方法表示为 train-GD-QFM;自适应动量梯度下降方法表示为 train-GDX(也有学者将其表示为 traingdx)。

不难看出相对于 train-GDM 的损失函数收敛点 14 和 train-GDX 的收敛点 18[192],train-GD-QFM 方法的收敛点为 7,收敛迭代轮数最少,耗费训练时间最短；居第 2 位的是 train-GD-LFM 方法，收敛点为 9。实验数据说明，弹性动量方法对于学习网络的误差函数收敛速度有明显的改善。4 种方法的目标误差函数收敛数值基本趋近。另外，从收敛的损失函数曲线的平滑性和波动性来看，弹性动量方法的表现也颇具竞争力。

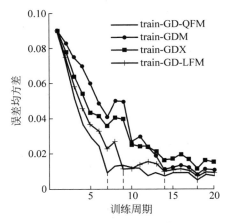

图 6-14　4 种动量学习算法的损失函数收敛性

## 6.6　本章小结

本章基于深度学习提出了卷积网络果体病变图像识别诊断方法，以苹果为例开展了感知图像病害识别研究，设计了学习网络结构和面向卷积的误差 BP 传递算法，提出了弹性冲量的权值更新算法，并在 MATLAB 环境中对涉及的相关算法进行了系统编码，在 MNIST 基准数据集合和 ORL 人脸数据集合上完成了初级验证性实验，接下来，围绕苹果病害图像进行了一系列实验。

实验显示：和浅层学习算法及普遍认可的深度学习方法相比，所提出的算法效果好，有着明显的性能优势，识别准确率为 97.5%；收敛曲线反映出该方法有很快的收敛速度，并能维持较好的平滑性和较小的波动性；苹果病害图像的混淆矩阵反映了弹性动量卷积网络 3.2% 的失配率和 99% 的召回率，表明了其识别病害图像的有效性，对不同基准集的训练结果也表明算法对于图像模式识别问题有效性突出；和其他深度卷积网络相比，在趋近同一性能的过程中，较之于经典的 5 层 LeNet 和 4 层增压 LeNet 表现出更少的迭代周期，展望着更快的收敛速度；在同一网络上运用不同动量学习范式的误差函数，获得的收敛实验数据表明二次弹性动量和线性弹性动量相比于经典动量梯度下降、自适应动量方法,收敛迭代周期较之于参照方法分别提前了 7 个和 5 个单位,这个发现对于提速大样本机器学习过程有着积极意义。

总体上,基于卷积网络提出的基于监督学习的病变图像识别方法,在一体化的学习网络中,融合了特征提取和模式识别,共享一套学习机制,完成对识别部件和特征提取部件的训练,解决了"过程和目标"失配的问题,系统和完整地仿真和验证其有效性,在智能化、信息化农业生产技术领域有着建设性的应用前景。

# 第7章　农业智能应用系统平台的系统设计

## 7.1　应用系统平台的研发背景

　　随着经济的发展,在大部分山区农业基层单位和沿海经济发达地区,农户和农业科技人员的计算机配备已变得越来越普遍,推广和应用农业信息化系统的硬件平台完全具备[193]。同时,由于农业产业结构的调整和农村市场经济的发展,广大农民和农村干部学科技、用科技的愿望也越来越强烈,农业信息化技术意识有了明显提高[194]。广大农业科技工作者长期辛勤工作,在农作物科学种植和管理方面取得了许多成功的研究成果,积累了大量宝贵的经验,他们期待有一个有效的工具将这些成果经验推广到广大农村并转为生产力,无形之中,这就形成了一个很大的"农业智能应用系统平台"需求市场。

　　自 1996 年 10 月至今,在国家 863 计划项目、北京市科学技术委员会和北京市基金委项目的支持下,经过 9 年的努力,国家农业信息工程技术研究中心研制开发出了国际化、网络化、构件化、智能化、层次化、可视化、傻瓜化的"农业智能系统平台 PAID(the Platform for Agricultural Intelligent-system Development)"。平台提供了统一规范和适合农业特点的农业智能系统技术框架体系,支持对农业问题的定性推理和定量计算,在 Windows DNA 体系结构、多源数据融合、基于 XML 的数据交换与传输、软构件技术、产生式知识表示、知识自动获取和模糊推理等关键技术上实现了创新,较好地体现了智能化信息技术与农业的有机融合,改变了传统的农业技术推广方式,实现了智能技术在农业领域应用的重大突破。

最近 10 年,人工智能相关领域及产业发展成为新焦点。在农业领域,人工智能早在 20 世纪就开始了探索。目前,已经有用于"辨别病虫害""探测土壤""预警气候灾害""自动耕种、播种、采摘"等领域的智能识别系统和智能系统,这些应用将帮助人类提高产出、提高效率,同时减少农药和化肥的使用。然而,早期的农业智能系统并没有充分吸收人工智能特别是深度学习在农业领域的最新成果;此外,早期的农业智能系统平台面向高带宽接入的网络环境开发,故只能普及到网络环境良好的一些"国家级精准农业"示范区,它所不能普及的偏远农村地区则对能适应单机环境下运行的农业智能系统平台表现出强烈的需求[1]。在这种背景下,本书作者所在课题团队联合国家农业信息技术研究中心联合实施了名为"农业智能应用系统平台的研发"的工程项目。

### 7.1.1 目标系统描述及要求

多媒体农业智能应用系统平台的目标定位是为知识工程师、领域专家、农业智能应用系统开发商提供一个用于开发支持多媒体的、智能化的、支持电子图书和农情数据库的农业智能应用系统的软件工具平台。

在当前软件环境下,项目组要求它必须符合以下描述。

(1)适于单机环境运行。农业智能应用系统的开发和运行都能充分适应单机环境,农业知识工程师开发、打包、发行和农户安装、运行都可以单机环境下进行。

(2)农业智能应用系统的开发和运行环境分离。开发必须改变早期的农业智能系统开发平台和运行环境分工不明的状况,实现开发环境和运行环境的彻底分离。

(3)丰富的多媒体知识对象支持。除了支持基本的知识表达方式,知识工程师还可以自由选择知识表示的多媒体素材形式,对包括图片、音频、视频、动画、超文本文件、用多媒体工具制作出的可执行文件对象在内的多媒体素材提供充分支持,真正做到表现形式的丰富多样和表现效果的形象生动。

（4）提问式推理。知识库运行时，推理过程能根据具体问题启发、提示农户进行选择输入，以"一问一答"的方式完成事实录入，最后通过知识规则库和推理机自动给出准确度达到人类专家水平的解答结果；去掉一些如要求农户建立事实表等专业性较强的操作步骤。

（5）农情数据库支持。在早期的农业智能系统开发平台中，知识库作为专家系统中表达领域专家知识的唯一方式，显然，在当下这已不能满足农户对农业知识的要求，农情数据库要成为应用系统一个组成部分，农户将以农业信息化系统获得一些基础的农业数据。

（6）电子图书支持。增加电子图书为知识领域知识表现方式，支持知识工程师将领域知识以电子图书的形式组织成教材，以教科书的形式供农户查询、检索，以获得更详尽的农业生产管理知识。

（7）可定制的用户界面。无论开发平台还是运行平台界面都不能像早期的农业智能系统开发平台一样，千篇一律，自始至终一个模样，界面能根据用户个人喜好实现个性化。

（8）目标操作系统必须支持目前主流桌面操作系统。完美兼容Windows XP 及其他 Windows 7 以上操作系统。

## 7.1.2　农业智能应用系统的初步系统分析

### 1. 单机运行

单机计算环境不同于分布式计算环境，也不同于网络计算环境，系统基于单机环境运行意味着 C/S、B/S 的体系架构以及此架构中的应用服务器软件（如：SQLServer）不在考虑应用范围之列；所有的应用计算任务由一台机器来完成，而不是通过多台机器协助完成；所有的数据都存储在用户计算机中，用户计算机必须承担数据安全责任；应用系统是一个典型的 Windows 应用，而不是 Web 应用。

### 2. 开发与运行环境分离

通过平台开发出来的应用系统要能独立于开发平台运行，目前只要考虑两种方案：其一，开发平台将开发出来的应用系统资源（知识库、电子图书、农情库）封装进一个可执行文件，即输出为可执行文件；其二，开发一个独立的运行平台，再将应用系统资源封装成应用系统文件，运行平台作为驱动引擎来操作应用系统文件，而应用系统资源则可脱离开发平台而运行。第一种方案必须开发编译器和连接器，在当前项目组的技术条件下难度较大，本书选择第二种方案。从开发平台的视角来看，应用系统的构建需要多种资源,这些资源必须通过开发平台来构建,也就是说,为每一类资源必须要设计出对应的开发平台:知识库开发平台、农情库开发平台和电子图书开发平台。此外,平台会用来开发多个应用系统,那么多个应用系统的资源必将增加资源管理难度,必须要一个多用户使用机制来消除管理上的紊乱并保障资源的安全;通过开发平台最终要能生成针对某农作物的病虫害诊断智能应用系统软件产品,管理发行版本和客户状态数据,同时有效维护知识工程师的知识产权、防止软件盗版也是设计必须考虑的重要问题。

### 3. 丰富的多媒体知识对象支持

多媒体对象有图片、网页、动画、音频、视频等,用它们来表示知识相比文字方式更有优势,简短的文本可以通过字段方式存于数据库里,而多媒体对象往往是单独的文件,而且容量大小是不可预期的,用字段来存储是不太可能的。因此,用目录结构来存储对象文件,用表来存储文件标识是一种相对可行的方案。采用多媒体知识对象是为了丰富知识的表示形式,如网页浏览、视频播放、图像文件等,在应用系统中还必须将各类对象的内容展现出来。多媒体知识对象格式丰富,如视频有.avi、.mpg 等,必须合理确定平台对它们的支持程度。

### 4. 提问式推理

早期的农业智能系统开发平台的推理方式是建立事实表、录入事实记录、再启动推理,对所有的事实记录进行批量推理。然而,在本系统开发中,明确要求实现提问式推理并去掉事实表,通过用户下拉选择的过程都来提取事实记录,这就要求设计的知识库必须存储提问项目的可能取值,推理时启动一个提问过程来获取事实记录。此外,知识工程师在管理知识 ID 时,必须保证大部分条件组合都能推理成功(推出得出正确结果)。值得注意的是,推理过程不只是一个字符串匹配过程,还会有嵌入式数学公式计算及其数学逻辑验证。因此,重用早期的农业智能系统开发平台中设计的推理机满足不了系统需求,必须适应新的知识表示方法而重新开发。

### 5. 农情数据库支持

农业和农学方面的基础数据是农业信息的重要部分,大多数情况下,知识工程师和领域专家拥有数据而没有建立电子数据库,这些基础数据无法直接运用于农业智能应用系统。建立农情数据库,则在数据库访问方面必须满足的用户要求远不止常见的数据记录操作(添加、修改),而更复杂的功能体现在数据表结构定义(数据结构定义),也就是 DDL(数据库模式定义语言,Data Definition Language)访问,它比起前者设计要复杂得多。农情数据库的用途是供农户查询检索农业基础数据,系统必须对一些结构未知的表提供通用的查询接口;对以前已有的数据库必须保持兼容性,也就是必须对已有的农情数据库提供支持。

6. 电子图书支持

图书能提供如同传统纸版书一样的知识表示形式,能分门别类、一章一节地介绍领域知识,也是一种知识表达风格。一般是以文本文件为输入,转换成某种格式的图书。电子图书格式繁多,创建和阅读工具也大不相同,原则上不建议"大而全",必须合理选择一种图书格式,实现对它的完美支持,包括创建和浏览等功能。

7. 可定制的用户界面

界面有很多可视属性,改变它们则可改变整体的视觉效果。界面由界面元素组成,选取它们的一个属性组合来供用户定制可以得到不同的界面。如果配置做得太复杂,用户望而生畏,体验差而使用频率不高,则形同虚设(早期的农业智能系统开发平台就有类似情况),配置方式如果过于单一、简单,则可选空间不大不灵活,满足不了个性化需求,系统设计必须充分考虑如何来折中这一矛盾。

8. 主流目标操作系统为 Windows XP 和 Windows 7

系统不可能在每个操作系统都做开发,但必须在每个可能操作系统都做测试。目标系统定义了运行系统的宿主,它构成了系统最基本的需求。

正如上面所讨论的那样,要实现系统的开发需求必将引出一系列必须解决的问题。系统的最终用户是全国各省农科院所、各乡的农技站的农业科技服务人员,他们在某个农业领域有着丰富的领域知识,这些科技人员将农业领域知识组织管理起来、表达出来,并服务于广大农民、农户转化为生产力的强烈愿望,他们构成了用户总体。但不可能将他们全请过来,询问调查进行需求分析,单个用户的描述表现出来的需求仅代表其个人,往往是凌乱的,甚至是不正确的,必须对之进行加工整理,提供一个折中的、大部分人都能接受的方案。

本平台的系统分析将在了解早期的农业智能系统开发平台的基础上,协同国家农业信息化工程技术研究中心智能农业部和农业数据中心的农学人员自顶而下展开,从基本的业务模型、系统组件组成、逻辑分块来进行调研分析。本书此后章节将就上述目标系统必须解决的一系列问题展开讨论和软件工程实践。

通过对目标系统的基本分析,在农业智能应用系统开发平台的工程实践中,主要有如下 4 个方面的内容必须详细开展研究探讨:①数据库技术在多媒体农业智能应用系统平台知识库和农情数据库中的应用;②多媒体技术在产生式规则知识表示中的应用;③电子图书在多媒体农业智能应用系统平台的应用;④组件技术在多媒体农业智能应用系统平台的应用。

## 7.2 农业智能应用系统业务用例建模

农业智能应用系统领域中,会有许多人的角色、物的角色和操作用例角色,它们在不同场合参与某一领域具体的活动。以下对它进行简单说明。

### 7.2.1 用户角色

1. 知识工程师、领域专家(engineer)

农学知识工程师和农业领域专家有着深厚的农业农学背景,在某个农业领域有很深的理论知识和丰富的实践经验。一般是农业智能应用系统的设计和开发者,在平台体系中,以用户的角色出现,创建各种应用系统所需的各种资源,而后生成应用系统。

2. 管理员(admin)

管理员是一个为系统安全而设计的用户角色,它主要进行用户管理和日志管理。

3. 农民、农户、农场施工人员

农民、农户和农场施工人员是农业智能应用系统的使用者,负责某一农作物或农产品的种植养殖。

### 7.2.2　业务对象实体

在农业智能应用系统领域里,会涉及以下一些业务对象,在平台的开发和应用过程中,会经常提到,下面作出简单说明。

#### 1. 知识库(kdb)

知识库是专家系统里面的一个概念,是一个存储了知识规则的数据库。在农业智能应用系统里面是一个文件夹,它包含了存储知识规则的数据库文件、各种多媒体知识对象文件、相应的子目录结构、资源目录及文件的集合。

#### 2. 知识对象

知识对象有时又叫知识资源,在知识库中,它是领域专家用以表达知识所采用的载体,如图片、音频、视频、动画、超文本、字处理文档等。

#### 3. 规则(rule)

规则即产生式知识规则,用 IF-THEN 结构描述的一种知识表示形式。

#### 4. 知识规则库

又称规则库,是规则的集合,在系统里面是一个存储知识规则数据库。

#### 5. 农情数据库(nqk)

农情数据库是用于存储农业基础数据的容器。例如,种子、化肥、农药等数据的数据库。

#### 6. 电子图书(ebook)

电子图书是一种介绍农业知识的电子出版物。

#### 7. 农业智能应用系统文件

农业智能应用系统文件是一种后缀名为 esf 的文件,封装了组成农业智能应用系统所需文件知识库、农情库、电子图书等及目录结构的压缩文件。

8. 运行外壳

运行外壳又叫运行平台,供农户使用领域知识资源的用户界面,即应用系统外壳。

9. 农业智能应用系统

农业智能应用系统是一种农业信息化应用系统,由运行外壳和农业智能应用系统资源构成。

### 7.2.3　业务用例角色

角色和实体主要有以下操作,业务用例角色如图 7-1 所示。

1. Log Admin(日志管理)

日志用来记录用户知识规则修改、知识库管理维护等操作信息,它们都涉及应用系统资源的安全性,同时,通过日志可以全面了解用户在平台上所做操作。日志管理功能主要有清理、浏览等。

2. User Admin(用户管理)

用户(知识工程师)是应用系统资源的开发人员,同时也是资源的所有者,平台通过用户角色来隔离资源的可见性以确保不同农业智能应用系统开发用户资源的安全。对用户角色对象的管理(删除、禁用等)仅能由管理员角色(系统自带)完成。

3. Nqk Admin(农情库管理)

农情库管理模块主要实现新建、删除、导入、导出等功能,数据的输入修改及农情库配置关系管理功能由该模块承载。

4. KDB/K Admin(知识库/知识管理)

知识库管理模块要求实现新建、删除、备份、恢复,知识管理(元知识的管理、知识规则的管理),知识检测,推理试运行等功能。

5. Sys Admin(系统管理)

此部分主要完成其他系统管理工作,如,界面风格定制、图示资源管理。

## 6. IAS Admin（应用系统管理）

对应用系统进行管理，根据应用系统的资源配置生成应用系统文件。将文件和运行外壳进行发布，管理应用系统发行、用户信息和安装序列号。

## 7. Install/Config（安装配置）

这个用例主要体现在农户计算机上，农户安装运行平台，将其运行机器上的机器 ID 识别号反馈给发行商（一般是开发者），发行商以其为输入生成授权序列号并返还给农户，农户凭借软件使用序列号安装应用系统，并完成应用系统配置。

## 8. Use（使用）

用户操作使用系统，访问其中的农业领域专家知识资源。

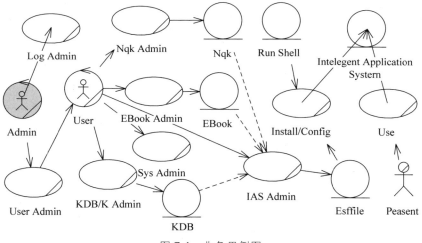

图 7-1　业务用例图

### 7.2.4　农业智能应用系统平台的体系结构

平台基于单机环境运行，采用的是单层计算应用结构，因此，它能获得高响应速度和对大体积多媒体知识对象提供无缝支持。单层应用指的是它的所有应用逻辑都在一个 CPU 上完成，而不是说它的应用逻辑只有一层，它同样被划分为用户界面、业务规则、数据处理 3 层，只是所有功能构件都被加载到同一系统上，以进程内或本地进程外运行的 LPC（本地过程调用)方式提供服务[195]。应用逻辑层次结构如图 7-2 所示。

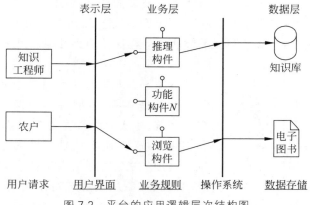

图 7-2　平台的应用逻辑层次结构图

从体系层次结构来看,系统 3 层映射到平台的层次结构,可以照下面的方式进行对应。用户界面对应表示层,用户(农户、知识工程师、管理员)通过它来完成借助农业智能应用系统在农业生产活动中所承担的操作。操作系统和用户界面之间的组件对应业务层,操作界面本身只是一些可见的操作工具,例如按钮、输入框和窗体等人机接口,它们是由编程语言环境所提供的编程接口,本身无法完成具体的业务任务,而是调用业务组件来完成,业务组件才是业务层,由它们来完成领域相关的操作;它们无法由语言开发环境所提供,如何将业务逻辑功能封装到适当的组件?采用哪些第三方组件能真正有助于实现系统?都是设计必须解决的问题。数据层本质上就是数据存储,实现数据的保存和介质永久化,永久化对象有些是以记录的形式存在,例如,知识规则、知识 ID;还有些是以文件的形式存在,例如,多媒体知识对象图片,数据库和文件目录结构设计时必须考虑这个问题。

## 7.3　系统平台的组件构成模型

农业智能应用系统平台是一个软件系统,它不是抽象的,而是可见的、实实在在的软件。从软件产品的角度和作为使用工具的角度可以分析其内部组成及要素相互之间的内在关系。

### 7.3.1　农业智能应用系统平台

根据目标系统的基本描述,平台要实现应用系统产品和二次开发环境真正分离,采用开发平台的方式来提供给知识工程师一个开发应用系统的工具,提供一个运行平台使得农户能操作和使用这些资源。必须通过开发平台,将应用系统文件和运行平台一起发行,真正做到开发环境和运行环境完全独立。因此,平台从产品构成上有两个独立可执行安装的组件,如图 7-3 所示。

图 7-3　农业智能应用系统
平台组成

开发平台和运行平台是农业智能应用系统平台的基本构成,前者供知识工程师开发应用系统、生成应用系统文件;后者供农户操作应用系统,本质上就是开发部分中提取出农户适用的功能模块。知识工程师在开发过程中必须对应用系统进行测试和试运行,得

以了解所开发出来的应用系统在农户端运行起来是一个怎样的情形。知识工程师把运行部分和应用系统一起发行给农户,农户先安装外壳,然后在向导提示下加载应用系统文件,成为一个运行在农户机上终端应用系统。

## 7.3.2　农业智能应用系统开发平台

开发端工具箱组成如图 7-4 所示。在开发端,无论管理员或是知识工程师,最主要的功能需求是用它生成构成应用系统所需的资源,包括知识库、农情数据库和电子图书,并对它们进行有效管理,这是功能需求的主线。此外,还有一项功能是对各种资源执行情况的预览,站在农户视角对应用系统进行测试,让知识工程师预览应用系统在农户端的执行情况。所以,在开发端,农户工具是必不可少的,因此,在工具组成上来看,可以认为开发端是运行端的一个超集。从前面的业务角色分析中可以看出:管理员和知识工程师构成开发平台的用户角色集合,管理员是一个有特权的角色,它负责开发平台知识工程师角色的管理,知识工程师利用开发平台来开发应用系统,而农户是最终应用系统的用户。开发平台必须为管理员、知识工程师、农户提供工具,做到只要从中取出一些浏览操作工具组件,便能迅速搭建运行平台。

图 7-4　开发端工具箱组成

### 7.3.3 农业智能应用系统运行平台

运行端工具箱构成如图 7-5 所示。运行平台是为用户使用应用系统提供一个外壳工具,如:对于知识库则启动推理决策,对电子图书阅读浏览,对农情数据库进行数据查阅、统计、分析。为了确保领域知识的正确性和一致性,应用系统资源是不允许农户进行修改的,因此,知识工程师工具不能有。运行平台不会涉及权限管理和数据安全,也就没有安全性问题,不用实行角色登录使用的安全机制,管理员工具没有必要,所以运行端从工具构成上仅仅包括农户工具。

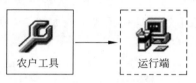

图 7-5 运行端工具箱组成

### 7.3.4 农业智能应用系统

#### 1. 应用系统文件

农业智能应用系统本质上就是一个压缩包,其资源构成如图 7-6 所示。平台要求实现运行环境和开发环境的分离,必须将在开发端开发出来的各种应用系统资源迁移到运行端。各种资源均在各自的开发平台中单独开发,在运行时,也分别对它们进行相应的操作,由它们中的一个(知识库)或多个(电子图书、农情数据库)组成应用系统。应用系统最后必须迁移到农户终端,然而,迁移过程中各个资源不能单独迁移,而必须作为一个整体迁移,这就需要一个包(称为应用系统文件),由它来封装某个农业智能应用系统所需的全部资源文件。一般情况下,应用系统在开发时包括了大量文件,文件必在一定的位置,即目录结构,以方便操作组件定位和使用,也就是必须规划有一个合理的目录结构。对于运行平台,情况也类似。由此,在设计中,通过一个封装过程在开发平台把这个稳定的目录结构及其里面的文件,以加密压缩方式封装成包,在运行前,运行平台将其解压还原成目录结构和文件系统。

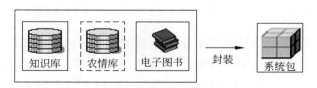

图 7-6 农业智能应用系统文件包生成

### 2. 农业智能应用系统

在用户面前,农业智能应用系统是农户所见的应用软件,表现出界面元素属性。它由专家领域知识资源和操作界面(运行端)组成,前者提供领域知识,后者提供涵盖知识库的推理,农情数据库的检索、分析,电子图书的浏览、阅读等功能的知识操作人机接口。用户先安装好运行端环境,然后通过运行端功能,从系统包解封装出各种资源,还原到"服役"模式。农业智能应用系统生成如图 7-7 所示。

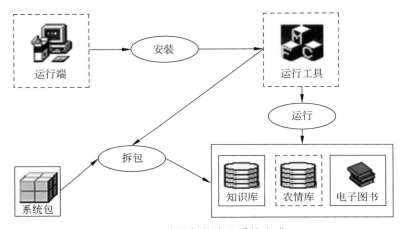

图 7-7  农业智能应用系统生成

## 7.4  农业智能应用系统平台的系统设计

### 7.4.1  功能单元及逻辑分块

根据前面对平台已有的认识和初步分析,为了进一步进行用户功能需求分析、数据库设计和详细设计,本书将农业智能应用系统平台分为以下几大块来讨论、分工、实施。

### 1. 知识管理平台

知识表示和知识管理是领域专家、知识工程师的一项基本任务,也是知识管理平台必须提供的一项基本的、重要的功能。知识存放于知识库中,知识库管理是最基本的操作,知识库必须适于组织存放知识规则、元知识字典数据、元知识数据,然后在它们之间建立映射形成知识规则。知识规则需要按照领域问题所属模块进行组织,在元知识中,条件是完备的,它必须涵盖就某个领域问题在农技实践中出现的大多数情况。对知识规则最主要的应用就是推理,推理启动一个提问过程,就是通过提问的方式来取得条件(事实记录),再交由推理机进行匹配和计算直至得出推理结论。推理结论是由知识工程师编辑加工生成,其嵌入了数学计算表达式或者多种知识表示对象。如何为具体的知识规则建立数据关系?知识库、知识规则、问题、模块、知识ID、多媒体知识对象都是密切相关的知识管理对象,这些问题和对象以怎样的方式介入业务流程?在功能实现方案中又以怎样的方式相互耦合?这些是知识管理平台必须重点考虑的问题。

### 2. 农情数据库平台

农情数据库平台是知识工程师用来管理农业基础数据和农户使用农业基础数据的工具。这一模块的中心功能是管理数据库结构和数据,同时,要理顺它与农业智能应用系统的关系。农情数据库作为一种资源,它要求可以备份并能在不同机器上的开发平台之间共用,此部分类似一个简单的数据库管理平台,同时必须考虑到增加的农业智能应用系统的诸多特色。

### 3. 电子图书平台

不同于知识规则,电子图书是以电子读物的形式来表示专家领域知识的一种新型方法。在建立电子图书前,知识工程师已经拥有一些文本文件或是Word文档,或是HTML文档,或是其他形式的文本文件,等一些现成的内容。如何以目录检索的方式来组织,以文本文件为输入,编译成通用的电子图书格式,同时实现对图书资源的高效管理,理顺它和应用系统的关系都是电子图书平台必须解决的核心问题。最终目标是提供一个电子图书平台,让知识工程师创建电子图书和农户浏览电子图书。

### 4. 工具系统功能及其他

在开发平台中,还有很多知识管理平台、农情数据库平台和电子图书平台3大块所没有包括的问题,例如:生成应用系统文件、发行应用系统、产生用户序列号、用户信息管理、联机帮助和一些系统管理功能(日志、图示资源、界面主题、用户管理)。这些辅助性功能对于整体的平台来讲是必不可少的,必须列入专门模块予以设计和实现。

5. 运行平台

从功能构成上,运行平台是开发平台的一个子集。但是,它作为一个可安装执行的 Windows 应用组件,必须独立设计。因为应用系统发行在开发端,部署功能必在运行端完成,保护应用系统开发者的知识产权运行序列号的校验也在运行端完成,从这些可看出:运行平台有它的特殊性,有它很多不属于开发平台的功能属性,在设计时需要单独考虑。

6. 子系统组成

综上所述,前面将平台分成 5 大块来开展研究,为便于进一步详细设计分析并在界面菜单中合理组织管理各项功能,根据平台的用户需求和系统目标,整个系统可以划分为 8 个子系统,系统模块划分如图 7-8 所示。

### 7.4.2 子系统和功能单元

子系统的功能描述如下。

(1) 系统管理。主要完成系统管理和维护。系统日志管理包括日志查询和清理;界面配置,通过它用户可以根据个人喜好选择界面主题,方便快捷地切换界面风格,也可从高级功能中定制成个人的风格;此外,实现平台中的系统管理员和知识工程师增删及更改密码等用户管理功能[196]。

(2) 知识库管理。实现知识库的创建、删除、备份、恢复操作。

(3) 知识管理。它为工程师提供搭建多媒体知识库使用的工具;工具的功能明细为领域模块管理、输入输出数据项管理及输入项取值管理;知识规则管理(建立、删除);知识 ID 管理;知识表检测,这些具体功能都由它来实现。

(4) 农情数据库。实现数据库管理功能(新建、删除、备份、恢复);实现表管理功能(表结构定制、字段定义及定义修改);数据管理功能(在数据库表中添加、删除、修改数据);实现农情库资源与应用系统的配置关系管理(添加到应用系统使农情数据库成为某个应用系统的一个组成部分,打包发行);反向操作则是解除已经添加的农情库和应用系统所建立的联系。

(5) 电子图书。这部分用来制作农业领域的电子图书,它以文本文

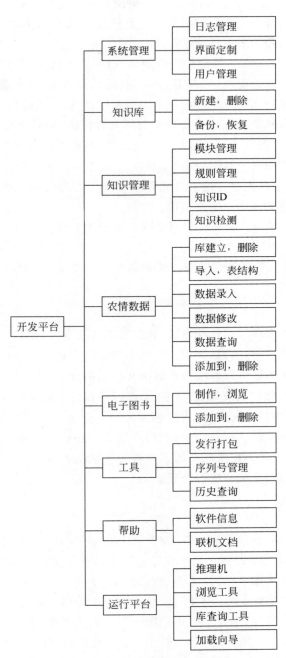

图 7-8 平台系统模块结构图

件为输入,通过制作工具的编译处理输出 CHM 文件;通过浏览组件对生成的图书进行预览;添加到某应用系统使之成为其中的一部分,解除已建立的图书和应用系统的联系。

(6)工具。知识工程师管理应用系统产品,功能清单为打包(根据所选应用系统的资源配置(知识库、农业情库、电子图书)及多媒体资源文件及目录结构进行加密压缩生成一个应用系统文件);发行向导(引导工程师将运行平台和应用系统包文件复制到发行媒体,形成产品);序列号管理和产品用户(农户)信息管理(农户在安装时,必须以序列号的方式获得应用系统的使用许可,通过途径知识工程师进行联系、注册、使用和取得技术服务,工程师也通过这种方式来管理应用系统的使用情况和用户信息),上述功能均在这个模块实现。

(7)运行平台。为农户使用应用系统提供工具,如推理机、图书浏览器、农情库查询工具。

(8)帮助。包括平台的使用说明和专家系统开发文档。

### 7.4.3 文件目录结构设计

平台是基于单机运行的系统,数据层部署在本机,数据和资源的管理工作也在本机进行,因而,资源文件目录结构的规划是必不可少的。一个农业智能应用系统可以看成很多资源文件的集合,在开发平台工作区内,工程师进行各种构成资源的创建,并进行调试,插入各种多媒体知识资源,会形成很多类型的文件,为对它们进行合理组织,科学规划存储位置显得相当重要。在运行平台中,应用系统要能正确运行也存在同样的问题。因而,设计时必须考虑应用系统资源构成文件类型,并归类存储,便于开发人员理解系统和进行处理。

1. 开发平台的目录结构设计

开发平台的目录结构如图 7-9 所示,存放的文件类型说明如下。
(1) mpaid30:存放开发平台安装后应用系统的一级系统文件夹。
(2)二进制文件:存放平台运行的 exe 文件。
(3)系统背景文件:这里存放所有的应用程序桌面背景图片。
(4)电子图书文件:存放电子图书及其相关文件(采用 chm 格式)。
(5)应用系统开发工作区:知识库的工作区,每创建一个知识库都会在此目录下生成一个目录,配置到绑定此知识库的应用系统的其他资源文件也会在此目录中制作相应副本。

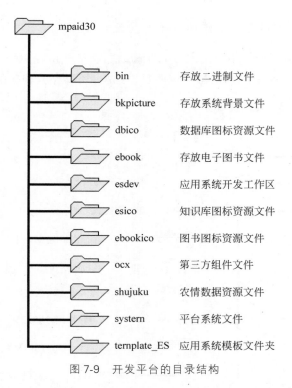

图 7-9 开发平台的目录结构

（6）知识库图标资源文件：领域知识库作为可视化资源在列表框中进行显示和管理时都有一个形象图标，形象图标资源在使用之前是作为系统资源进行管理，存放在此目录中。

（7）图书图标资源：和知识库图标资源类似，用于对可视化图标资源进行配置选择，图书图标在此目录存放。

（8）农情库图标资源：和知识库图标资源类似，用于存放农情数据库资源。

（9）组件文件：表示此平台开发所用的第三方组件，主要是控件，如，压缩控件、表达式计算控件等，在部署时可能会放到系统目录，存放在此目录中。

（10）平台系统文件：存放用于平台系统而不是为某个目标应用系统所专用的一些文件。

（11）应用系统模板文件夹：它包含了每个应用系统所共有的目录结构，以及所必需的模板文件，如：知识库文件。系统发布时必须将此目录复制到开发工作区。

### 2. 农业智能应用系统的目录结构设计

应用系统目录结构如图 7-10 所示。农业智能应用系统不管在开发时还是在运行时都必须保持一定的目录结构，用以存放相应的资源。

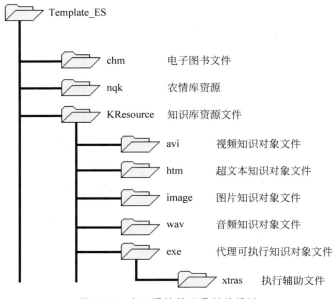

图 7-10　应用系统的目录结构设计

目录文件结构说明如下。

（1）农情库资源：存放配置到应用系统的农情库资源数据库文件。

（2）知识库资源文件：存放知识数据库文件。

（3）视频知识对象文件：存放 avi、asf、mpg 视频媒体知识对象文件。

（4）超文本文件：存放网页知识对象文件。

（5）图片文件：存放 bmp、jpg 图像知识对象文件。

（6）音频文件：存放 wav 音频知识对象文件。

（7）代理可执行知识对象文件：为了农户操作的简单性或增强应用系统的多媒体效果，一些工程师用 Authorware 制作了一些介绍性的多媒体课件，或者用 VB 做一些简单的推理模块，以代替基于知识规则库的推理，这些都是独立可执行的文件，它们本身不足以构成一个应用系统，但是可以将它们作为应用系统组成资源进行支持，这些文件存放在此目录。

（8）执行辅助文件：可执行对象仅一个 exe 文件不能运行，可能要其他一些依赖文件，如 Authorware 会生成一些 xtras 文件，这些类似文件存放在此目录。

### 7.4.4 开发平台系统数据库设计

开发平台是一个功能独立的系统,它的数据关系与开发目标(某个农业智能应用系统)无关,其存储用表来完成,数据关系可以用表来说明。关系是表之间联系的纽带,下面以关系为线索对其数据库设计进行说明。

1. 电子图书、应用系统和农情库的关系模式

在开发平台里面,知识库、农情库、电子图书是平台所管理的资源,除相应的文件外,平台必须有其他相应的标注信息,方可成为纳入平台管理的一种资源。它们作为 3 类实体,有着不同的属性,因此用 3 个表来存储。属性当中,号码属性是 Access 中的自动递增的整型,以之为对象的 ID 属性,作为关键字段,由系统来维护它的唯一性。在资源配置之前,各资源是孤立的,当要建立应用系统时,必有一个表来记录资源之间的配置关系,这个表本质上是一个关系表。例如:图书注册信息表,它是应用系统信息表和电子图书信息表的从表,业务逻辑上要求一本图书在某应用系统只能注册一次,标志这本图书已配置到该应用系统,然而,一个应用系统可能配置有多本图书,一本图书可能被配置到多个应用系统,注册信息表中的关键字段取两个外键,来保证一本图书在同一应用系统中的唯一性配置。农情库注册信息表也是同样的道理。图 7-11 反映了 3 类资源实体对象信息表及各表之间的关系。

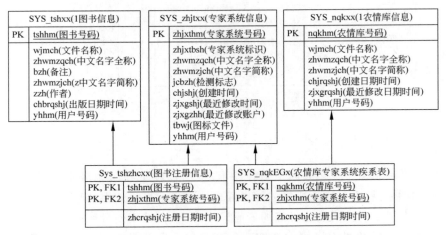

图 7-11　电子图书-应用系统和农情库-应用系统配置数据库模型

2. 应用系统资源配置和系统日志的关系模式

系统日志完整记录了工程师在平台所作的操作,它是系统数据安全设计的组成部分,如图 7-12 所示。用户信息表是专家系统信息表、农情库信息表、电子图书信息表和系统日志表 4 个表的主表,用户是资源的建立者和管理者。前面 3 个表记录的是 3 类应用系统资源和用户角色下的联系;最后的系统日志表也作为用户信息表的子表,它记录了用户的操作者信息,配合实现操作跟踪功能。值得注明的是,日志记录表同时也是 3 种应用系统资源信息表的从表,原因在于日志记录要求说明操作所承受的对象,反映出对哪个资源进行了操作。

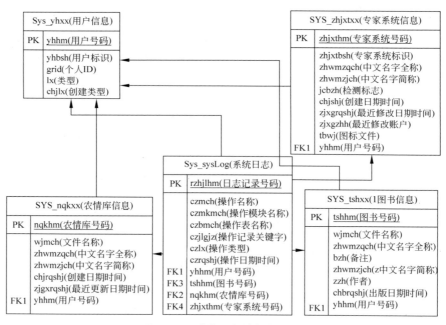

图 7-12　系统日志数据库方案

3. 界面风格配置的关系模式

可定制的个性化界面是系统要求之一,在确定界面风格的属性集合时,本书用界面风格表所描述的界面属性来界定界面效果的可配置范围,这个表用于存储系统已配好的界面风格方案,在采用现成风格方案时,只要选用不同的界面风格方案即可得到截然不同的界面,如图 7-13 所示。在对平台使用不是很熟悉的情况下,对各项属性逐一配置来获得一种全新风格,确非易事,这种情况下推荐使用现有风格方案来配置界面。在使用熟练情况下,用户可对风格属性项中的任意项进行配置,定个性界面风格,这在以后的章节有详细的说明。用户登录时,系统应该根据用户 ID 建立对应的个性化界面风格,否则,这种个性化的用户界面也没有意义,这些信息通过界面配置信息表存储,因此界面配置信息表必须是用户表的从表,以关联到相应的用户信息。

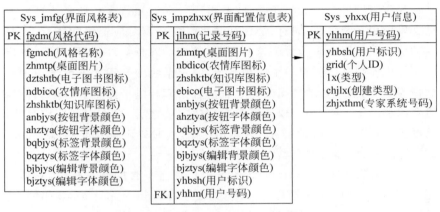

图 7-13　界面配置数据库方案

### 7.4.5　安全机制设计

开发平台是为农业领域的知识工程师而开发的,而不像通用的字处理软件 Word 一样几乎所有会用计算机的用户都可使用,也就是说,不是所有的计算机用户都能进入平台管理资源,也不能排除装有开发平台的计算机会有知识工程师之外的其他人使用。在这种硬件共享情况下,必须确保开发平台中各知识工程师开发的应用系统资源的数据安全,用户角色登录机制是一种可行的方法,不是开发平台用户不能进入平台,从而拒绝非系统用户的修改与删除;此外,平台往往会有多个工程师账号,本书建议建立不同的应用系统资源时以不同的账号登入。例如,由 apple 账号来建立苹果应用系统,也只有 apple 账号才能对苹果应用系统的资源进行删除、修改。这样不同账号所创建的资源相互隔离,从而防止错误的删除和修改,保障资源数据安全性。从上述分析可以看出:资源数据安全问题机制必须高度重视,开发平台设计从角色登录、使用角色权限过滤和操作日志记录 3 个方面来考虑数据安全。

1. 角色的使用权限

平台是一个多用户系统,要确保其资源数据不会被非法修改;平台级数据为所有用户所共享,确保平台级数据不会被非管理员用户修改;不同用户之间的数据要能彼此隔离,但又要提供共享和重用的途径,这是安全设计的目标定位。

只有开发平台中的信任登录(给出用户标识和口令并通过认证),才能开发应用系统资源,同时,信任登录账号就是其对应资源的所有者,其他的信任登录不允许接触到这些资源(管理员除外)。一般情况下,创建一个知识库则默认创建一个应用系统,应用系统＝知识库＋电子图书＋农情库,不同信任登录之间要共享农情数据库和电子图书资源则只能通过资源的导出、导入来实现。资源在创建定稿之后,再绑定到应用系统,已经绑定到应用系统的资源,则不允许修改,必须解除绑定再编辑。因此,开发平台中涉及两个类别的用户角色。

(1) 系统管理员(Admin)。此类用户拥有平台的所有权限,它是不能被添加的,意味着只能有一个,默认账号为 Admin,password 相同,首次登录时系统会提示其更改 password。同时,所有用户在开发平台中创建的资源对它而言都是可见的,它可对所有资源进行管理,系统不推荐用这个信任登录进行应用系统开发。

(2) 普通用户(User)。大部分情况下,它用于创建应用系统资源的领域专家或者知识工程师,以此身份登录,相对于系统管理员,它的使用权限是有限的,默认为 1 个 User,password 和账号名相同,可由 Admin 账户添加,它不能进行用户管理和清除日志。

2. 用户角色状态控制

这是对账户的一种屏蔽功能,账户有一种可用和禁用两种状态,由高级用户对低级用户行使,如系统管理员可对用户设置禁用状态,被禁用的账户不能登录。

3. 日志跟踪审计

除了通过信任登录来保证用户资源的安全外,还通过日志对用户在资源上所作的操作进行记录,让用户对资源操作心中有数,同时,如一个信任登录为几个使用者所共用,日志更有意义,在对知识数据表数据和其他资源进行更新时,操作类型、操作对象、操作日期时间和操作者等信息会自动写进日志信息。

## 7.5 本章小结

随着经济水平的提升,无论在大部分山区还是在沿海发达地区,农业基层单位的计算机配备已变得越来越普遍,使用、推广和应用农业信息化应用系统的硬件平台已经完全具备,广大农民学科技、用科技的愿望也越来越强烈强。在此背景下,充分吸收人工智能特别是深度学习在农业领域的最新成果,开发一个功能齐全的农作物生产管理系统开发工具(即农业智能系统平台),为农业科技人员提供统一规范和适合农业特点的农业智能系统技术框架体系,并支持对农业问题自动化的定性推理和定量计算,实现智能化信息技术与农业生产的有机融合,逐步改变传统的农业技术推广方式手段,成为推动农业信息化技术发展和提供农业生产力水平的重要举措。本章介绍了农业智能应用系统平台的需求及目标,从概要层面讨论了系统分析,对应农业智能应用系统用户角色、业务对象实体和业务用例进行了建模,剖析了其体系结构;围绕系统平台的组件构成模型,从开发端、运行端和文件系统构成视角进行了设计;最后,从功能单元及逻辑分块、子系统构成、文件目录结构设计、系统数据库设计和安全机制设计 5 各方面对农业智能应用系统平台进行较为详细的系统设计。

# 第8章 农业领域的知识表示与知识管理

## 8.1 知识和专家系统

专家系统技术是人工智能中面向应用的重要分支之一。知识和推理构成专家系统的两大要素。专家系统与一般人工智能系统又有所区别。最重要的特征是它的研究对象不是普通人的智能,而是某个领域具有技术特长的专家解决专门问题的本领。它把所选择的专家称为领域专家,建造专家系统的计算机技术人员或人工智能工作者称为知识工程师。专家系统服务的对象(即用户)一般是该特定领域水平不高、能力较差、希望从该系统得到帮助的人。因此,系统不能像通常数学模型求解那样的"黑箱"模型,要有透明度、信任感。数据库和管理信息系统的核心是数据,专家系统的核心是知识,所以专家系统又常称为基于知识的系统(knowledge based system)。国际上把专家系统技术在学科方向上称为"知识工程",在专家系统中把通常的数据、公式、方法、经验以及信息等均看作知识。围绕着知识,专家系统最基本的技术是研究知识表示、知识运用、知识获取等。

(1) 知识表示,是研究如何将领域知识和专家经验等有效地表示成计算机能够理解和操作的形式。专家系统中,知识是存放在称为知识库的组件中。它们是按照特定的知识表示形式安排存储的。

(2) 知识运用,是研究如何对放在知识库中的知识进行控制与操作,以求问题的解决。有时也叫问题求解。至今常常采取的方法是搜索或推理。

（3）知识获取，是如何从领域专家的口述或文字、书本资料或数据实例中抽取出该专家系统所需要的知识。

### 8.1.1　专家系统基本结构

专家系统是一个计算机软件系统，由知识库、推理机构、解释机构、人机交互接口和其他有关部分组成。

（1）知识库，用于存放领域知识，在系统中它独立于其他各部分，这是专家系统结构的一个重要特征。知识库存放知识的方式是由知识表示策略决定的。

（2）推理机构，是控制整个专家系统进行工作、求解问题的机构，又称为推理机、控制机构或叫问题求解器。

（3）解释机构，专用于向用户解释"为什么""怎样"之类的问题。它的功能强弱反映了该专家系统的透明性和信任程度。在涉及深层推理和中间结果的推理过程中，解释机构显得特别重要，它记录了推理机构激活的知识规则曲线，说明是如何得出结论的。

（4）人机交互接口，又叫用户界面，即用户与专家系统进行联系的部分。一般用来进行数据、信息或命令的输入，结果的输出和信息的显示等。它们与用户交往的媒介可以是文字、声音、图像、图形、动画、音像等。衡量一个专家系统性能的高低，除了看其功能强弱多少外，人机交互的友好方便、画面的图文并茂、形象生动是很重要的。

具体地说，建立专家系统的过程，就是知识工程师通过知识获取手段，将领域专家解决特定问题的知识采用某种知识表示技术编辑成或自动生成某种特定表示形式，存放在知识库中，然后用户通过人机交互接口输入信息、数据与命令，运用推理机构控制知识库和整个系统工作，得到问题的求解结果。在专家系统结构中，知识库就像人的大脑，存储着指定的全部知识。而推理机构、人机交互接口、解释机构、数据库等其他各部分可以组合成一个结构框架，就像人的身体，人们常称之为"外壳"（shell）。这种外壳只要配上包含有特定领域某方面知识的知识库，就可以组成一个可以运行的专家系统。根据任务对象的复杂程度和系统的功能特点，专家系统结构可以构造得很复杂。但注意，不论系统有多复杂，知识库和推理机构是其最核心部分，这也是一个计算机系统是否称为专家系统的衡量标准。

### 8.1.2　知识表示技术

知识是专家系统的核心。知识表示技术是专家系统乃至人工智能的重要研究内容之一。数据库和信息管理系统中的数据和信息，人们比较容易理解。但专家系统中考虑的是所谓"知识"，知识的含义要更丰富，当然数据、信息也可以认为是知识。产生式规则和语义网络是两种重要的知识表示方法。

（1）产生式规则。先看案例："天下雨""打伞"这些是信息，表示某种基本事实。若用"如果—则"因果关系连起来，"如果天下雨，则需打伞"，就是一个代表常识性意义的知识了。"如果—则"就是具有因果关系的规则型知识，有的称之为过程性知识、启发性知识。因为做判断分析问题时，人们经常采用这样的规则型知识去推理。早期的专家系统，例如DENDRAL、MYCIN、PROSPECTOR 等都是把化学、医药、探矿等领域知识整理成一条条规则保存在知识库中，然后经过推理去寻求答案。这种知识表示方法称为规则方法，或称为产生式规则方法。

（2）语义网络。也是最初人们提出的几个著名知识表示技术之一。它的思想是用图解的形式来组织知识。网络由节点和具有语义的弧链组成，节点用来表示物体、概念和事件等，弧链表示它们之间的关系。语义网络表示方法可以把事物的结构、属性及因果关系通过节点与弧链形式明显而简要地表达出来，自然直观，易于理解，也符合人在处理这类问题的思维习惯。图 8-1 展示了描述对象"椅子"的语义网络知识表示。具体关系说明如下：ISA——个体是某集合的一个元素；OWNER——所有者关系；COVERING——下面是什么；COLOR——颜色是什么；AKO——一个集合是另一个集合的子集；ISPART——是组成部分。

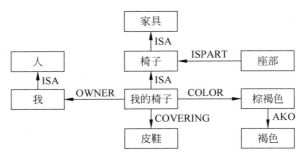

图 8-1　描述"椅子"的语义网络知识表示示例

在建立某个特定任务的专家系统时,首先需要考虑选用合适的知识表示策略。建立专家系统可以用上述现成的方法,可以用一些人工智能专用语言例如 LISP、PROLOG 来编程实现。但必须是符合该领域的知识类型,否则实现起来效率不高,甚至很麻烦。有不少人认为专家系统就是把知识由一串 IF-THEN 规则组合而成,这是很片面的。一个好的专家系统十分注重知识表示策略以及实际效果。尽管至今已出现了上百种知识表示方法,但仍然不能满足实际应用的需求。

### 8.1.3 推理策略

推理机构是专家系统的核心部分之一。它实际上是整个专家系统的控制中心。知识库并不是程序,推理机才是真正的计算机程序。依靠这种程序去运行知识库和其他机构,解决当前用户提出的问题。在系统的其他部分,例如人机交互接口等也是由计算机程序组成的,但它们只是解决局部问题,例如人与机器之间进行数据的输入、结果显示输出等。而推理机则是整个系统的主控部分,所以也称为控制程序。

目前,比较成熟也较通用的控制策略主要是采用推理策略,即根据因果关系进行一步步分析、推断。在一个产生式规则系统中,知识表示是利用规则方式,系统的知识由若干规则组成。在知识库中这些规则是随意安排的,就像人的脑神经细胞是最基本单元,虽不是有序分布的,但它们又是紧密联系的。这种联系就是人思考问题的思路、分析问题的路径。同样,知识库的知识单元虽然彼此独立,但它们实际上是由一个推理分析网络把各知识单元紧紧联系在一起,这个推理分析网络就是人解决该问题的思路。每一个专家系统实际上有一个严密完备的推理网络图。

推理网络图由若干节点和这些节点之间相连接的弧线组成。弧线两端相连接的节点之间呈因果关系,在产生式规则专家系统中,即是规则的结论与条件之间的关系。一个节点可以由若干条弧线相连,这些弧线之间可以有"或"和"与"的关系。在一个推理网络图中,节点分为目标节点、叶节点和中间节点。目标节点是该系统最终的求解目标;叶节点是向用户提问的因素;中间节点是在叶节点指向目标节点的推理路径上反映语义关系的节点。这种推理网络图可以把所有的规则之间的关系勾画得清清楚楚,整个系统的思维路线可以一目了然。在分析这种推理网络的思路中,有两种分析方式:一种是由下向上,即从用户提问因素向目标节点一步一步推导;另一种是从上向下,从目标节点到叶节点反过来一步步推导。这两种方向均可解决问题。

总的说来,在专家系统中常用的推理方式有以下几种:

(1)正向推理,是从事实向目标的推理,也叫事实驱动。

(2)反向推理,是从目标向事实的推理,也叫目标驱动。

(3)混合推理,即正向推理与反向推理配合进行。它运用这两种推理有各自的优点。反向推理中目标的选择是顺序进行,浪费很多时间。可以先通过某些已知数据或事实的驱动去选择合适的目标,然后再反向推理,这样既减少了反向推理选择目标的盲目性,又克服了单纯应用正向推理漫无目标的盲目性。

(4)不确定性推理。实际生活中,许多事实、概念是很难精确描述的。例如子叶、幼茎受害有程度轻重,病斑的边缘颜色也许不明显,等等。另外,作为规则本身,如条件不是很肯定或有程度轻重的情况下,确定是某种病害也有肯定程度的不同。作为精确性推理,经过推理后得到的最后结果是肯定的结论。但当考虑了这种不确定性,经过若干次推理,最后的结果可能会出现得到某个结论的可能性极小甚至不可能。为了表达这种不确定性,常采用概率论、证据理论、可信度方法、模糊理论等数学方法来进行不精确计算。

### 8.1.4 知识获取

在专家系统中,知识库的建造通常是知识工程师与领域专家密切配合的结果。领域专家自身或知识工程师与领域专家共同整理、总结领域的知识和他们的实践经验、模型及研究成果等,按所建专家系统规定的知识表示形式,整理成一个个知识单元,放入知识库,这是一个知识获取的过程。知识获取与知识表示、知识运用是建造一个专家系统的3个关键技术。知识表示解决知识的存在形式问题,知识运用解决知识的操作运行问题,而知识获取则是解决知识的来源问题。知识获取研究如何从知识源去获得专家系统解决某特定问题需要的各种知识。知识源即知识的来源,可以是专家技术人员、书本、资料,也可以是许多实际试验数据与事例,等等。知识获取不像知识表示、知识运用有多种理论技术作为支持,它往往不被人们重视。实际上,它是建立专家系统十分重要而又相当困难的环节,它往往是关系到专家系统成败的关键。知识挖掘也是知识获取的途径之一,它可直接从数据仓库中提炼出知识,但尚不成熟,目前知识获取主要是以半自动方式为主,即知识工程师和领域专家进行交互来整理取得领域知识。

## 8.2　农业领域的知识表示

知识的表示和知识的领域密切相关,也和领域专家思考解决领域问题的推理过程密切相关,也就是人类专家得出结论的过程。在农业领域,农户所存在的问题主要表现为两类:"诊断型",即根据用户的描述型输入,得出一个结论;"求解型",即根据用户的输入(其中必有数值型输入),进行计算得出一数值结果。两者的共性是一个从已知到未知的求解过程。

### 8.2.1　农业知识规则模式

在讨论农业智能应用系统中的知识表示之前,先必须了解农业种植领域专家或知识工程师是如何表达其领域知识的。

1. 苹果知识规则实例

下面的规则实例来自《农业专家系统构建技术——北方主要果树栽培管理计算机专家系统知识库》中苹果规则库的园地选择模块和费用管理模块,输入表示此项在此模块的规则是作为已知出现,其括号中的内容表示单位或当前项的取值范围,输出表示此项在规则中是作为未知出现。

1) 苹果园地选择决策

输入:

(1) 年平均气温 $X_1$(℃);

(2) 年平均风速 $X_2$(m/s);

(3) 是否在冰雹规律性分布带内 $X_3$(是、否);

(4) 土壤酸碱度 $X_4$(pH);

(5) 总盐含量 $X_5$(%);

(6) 土层厚度 $X_6$(cm);

(7) 土壤有机质含量 $X_7$(%);

(8) 所在省区 $X_8$(省、区);

(9) 海拔高度 $X_9$(m);

(10) 地势坡度 $X_{10}$(°);

(11) 前茬是否种植果树 $X_{11}$(是、否)。

输出：

（1）气象条件适宜度决策 $Y_1$；

（2）土壤条件适宜度决策 $Y_2$；

（3）海拔、地势、前茬适宜度决策 $Y_3$；

（4）地势坡度适宜度决策 $Y_4$。

问题 1（规则）：已知 $(X_1, X_2, X_3)$ 求 $Y_1$。

问题 1 解（知识 ID）：

（1）$X_1 < 7.0$ 或 $X_1 > 16, X_2 > 6, X_3 =$ 否时，温度过低或过高，且风速过大，不宜栽培苹果树；

（2）$7.0 < X_1 < 16, X_2 > 6, X_3 =$ 否时，风速过大，不宜栽培苹果树；

（3）$X_1 < 7.0$ 或 $X_1 > 16, X_2 > 6, X_3 =$ 是时，温度过低或过高、风速过大且在冰雹带内，不宜栽培苹果树；

（4）$7.0 < X_1 < 16, X_2 > 6, X_3 =$ 是时，因风速过大且在冰雹带内，不宜栽培苹果树；

（5）$X_1 < 7.0, X_2 > 6, X_3 =$ 否时，风速过大且温度过低，不宜栽培苹果树；

（6）$X_1 < 7.0, X_2 > 6, X_3 =$ 是时，因风速过大、在冰雹带内且温度过低，不宜栽培苹果树；

（7）$X_1 < 7.0, X_2 \leqslant 6, X_3 =$ 是时，因在冰雹带内且温度过低，不宜栽培苹果树；

（8）$X_1 < 7.0, X_2 \leqslant 6, X_3 =$ 否时，温度过低，不宜栽培苹果树。

问题 2（规则）：已知 $(X_4, X_5, X_6, X_6)$ 求 $Y_2$。

问题 2 解（知识 ID）：

（略）

2）苹果种植管理费用决策

输入：

（1）前期投资能力 $X_1$（不充足、一般、充足）；

（2）地形地势 $X_2$（平地、山地、沙荒地）；

（3）土壤速效氮 $X_4$（mg/kg）（提示：$X_4$ 应小于 200）。

输出：

（1）建园投资费用决策 $Y_1$（元/666.7$m^2$）；

（2）幼树期管理费用决策 $Y_2$（元/666.7$m^2$）。

问题 1（规则）：已知 $(X_1, X_2)$ 求 $Y_1$。

问题 1 解（知识 ID）：

（1）$X_1$＝不充足，

$\qquad$$X_2$＝平地时，建园投资费用：

$\qquad\qquad\qquad$苗木：$2.2\times(2700/X_4-5)$，

$\qquad\qquad\qquad$开穴：$6\times(2700/X_4-5)$，

$\qquad\qquad\qquad$修路：50，

$\qquad\qquad\qquad$防风林：20，

$\qquad\qquad\qquad$药管设施：100。

$\qquad$$X_2$＝山地时或沙荒地时，建园投资费用：

$\qquad\qquad\qquad$苗木：$2.2\times(1350/X_4+7.5)$，

$\qquad\qquad\qquad$开穴：$9\times(1350/X_4+7.5)$，

$\qquad\qquad\qquad$修路：50，

$\qquad\qquad\qquad$防风林：20，

$\qquad\qquad\qquad$药管设施：100。

（2）$X_1$＝一般，

$\qquad$$X_2$＝平地时，建园投资费用：

$\qquad\qquad\qquad$苗木：$3\times(2000/X_4+35)$，

$\qquad\qquad\qquad$开穴：$5\times(2000/X_4+35)$，

$\qquad\qquad\qquad$修路：50，

$\qquad\qquad\qquad$防风林：20，

$\qquad\qquad\qquad$药管设施：100。

$\qquad$$X_2$＝山地或沙荒地时，建园投资费用：

$\qquad\qquad\qquad$苗木：$3\times(900/X_4+60)$，

$\qquad\qquad\qquad$开穴：$7.5\times(900/X_4+60)$，

$\qquad\qquad\qquad$修路：50，

$\qquad\qquad\qquad$防风林：20，

$\qquad\qquad\qquad$药管设施：100。

### 2. 农业知识规则实例分析

上面的知识来自苹果专家系统的决策知识库，只是摘述了其中的一小部分，类似的还有梨知识库、葡萄知识库、桃知识库，它们都用与此大同小异的形式表示，从这些知识规则的自然语言表示可以总结出以下几点。

（1）在知识库里，规则是按模块组织的，模块的划分是知识工程师按照问题的类别、归属、在作物生长过程中出现的时期来进行的，会有很多模块,模块里面可能有子模块,模块可能按问题出现的时期,或作物自身生长发育的时期进行划分,如苹果专家规则库有苹果品种选择决策、苹果园地规划决策、苹果树栽植密度决策、苹果树种植费用决策、苹果品种选择决策、苹果花果管理决策、苹果套袋决策、苹果树形及枝量决策、苹果树修剪过程决策、苹果早期丰产树相诊断决策、苹果树叶片养分诊断决策、苹果树土壤管理决策、苹果树施肥管理决策、苹果水分管理决策、苹果果品等级评定、苹果营养失调诊断决策、苹果病害诊断决策等。根据问题或规则之间的共性将它们组织到模块中是领域工程师知识表示的惯用做法。

(2) 同一模块里面的知识元数据(字典数据)是明确的。也就是说模块里面的已知项和未知项是确定的,例如在费用决策里面。

输入:

前期投资能力 $X_1$(不充足、一般、充足),

地形地势 $X_2$(平地、山地、沙荒地),

土壤速效氮 $X_4$(mg/kg)(提示:$X_4$ 应小于 200)。

输出:

建园投资费用决策 $Y_1$(元/666.7m$^2$),

幼树期管理费用决策 $Y_2$(元/666.7m$^2$)。

一般而言,可以用数学表达式的求解过程来模拟领域问题的解答过程。

(3) 已知数据基本可分为两类:下拉选择型(括号里面表示可选的输入范围,取值范围是离散有限的),如前期投资能力 $X_1$(不充足、一般、充足),地形地势 $X_2$(平地、山地、沙荒地);数值输入型(用于输入一个数值)用以参与公式计算。

(4) 未知数据也基本可分为两类:文本描述型,例如:($0<X_1<16$,$X_2>6$,$X_3=$是时,气象条件适宜度决策 $Y_1$:因风速过大且在冰雹带内,不宜栽培苹果树),根据条件情况对结论做出简单的描述说明;数值计算型,例如:($X_1=$不充足,$X_2=$平地时,$X_4=$用户输入,建园投资费用:苗木:$2.2×(2700/X_4 5)$;开穴:$6×(2700/X_4-5)$;修路:50;防风林:20;药管设施:100),这个输出则是以数值输入型已知为变量的函数。

(5) 输出项不是唯一的,一个问题的解答领域专家可能从多方面来描述。

以上几点说明农业领域专家对领域知识表示的基本情况,也反映了他们对知识管理平台的基本需求。

### 8.2.2　领域知识表示模式

#### 1. 农业领域知识数据类型

前面分析了农业领域专家对农学知识规则的表示，这些实例取材于纸质出版物，它不可能有图文声像并茂的多媒体效果，而多媒体效果是多媒体农业智能应用系统平台的基本特征，在多媒体信息时代仅用文字来表示知识显得太枯燥了，在应用系统里对多媒体知识对象的支持是开发平台功能需求之一，典型的应用是在知识 ID 里面，以附件的形式追加各种多媒体知识对象，再实现操作多媒体知识对象的组件。硬件技术的发展，如便携式数码图像、视频采集仪的性价比进一步提高，领域专家可以通过手持设备实地、方便地获得多媒体的知识对象。因此，在多媒体农业智能应用系统的领域知识库的农业知识表示中，它所支持的知识对象数据类型除基本的文本串外，还必须有多媒体知识对象，即图片、声音、视频、超文本文件等。

#### 2. 农业领域知识转换

人脑对知识的运用主要是推理。推理是基于规则的，要让计算机能像人一样进行思维推理，必须将各种知识载体组织成规则的形式。将知识组织成计算机程序可理解的形式称为编码，由知识工程师来完成。编码有规则、有软件，只有符合规则才能为计算机所认可。知识工程师必须熟悉编码规则和软件。就某个特定的领域而言，工程师并不是知识的源泉。只有在该领域长期从事实践工作的人才能获得该领域中能对未来实践有指导意义的知识。这些知识并不一定适合计算机编码，必须进行条理化和结构优化。这就是知识获取的过程，完成这个任务的人称为知识工程师。可以认为知识工程师是知识加工流程中关键的中间环节，对知识进行处理的最终目的是为了运用知识，去解决实践中的具体问题。专家系统为农户运用知识提供了一条便利的途径和更多的运用机会。农户根据自己农情的实际情况，输入信息给推理机，推理机用知识库中的知识进行推理并给出类似专家的指导性建议，从而完成一次知识运用。

农业专家系统知识转换过程如图 8-2 所示。在这个过程中，知识获取目前还主要是手工和半自动的获取方式，以实线表示；知识编码是知识入库过程，是平台向工程师提供的一个软件界面，它也必须通过界面来完成；知识运用是平台向农户提供的交互界面，农户通过界面来实现知识运用，也是软件界面，这两个软件接口都是知识管理平台必须着重考虑的。

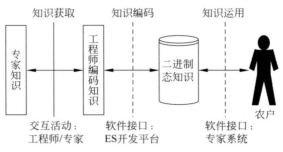

图 8-2　农业专家系统知识转换图

知识的 3 种操作:知识获取、知识管理、知识运用,它们通过 3 个接口:领域专家/工程师交互接口、开发平台编码接口、专家系统软件接口来完成。这一过程中知识经历 3 种表示形式:领域专家的原始知识(自然语言形式)、工程师编码后的知识(符合编码工具的编码规则,像前面实例中提到的苹果知识库规则)、程序中的二进制态知识。其中,我们认为领域专家知识是确定的,工程师与领域专家的交流与会谈通过交互接口完成,软件接口只讨论编码接口(知识管理平台)和专家系统接口。原始知识是规则的雏形,不同的领域专家有不同样式,但知识编码工具(知识管理平台)必须有一定的通用性,必须从众多样本雏形中抽象出共性形成编码规则,使得绝大部分的领域知识能成功编码录入或经小量修改能编码录入。

### 3. 表示领域知识的 3 层模式

在数据库原理里面,有数据存在的内模式、模式和外模式;在编程原理里面有指令序列描述的自然语言、高级语言、汇编语言、机器语言,这都说明了一个从物理到逻辑,从低层到高层,从难以理解到易于理解的过程[197]。在知识管理平台中我们认为知识的表示也不例外。它有 3 层模式通过两个接口进行过渡。

知识表示模式如图 8-3 所示。知识表示的外模式与模式,这两层是在开发平台中必须考虑的。在知识的管理上必须为工程师提供一种知识的表示方法,方便工程师将领域专家的知识装进知识库,重点考虑可理解性,接近自然语言和专家系统学科中对于知识的描述。这两层通过 UDA(通用数据访问)来实现接口。在存储结构上,知识或存于数据库表中,或存于知识文件,这一层的知识模态称为模式。重点考虑组件对知识的可操作性,编程易实现,这一层对知识工程师是透明的;在实现知识存储记录介质,也就是如何组织到磁盘上,可以采用 B$^+$ 树,或者索引文件散列的方式,此层的知识模态称为内模式。模式和内模式相邻两层之间的接口由文件系统或数据库管理系统完成。这对知识工程师和知识管理平台开发者都是透明的。我们称知识的外模式为知识表示,称知识的模式为知识存储,低层的文件操作可以不考虑。知识表示与知识存储是知识管理平台设计的重点。

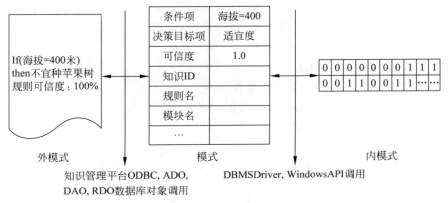

图 8-3 知识表示的 3 层模式

### 4. 农业领域知识的表示策略

知识的表示已经有许多不同的表示技术:规则、语义网、框架、脚本和模式等[198]。产生式规则已成为专家系统中表示知识的主流,但是具体到农业智能应用系统,农业领域知识的表示必须符合农业实际的情况和农业领域专家就种植养殖的具体问题而进行思维推理的实际过程,不能单纯地从知识表示理论和专家系统基本原理出发。在多媒体农业智能应用系统知识管理平台中,采用了一种以"问题模块+问题+问题解"的面向对象的知识表示技术,问题模块是问题的集合。问题为一组输入因素和一组输出因素的映射关系。问题解是某输入模式和输出模式之间的因果产生关系。知识表示采用知识表示对象:文本串、经验公式、生长模式图片、示范操作模式视频、讲解音频,充分支持各种多媒体知识对象,让工程师表达知识时淋漓尽致,农户理解时通俗易懂。这种知识表示策略的巴科斯-诺尔范式(BNF)可以表示为:

问题模块::=<问题>|<问题><问题集>

问题集::=<问题>|<问题><问题集>

问题:= <输入因素集><输出因素集>

输入因素集::=<输入因素>|<输入因素><输入因素集>

输出因素集::=<输出因素>|<输出因素><输出因素集>

输入因素::=<因素>

输出因素::=<因素>

因素::=<字符串>

问题解::= <输入集><输出集>

输入集::=<输入>|<输入><输入集>

输出集::=<输出>|<输出><输出集>

输入::=<因素><关系运算符><字符串>

备注::= <字符串>

输出::= <因素><关系运算符><字符串>

值::=<数值>|<字符串>|<代数表达式>

关系运算符::==|<|>|≤|≥

多媒体知识对象::=<html 文件>|<html 文件><html 文件集合>|
<wav 文件>|<wav 文件><wav 文件集合>|<avi 文件>|<avi 文件>
<avi 文件集合>|<exe 文件>|<exe 文件><exe 文件集合>|<bmp 文件>|
<bmp 文件><bmp 文件集合>

其中,::= 表示"定义为",|表示"或"。

例如,某作物的施肥问题中,有一个问题:根据土壤肥力水平决定施
肥量,用上述表示策略这个规则可表示如下:

规则名称:求施肥:

输入:肥力等级(高、中、低),肥力度(数值输入型)

输出:施氮、施磷、施钾、土杂肥、饼肥

知识 ID:

(1)条件:肥力等级=高,?肥力度,结论:施氮=10+肥力度×2.5,
施磷=8×0.8,施钾=20

(2)条件:肥力等级=中,?肥力度,结论:施氮=10+肥力度×2,施
磷=8×0.7,施钾=23

(3)条件:肥力等级=低,?肥力度,结论:施氮=10+肥力度×1.5,
施磷=12×0.7,施钾=22

### 8.2.3 农业领域知识库的数据库设计

前面讲到知识表示的 3 层模式,外模式接近知识表示的自然语言,以
用户界面的形式展现平台中的知识形态。知识是数据,必须存储,相当于
人的知识必须记忆,遗忘的知识无法应用和推理,更无法迁移重用。存储

知识用数据库的形式来实现,组织存放知识是模式层的中心问题。

### 1. 知识库的设计要求

(1)目标系统明确要求必须去掉现有单机版和网络版中知识工程师对知识库表(如标准表)结构烦琐的创建管理工作。这就说明:如用数据库则其数据库对象表、视图及其结构必须是现成的,即采用模板数据库(叫知识库模板)。每个应用系统的知识库都用一个结构相同的数据库来存储知识。结构相同,知识内容不同。

(2)用户启用推理时,要求是提问式的,以一问一答的方式来提示用户用鼠标选择或键盘进行数字录入来输入事实记录。这就要求供用户选择的、字典形式的条件数据必须存储到数据库中。

(3)提供对多媒体知识对象的支持。知识库存储的对象包括问题模块、问题、元数据、元数据值集、问题解、多媒体知识对象。

### 2. 知识库的数据库设计说明

存储知识的数据库按如图 8-4 所示设计。其中,各个表中的号码字段表示主键,采用 autonumber 型(自动递增 32 位整型)来维护其唯一性。外键表示主表和从表之间关系,知识对象之间有层次关系,这种主从依赖关系适合数据条件检索和视图的建立。下面以表为单位对其结构做详细说明。

(1)模块表(问题模块)。用于存储模块信息,父模块字段反映了当前问题属于哪一个大类,通过此表表达的信息,可以建立知识结构的模块树状图。"使用代理"是如果工程师不在此问题模块添加输入输出字典数据,也就不能通过此知识库推理求解,即不会显示问题和问题解,工程师可以通过其他形式来实现人类专家求解过程,如把推理过程做在其他形式的界面上(VB 或 Authorware 或执行文件)来代替推理机基于规则的推理,适合根据具体领域问题选择合适的表述方式,同时也体现了问题求解形式多样性,使用代理字段就表达了这层关系。

(2)规则表(求解的具体问题)。用来存储问题信息。外键说明问题是属于哪一问题模块,在建立树状图时,则将问题加到该模块。条件项目和目标项目说明问题的结构。(说明:项目编号为在同一模块里面的项目进行编号,输入编为 $X_i$;输出编为 $Y_i$,不同问题模块的输入输出数量不是固定的,取决于该模块里面两类项目的数量。)条件项目字段和目标项目字段决定了问题的结构,它们既说明了输入输出项,又说明项目的具体相

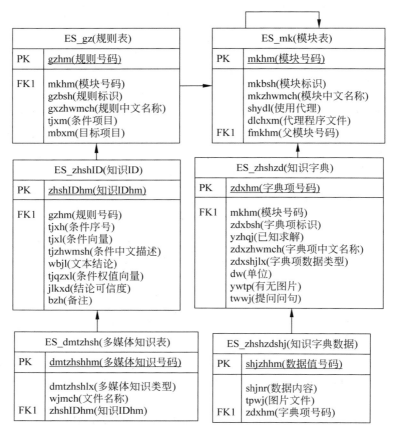

图 8-4　知识库模板数据库方案

关信息,它们是有特定结构约定的字段,采用如下的结构来组织这些信息。

条件项目字段采用如下编码格式:"_项目1编号 项目1名称_项目2编号 项目2名称_项目3编号?项目3名称",输入类型有选择型、数值型,当输入为数值型取问号+项目名称。下画线表示一个项目开始,项目编号和项目名称之间用空格隔开,举例说明如下:

**例1**:"$X_1$　年平均风速_$X_2$　冰雹带_$X_3$　土壤酸碱度"。

**例2**:"$X_9$　?土杂肥数量_$X_{10}$　土杂肥质量"。

目标项目的编码格式也类似:"_项目1编号 项目1名称_项目2编号 项目2名称"。举例说明如下:

"_$Y_0$　气象条件适宜度决策_$Y_1$　土杂肥含氮_$Y_2$　土杂肥含磷_$Y_3$土杂肥含钾

(3)知识ID(问题解)表。用于存放问题的解空间。外键说明当前解是哪个问题的解。其中条件向量也是一个有结构的字段,由它来说明问题解中已知和求解的相关信息,结构约定说明如下。

条件向量字段表达了输入项目取值序列和输出项目取值的对应关系,举例说明如下:

例:"_项目1值号码_项目2值号码_?项目3名称",值代码是下拉选择型数据取值号码,数值输入型冠以"?"标记,如:"_项目3名称"。

条件中文描述字段,对下拉选择条件和数据值输入条件进行辅助说明。

条件向量示例:"$X_1$  年平均风速:<3.5_$X_2$  冰雹带:在冰雹带内_$X_3$  土壤酸碱度:PH<4.4"。

带有数值型输入项目的条件向量示例:"_$X_9$  ? 土杂肥数量:用户输入_$X_{10}$  土杂肥质量:好"。

例:"_? 土杂肥数量_16"。

文本结论字段的编码格式为:"^目标项名称^:文本描述型结论^目标项名称^:运算表达式($F$(♯土杂肥数量♯(kg/亩)))",其中,函数里面的编码既要表达项目名称又要表达单位,具体表示格式为"♯输入项名称♯(输入项单位)"。

**例1**:"^气象条件适宜度决策^:条件良好,适宜种苹果树"。

**例2**:"^土杂肥含氮^:♯土杂肥数量♯(kg/亩)＊1;^土杂肥含磷^:♯土杂肥数量♯(kg/亩)＊2;^土杂肥含钾^:♯土杂肥数量♯(kg/亩)＊3。"

(4)多媒体知识对象表。为了充分表达领域知识,某些知识规则需要以附件的形式附加多媒体知识对象,此表存储与知识规则相关的多媒体知识对象信息、知识ID号码外键指示和多媒体知识记录相关的规则记录。多媒体文件按信息类型存于应用系统相应的文件夹中。

(5)知识字典表。前面已经提到,在问题模块里面用到两种输入:下拉选择型和数值输入型,输出也有两种(文本描述型和数值计算型),其中,下拉选择型数据用知识字典表存储。此表存储领域知识规则中的所有字典数据项,显然,它们对应确定问题结构是必不可少的。在此表中,每个问题模块有对应的输入输出字典数据,外键模块号码字段建立其与所属模块的关联。

(6)知识字典项数据。此表用于保存知识字典表对应的数据记录,对于下拉选择型输入项,其取值范围是确定的,在建立知识ID进行条件组合和推理提问用户的时候,知识工程师必须确定条件向量,各数据项的值集存在此表。

　　（7）历史决策记录表。在投入运行的系统上，辖区的所有农户会反复使用、多次推理，每次推理都会有相同或不同的条件输入和结论，这些信息都是重要的历史数据，不应该视为临时数据而丢弃，它们对于历史使用记录查询和领域知识大数据分析都有着重要价值。因此，设计蓝图中，用历史决策记录表来记录所有成功的每次推理，具体字典结果如图 8-5 所示，决策记录表是模块表、规则表的从表，建立对应的外键结构，查询条件当中，给出模块信息就可以检索出该模块的所有推理情况。

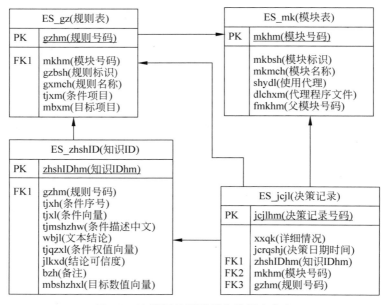

图 8-5　决策记录管理部分数据库方案

## 8.3　农业领域知识管理平台的功能需求分析

　　知识库在应用系统里面占有十分重要的地位，是组成应用系统必不可少的资源。实现对这类资源的管理对知识管理平台的实现有着重要的意义。如何有效地实现知识库管理、知识管理和推理是成功开发系统的关键。

### 8.3.1　知识库管理的基本功能

　　（1）新建。这是知识库一个从无到有的过程。通过这一个过程能建立一个应用系统的基本框架，包括前面所讲目录结构和知识库模板等关键文件。

（2）删除。新建的反操作是删除，删除是破坏性操作，错误的删除将危及资源的安全，尤其是不能删除别人的资源和共享资源，否则系统将紊乱，但这并不能说明删除操作可以排除，某些情况下，垃圾数据的删除能使系统保持干净。

（3）修改。知识库对象会有很多属性，有些可视化的属性如形象图标、名称等应该是可以修改的，工程师不会希望它一成不变，当然不可见的属性是不让改的，如作为主键的知识库号码。

（4）备份。某工程师新建了一个知识库并且已经录入了许多数据，由于某种原因系统必须格式化重装，这时，这个已经付出很多代价的半成品能不能将它转移到别的计算机上接着开发呢？这样的问题是常见的，但是前面已谈到，知识库是一个有着许多文件的目录结构，不可能要知识工程师去管理目录和文件，而这又是与知识管理和领域知识完全不相关的操作，这就需要一个操作，能将知识库打包成一个文件（备份文件），这样，对这个文件进行管理，而它的管理操作则相当于管理一个独立的归档文件。可以移动或备份到移动介质上。备份只归档知识本身，并不包括绑定到知识库上的农情库、电子图书。

（5）恢复。是作为备份的反过程出现，通过一个解压缩的反过程，还原知识库的目录结构，在知识库半成品的基础上继续工作。

（6）数据压缩。在备份里面，要求有一功能能将给定目录压缩成备份文件（备份文件的后缀名设计为"mbk"），且能带密码，这样生成的文件即便有人知道它的打开工具，也不可能打开数据进行破坏，既实现了封装功能又保障了数据安全。同时，在恢复时又能执行其反过程。这个功能对于应用系统的发行有着同样的意义。这是一个数据压缩问题，涉及压缩算法的实现，又是一项很通用的功能，自行对其开发，从力量上和技术上都是不可行的。因此，拟用第三方构件来实现。

### 8.3.2　知识管理

知识库是领域知识的容器，它建立之后，为知识管理提供了基础，而知识管理则是系统实现领域知识数字化的关键。如图8-6所示，按照知识的管理流程组织录入大量的数据，前面已经定了知识库的表结构，可以从表中存储的实体对象来分析知识管理功能。知识管理涉及很多知识对象：模块、规则、知识ID、输入输出、项目取值和多媒体知识对象，管理知识的本质是对它们进行管理。

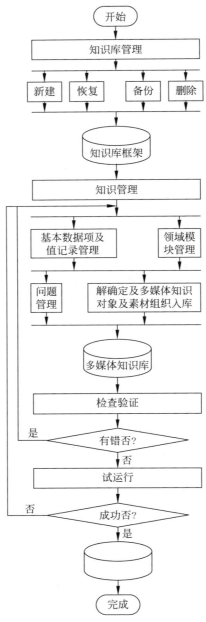

图 8-6　知识管理流程图

就表中的记录而言,主要是新建、删除、修改等操作,但针对具体实体的对象,却会因对象而异,各有不同的约束限制,什么时情况下能成功操作,什么情况下提示不成功中断,是要着重考虑的,必须从具体的逻辑业务来分析其流程。

知识管理的对象是问题模块、问题、字典数据、问题解和多媒体知识对象。操作之前,调用界面必须对对象进行初始化,要求用户输入的信息不能为空,这个判断在约定界面逻辑中完成(合法输入是表示层的任务),有些可能从数据库提取,一个实例化的对象可调用对象的各种操作方法,业务逻辑上的判断在对象内部封装(业务处理在业务层完成),如:不允许重复的属性要有效地检测充分并规避重复;使用了代理的模块不能添加字典数据;不能有子模块;不能建立问题;字典输入项为下拉选择型的项,如果还没有确定取值范围,则不能成为问题的输入;如果成为问题结构的一部分,则下拉选择型输入的取值范围则不能改变,结构项的属性也不能更改,除非按照绑定反序进行解绑;修改删除还有一条原则是:当记录有相应的子记录时不能修改,除非先删除子记录。具体每个方法的详细情况则要见其设计流程图。

管理知识规则的"结论"时,工程师需要根据条件编辑描述结论,但当结论里面有数值计算表达式时,输出结果则不是直接给出结论,而要对结论进行解析,例如,依据用户数据输入,进行变量数据值替换,再调用领域知识规则提供的函数计算,产生数值型领域知识信息,数值计算除简单的四则混合运算之外,领域知识还涉及一些常用的数学函数,这样就必须对数学公式进行数学逻辑检查,确保结论中涉及数值计算的部分符合数学逻辑,这样才能在推理时完成数学计算,如:"9++8//7"明显不是规范的数学表达式,无法算出结果。在此,具体做法是设计一个表达式计算对象,对目标公式的变量进行随机取值后进行试运算,确保知识规则中数学公式的正确性。而且,在推理过程中,也调用它来进行类似处理,再得到规则的文本类型结论。这个对象组件结构比较复杂,拟用独立的二进制组件进行封装。

### 8.3.3　提问式推理

推理是农户对领域知识的操作和运用。简单、易用应该是农业智能应用系统的基本特征,系统面向的是广大农民和农业基层干部。使用太复杂,可能会成为"农业专家的系统"。运行知识库是其最基本的应用。现有网络版本的推理方式如下:推理前由用户建立事实表,录入一批事实记录,再对这一批记录进行整体推理。这种方式由于有诸多弊端,已经确定被淘汰,不在本系统中使用。

事实上,用户为了每一次推理都必须先建立完整事实表,这太麻烦,非常不利于提高用户体验和系统推广。推理可分解为两个过程:①事实记录的获取;②知识推理。推理是后台操作,对用户是透明的,事实记录获取是一个用户介入的向导式界面过程。在本系统中,通过知识库展示农业领域知识模块和问题结构,农户可以从中选择和自己种植活动中情况类似的问题,然后,在系统的逐步提示下,或者下拉选择,或者输入数值农情信息,类似于通过一问一答的方式完成事实记录的输入采集。最后,事实记录被传送到推理机,它调用知识库进行规则推理,输出决策记录,完成推理。推理机不能脱离知识库,相反的是它和其中的知识结构和知识表示策略密切相关,因而,为知识库设计推理机也是知识管理平台的重点任务。

## 8.4　农业知识管理平台的设计与实现

### 8.4.1　类和包设计与实现

前面对知识管理部分的业务功能需求进行了分析,由此,可以将操作与功能封装成业务对象,供界面编程人员调用。由操作和功能可定义对象的基本方法,数据表结构则定义对象的属性、字段,这样可用 Rational Rose(CASE 工具)建模出类和包;包(package)是对类的封装,也是对具有一些共性能协同完成某类任务的对象的统一管理。设计中,用知识管理包(KADMIN)封装知识管理中涉及的实体对象,知识库(KDB)虽不是知识库的表元素,而是系统库的表元素,但是,考虑到它和知识管理功能是密切相关的,所以也在这个包中进行封装。这样,连同推理机(Reasoner)和 6 个表实体共 8 个对象封装在知识管理包。编码实现时,只要调用类似"dim myKDB as new KADMIN. KDB"的语句即可方便地实现业务对象的引用,这符合面向对象程序设计(Object Oriented Programming,OOP)和组件式开发的思想,对于维护、重用都十分方便。知识管理包结构如图 8-7 所示。

类的设计过程中,在每个类里面加上了 KDB 属性,这一属性说明:当前对象对应于哪个知识库的实体,在方法里面要连接到哪个知识库,对其中的哪个表进行操作。这一属性在表结构中并不存在,但是与实体却

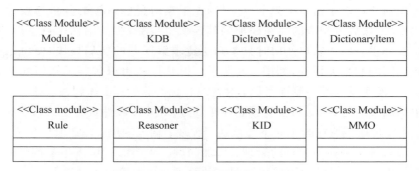

图 8-7　（KADMIN）知识管理包结构

密切相关,只有它明确指明当前对象是哪个知识库中的对象。对象属性尽量只封装实体自身的数据,做到类对象是实体的抽象。对象封装的某些方法如果需要调用非对象属性数据的参数,则采用显式传递的方法来实现。如:写日志时要用户名,知识库备份要目标文件和备份密码,都可以参数传递。对象属性都实现 Get/Set 访问器,通过方法来访问对象内部数据,实现数据封装性。在方法上,只限于实现实体的业务逻辑,而不涉及不由实体来完成的操作,如,在输入界面上,非空输入的检查应当由界面逻辑来处理,而当前对象的状态能否完成它的某个操作的检验,以及是否和已有对象重复则由对象的操作来完成,不同层次上操作划分明确。

### 8.4.2　界面设计与实现

从用户角度看来,界面或窗口是平台存在的表现,用户通过它来了解知识库里面已有的内容,如何把新近总结出来的知识录入库,它的易用性、启发性、提示性才是平台真正简单、易用的体现。因而,界面设计也是系统设计的重要内容。把数据表示出来,然后调用业务对象实现用户对数据的操作。

#### 1. 知识表示的实现

从前面的分析可以看出,领域问题模块、领域问题、领域问题解是农业领域知识表示的重要对象。如何将这些对象以用户界面的形式表现出来,接近领域专家知识的外模式,易于为领域专家和知识工程师理解接受,操作管理方便,是知识管理平台成功的关键。

（1）领域问题模块。一个农业智能应用系统会有多个问题模块,模块包含一组问题,适合树状结构,因此用树状图表示这种层状结构和实际情况相吻合。以应用系统为根,工程师先根据对目标系统的分析与设计建立模块,然后将相应的问题添加到其模块,应用系统的结构一目了然,检索管理很方便。农户使用时只要知道待求解问题的所属模块,便可迅速找到问题和相关模块,如图 8-8 所示。树状层状组织包容了知识库及模块、子模块及问题。删除目标:对选取目标的删除;目标属性:对选取对象的属性进行查看,同新建界面一样,可以对某些属性进行更改;添加模块:在选取模块或知识库下边添加子模块;输入输出:在选取模块里,进行输入输出字典项数据的管理;增加问题:在选取模块下添加问题;问题解答:对选择的问题进行问题解的管理;知识检验:对选取对象里面的问题解进行检验。

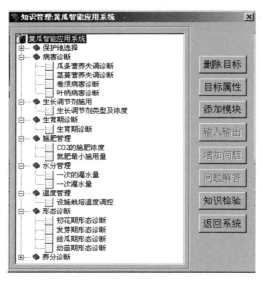

图 8-8　问题模块与问题

（2）知识规则管理。对于一个领域问题,知识工程师最关心的是它的结构,也就是已知什么,求出什么。只有这样,才能确定其解空间,其输入来自问题父模块的输入集,其输出自来模块的输出集,从模块的元数据里确定一个映射关系即是一个问题。相当于数学里面 X→Y 的映射。如图 8-9 所示,已知是一集合(右上列表框),未知是一集合(右下列表框),一个已知子集(左上列表框)到一个未知子集(左上列表框)的映射即形成问题的结构。图中属性信息和按钮功能说明如下。

模块名称:问题的隶属模块;

规则号码:问题写入知识库时,自动编号给定的关键字;

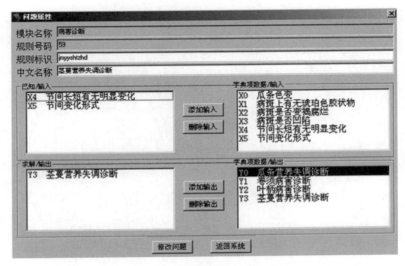

图 8-9 问题的结构

规则标识：也用来唯一标识一个问题；

中文名称：对问题进行中文命名；

添加输入：将隶属模块中的输入添加到问题输入；

删除输入：将所选的问题输入删除到隶属模块；

删除输出类似；

添加问题：提交所要添加的问题。

(3) 领域问题解(知识 ID)管理。农业领域问题的解空间是领域专家知识经验之所在，也只有它才对农户有指导、实用意义。一个结构确定的问题，管理它的解空间是知识管理平台一项基本功能。问题解可以认为是[条件向量]→[结论向量]的对应关系。即在此条件下将会得出该结论。问题解和问题结构是密切相关的，问题结构信息、问题所属模块、问题解的条件向量(条件)、结论向量(结论)、备注信息、多媒体知识对象等信息都清楚地展现给知识工程师。具体如图 8-10 所示。图中标签含义和功能按钮说明如下。

规则名称：往往是规则所关联的具体领域问题；

ID_号码：自动编号类型字段，唯一编码标识出该条规则；

可信指数：此结论的准确程度；

添加模式：此模式下，此窗口用于问题解的添加；

查看模式：此模式下，窗口用于已有问题解的查看；

输入、输出：用来表示当前问题的结构；

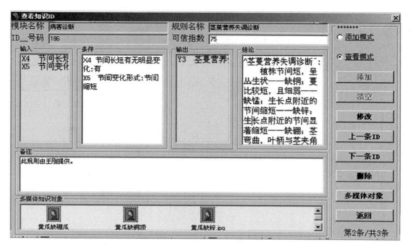

图 8-10　问题解

条件、结论：表示当前解的前提和结论，双击可启动条件编辑窗或结论编辑窗；

备注、多媒体知识对象：都用于对结论的补充说明，双击所选定的多媒体知识对象可启动预览功能；

添加：将当前解提交写进数据库；

清空：清空解的条件结论；

修改：修改解；

上一条、下一条：对当前问题解空间逐条查看；

删除：删除解；

多媒体对象：对当前知识 ID 进行多媒体对象管理。

2．知识规则管理的实现

（1）条件编辑（如图 8-11 所示）。

输入、输出：问题的结构，选择一项输入对之进行条件编辑；

下边列表框：表示当前条件（各项输入取值），选择时对此条件进行编辑。

下面的文本框为对当前输入的属性说明。有无图片：保留以后扩展；

输入取值：列出当前输入的所有可能取值供选择；

条件加：向问题解条件中加一个输入条件项；

条件修改：将所选择输入条件项进行修改；

图 8-11　条件编辑窗

确定：将条件返回问题解编辑窗。

（2）结论编辑（如图 8-12 所示）。

下边列表框：表示当前结论（各项输出取值），选择时对此输出的结论编辑；

下面的文本框对当前输入的说明，在输入文本结论框里进行结论的编辑；

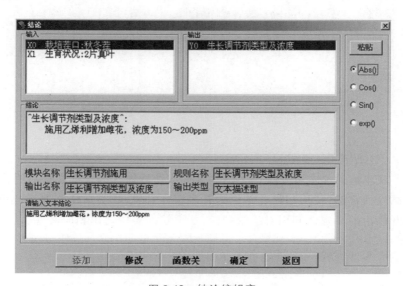

图 8-12　结论编辑窗

功能按钮和条件编辑窗类似,函数关:关闭函数粘贴窗;

粘贴:将所选取的函数复制到结论编辑文本框的当前位置,插入数学公式。

(3)系统主界面(如图 8-13 所示)。

平台功能归类成 7 个菜单和 3 个应用系统资源创建子平台,工具包含了应用系统的生成及管理功能,系统用来完成系统的管理功能,其他就是常见的软件功能。工具栏将各菜单上的一些常用的功能以快捷钮的形式置于其上,依次为系统、视图、知识库、电子图书、农情数据库、工具等菜单中的部分功能。其中,"历史"快捷按钮:查看某知识库的已有决策记录,每一次成功的推理都会产生一个决策记录,记录了用户对知识库的运行情况。

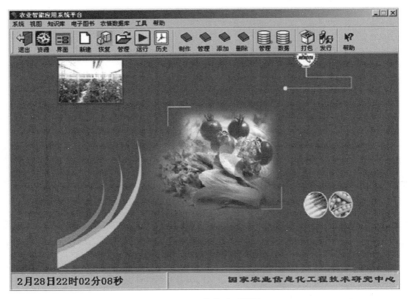

图 8-13　系统主界面

(4)结论窗(如图 8-14 所示)。

文本框以文本形式说明了用户推理成功时输入的条件和最后得出专家结论的详细情况,如果此结论附有多媒体对象,则工具栏上的按钮用于打开相应的多媒体知识对象管理窗,从下拉列表中选出相应文件。

### 8.4.3　第三方组件的应用

在设计中,有些功能拟用第三方组件来实现,而在实际的开发实践

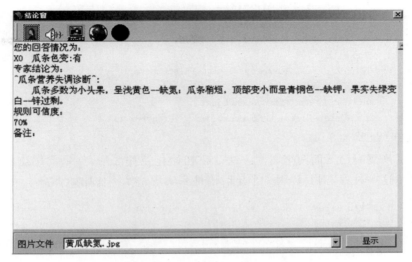

图 8-14   结论窗

中,经过大量检索,确实找到了能实现我们需要功能的组件,通过一段时间的试用,它们表现良好,这样大大加快了开发进程。下面作简单说明。

1. 压 缩 组 件

Polar Zip 是一个高级的压缩工具,一个用 VC++ 6.0 with ATL 3.0 开发的完全自包容的 ActiveX 组件[199-201]。它提供许多函数对创建、更新、提取、列出及产生密码保护的压缩文件的功能支持。广泛用于:

(1) 按要求压缩/解压文件;

(2) 压缩数据库字段;

(3) 打包准备发行的文件;

(4) 自动备份正在内存中压缩/解压的字符串。

前面设计中可能已提到过,在实现中有两个地方用到压缩控件:知识库的备份、恢复和应用系统文件生成及其运行平台上的装载。调用它的目的是将文件目录压缩成一个文件,在适当的时候再进行它的反过程,将压缩文件还原成文件目录。例如,下面的代码是将文件目录及其所有文件加进包文件。

```
Private Sub AddToPackage()
    With Me
        .uocxPZip.SourceDirectory = gstrSourceFolder
        .uocxPZip.ZipFileName = gstrmbkDestFile
        .uocxPZip.RecurseSubDirectories = True
```

```
          .uocxPZip.IncludeDirectoryEntries = True
          .uocxPZip.UsePassword = True
          .uocxPZip.Password = mstrBackupPwd
      End With
      uocxPZip.FilesToProcess = mstrfiletobackup
      uocxPZip.Add
      Dim fso As New FileSystemObject
      fso.DeleteFile gstrSourceFolder & "\readtwx.txt"
  End Sub
```

恢复时用下面两个属性方法。在初始化控件之后,如果要用进度来显示这一过程,则要调用一个定时事件来实现。示例代码如下:

```
uocxPZip.FilesToProcess = List1.List(mintindex)
uocxPZip.Extract
```

2. 表达式计算组件

在结论的编辑、推理时,都涉及表达式的计算问题,输出是一个计算公式,要求在提问时由用户输入变量来进行计算。这个功能用"逍遥表达式计算控件"来实现。XoYoMatheXPression(逍遥表达式计算控件)是一个功能较强的、用于表达式分析与计算的 ActiveX 控件[202,203]。可以对由字符串组成的数值表达式进行多种求值运算。目前,控件支持的功能有:

(1)四则混合运算;

(2)逻辑运算;

(3)关系运算;

(4)常用函数(1.0 版 30 个,2.0 版 41 个,开始支持参数个数>1 的函数);

(5)允许常量表达式,如 PI、E、True、False 等;

(6)支持运算符与函数名"重用"(即可以使用别名),如:% 与 mod 等同,都用于求余数,ln 与 log 等同,都是用来求参数的自然对数,sh 与 hsin 等同,都是用来求参数的双曲正弦等;

(7)支持嵌套格式(理论上允许无限嵌套);

(8)可以自动侦错(侦错方式可以自行设置,可以显示错误信息对话框,也可以进行错误信息的"屏蔽",即出错时不显示错误信息对话框,这样使得程序设计时灵活性更大;

(9)支持数组运算;

(10)支持"拟精确运算";

(11)计算结果可以字符串与数值两种不同的格式返回;

（12）所有的表达式元素（主要指字母）可以大小写混用，不用再区分；

（13）被求值的表达式支持全角与半角的混合字符串；

（14）被求值的表达式支持"科学记数法"模式；

（15）被求值的表达式支持自定义的变量标识符，提供了相应的变量处理功能；

（16）被求值的表达式可以包含注释语句；

（17）新增立即条件函数 IIF。

使用这个控件，可以让程序很轻松地实现"自定义运算"等很多功能，使得开发通用的数据计算与处理程序不再困难。它支持 30 多个常用数学函数。

在实现时，定义一个字符串动态数组，用来存储用户输入的计算表达式，然后，可以对输入的表达式逐个计算，如果计算不出结果则会返回"error"值，否则，返回数值字符串，计算表达式的数学逻辑验证和计算可以统一起来，先用随机值替代变量进行试计算则可证明公式的可计算性。示例代码如下：

```
Dim temp() As String
Me.uocxComputer.ClearVarList '清空变量列表
temp() = Split(strexprAfter,vbCrLf)
Dim sngCompValue
CompValue = Me.uocxComputer.GetExpressionValue(temp(0))
```

## 8.5  本章小结

知识和推理构成专家系统的两大要素，专家系统与一般人工智能系统又有不同，最重要的特征是它的研究对象不是普通人的智能，而是某个领域具有技术特长的专家在解决专门问题的本领。专家系统是一个计算机软件系统，它由知识库、推理机构、解释机构、人机交互接口和其他有关部分组成，知识是专家系统的核心，知识表示技术是专家系统乃至人工智能的重要研究内容之一。本章从系统设计分析的视角讨论了农业领域的知识表示和知识管理。首先，讨论了农业领域知识的表示方法，产生式规则和语义网络是两种重要的知识表示方法，为了表达农业领域知识和问题的不确定性，采用不确定性推理作为系统的主要推理方式；其次，结合苹果知识规则实例讨论农业领域知识的表示策略和表示模式，农业领域知识管理平台的功能需求；最后，从实现视角讨论了类和包设计与实现，界面设计与实现。

# 第9章 农情数据库

## 9.1 概述

### 9.1.1 农业基础数据

农业领域中存在大量的基础数据,它们当中有些是与领域相关的,如:苹果品种、历年产量数据;有些则与领域无关[204-206],如:某地区的某一历史时期气候气象数据、年平均气温、年光照量、年平均降雨量;土地资源部门,土壤肥力数据氮磷钾,地理信息数据(经纬度、海拔)等。不管它在哪个类别,对于农业这样一个以前是"靠天吃饭"的自然环境依赖性很强的产业,要对其中的问题做出正确决策并采取正确措施,了解基本农情是很有必要的。在长期的农业生产实践中,会产生、积累大量的数据,将它们组织起来对未来生产的决策和评估意义重大。

同时,在农业领域里,基础数据的调查工作是农业科技干部和领域专家工作的重要内容。各地农科院所、农技站基本上都建立系统观测点收集了大量的农业基础数据,这些都是有益于农业生产的宝贵资料,对农业生产有着极高的使用价值和参考意义,这些数据覆盖了气象、土壤、肥料、品种、栽培等许多个方面。作为本系统的试点单位,北京市农科院收集了京郊许多数据,涵盖了气象、土壤、生产条件、试验等方面。

(1)气象数据。收集了北京地区 10 个气象站自 1915 年以来有关的气象资料达 500 万个数据。包括纬度、海拔、日照百分比、日平均湿度、最高最先低温度、空气相对湿度、风速、降雨次数、降雨量、实际水气压、入射短波辐射等，并且输入计算机，建立了气象数据库[207,208]。

（2）土壤数据。收集了 13 个区县 200 多个乡镇的土壤资料，主要包括地形、地貌、土壤质地、土壤容重、土壤养分(有机质、全氮、碱氨氮、速效磷、速效钾)及主要微量元素等 150 万个数据，建立了农田基本信息数据库。

（3）生产条件数据。建立了京郊各区县农业生产基础技术条件，如农业机械、化肥投入、灌溉设施、劳力、管理水平、科技水平、主要作物产量水平、投入产出水平等生产条件数据库，累计数据 50 万个。

（4）试验数据。系统积累、整理、分析了京郊主要农作物栽培学、生物学、生理学、形态学等相关学科 100 多项重大课题的系统研究，组织了500 多项不同地区不同条件下多年多点的系列栽培措施和综合高产技术联合试验，累计试验数据 200 多万个。

表 9-1 列出了常用杂肥的氮磷钾含量的试验数据。

表 9-1　常用有机肥的养分含量　　　　　　（%）

| 肥料种类 | 氮 | 五氧化二磷 | 氧化钾 |
|---|---|---|---|
| 厩肥 | 0.5 | 0.25 | 0.5 |
| 人粪 | 1.0 | 0.36 | 0.34 |
| 人尿 | 0.43 | 0.06 | 0.28 |
| 人粪尿 | 0.5～0.8 | 0.2～0.6 | 0.2～0.3 |
| 猪粪 | 0.6 | 0.4 | 0.44 |
| 马粪 | 0.5 | 0.3 | 0.24 |
| 牛粪 | 0.32 | 0.21 | 0.16 |
| 羊粪 | 0.65 | 0.47 | 0.23 |
| 鸡粪 | 1.63 | 1.54 | 0.85 |
| 蓖麻饼 | 1.00 | 1.40 | 0.62 |
| 草灰 | 4.98 | 2.06 | 1.90 |
| 木灰 | — | 1.6 | 4.6 |
| 谷壳灰 | — | 2.5 | 7.5 |
| 普通堆肥 | — | 0.8 | 2.9 |
| 紫云英 | 0.56 | 0.63 | 0.43 |
| 草木犀 | 0.48 | 0.09 | 0.37 |
| 苜蓿 | 0.52～0.6 | 0.04～0.12 | 0.27～0.28 |
| 鹅粪 | 0.79 | 0.11 | 0.40 |
| 土粪 | 0.55 | 0.54 | 0.95 |

| 肥料种类 | 氮 | 五氧化二磷 | 氧化钾 |
|---|---|---|---|
| 田菁 | 0.17~0.53 | 0.21~0.60 | 0.81~1.07 |
| 鸽粪 | 0.52 | 0.07 | 0.15 |
| 城市垃圾 | 1.76 | 1.78 | 1.00 |
| 垃圾土 | 0.25~0.40 | 0.43~0.51 | 0.70~0.80 |
| 泥粪 | 0.2~0.31 | 0.166 | 0.37~0.4 |
| 河泥 | 2.0 | 0.3 | 0.45 |
| 棉籽饼 | 0.44 | 0.29 | 2.16 |
| 菜籽饼 | 5.6 | 2.5 | 0.85 |
| 芝麻 | 4.6 | 2.5 | 1.4 |
| 绿豆 | 1.94 | 0.23 | 2.2~5 |
| 紫穗槐 | 2.08 | 0.52 | 3.90 |
| 大豆 | 3.02 | 0.68 | 1.81 |
| 豌豆 | 0.58 | 0.08 | 0.73 |
| 花生 | 0.51 | 0.15 | 0.52 |
| 沙打旺 | 0.43 | 0.09 | 0.36 |
| 玉米秸 | 0.49 | 0.16 | 0.20 |
| 稻草 | 0.48 | 0.38 | 0.64 |

### 9.1.2　农业智能应用系统与农情数据库

在现有的大部分农业专家系统中,这些系统主要考虑领域知识,而农情数据常常被研发专家系统的设计人员所忽视,农业知识工程师也就没法通过有效的途径将农情数据组织到农业专家系统,从而使得开发得到的专家系统始终是传统的基于知识的专家系统。在农业智能应用系统中,如果能配置农情数据库,则可以方便农户从中检索大量有用数据。纵向来看,可以掌握一个时间区间内的数据,对问题可能出现的情况进行评估和预测;横向来看,可以了解不同区域的数据,在较大范围内进行比较选择;总体上,大大增强了系统的可用性。

统计查询数据、分析数据是数据库一项具有很大优势的功能,在个体企业化农场中,有较多场景需要对农业基础数据进行检索、统计、分析。例如,菜农甲需要了解某种瓜菜过去两年的价格情况,从而预测今年种植此类作物的利润率;又有农户乙需要了解某作物品种的产量记录,从而选取高产品种进行种植,等等。这些问题并不需要专家推理,也不用进行事实输入,运用典型的数据查询分析就可以达成目标。所以,设计农业智能应用系统,仅仅基于专家系统提供知识规则及推理,不能完全满足农户需求。将基础农情数据的查询、统计、分析引入农业智能应用系统符合农业知识工程师与农户的需求,也将为农户取得基础数据提供一条行之有效的途径。

### 9.1.3 农情数据库管理的基本问题

在平台里面,如前所述,工程师要管理农情数据库,并将其作为一种资源配置到应用系统,然后一起分发,可以用农情数据库资源管理平台来创建、管理农情数据库资源。如,生成农情数据库,管理农情数据库的表结构;在数据库确定之后,可向其中录入、管理农业基础数据,生成数据的查询、分析、浏览界面;或将已有数据的数据库资源直接导入到平台。

平台和应用系统都是基于单机运行的,要求简单又易用,那么,其数据库只能采取单机形式的数据库管理系统,如:Access。这必然在应用系统的运行及配置方面产生很多问题,如:工程师可能已有数据,没有形成库,这个时候则要管理库的结构和数据;也可能是数据库与数据都有,或是 Access,或是别的形式的数据库,在这种情况下,对现有的 Access 数据库要毫无疑问地支持,而一些其他形式的数据则通过其相应的转换工具转成 Access 数据库再同前处理。这些都是农情数据库管理平台必须考虑和解决的基本问题。

总的来说,关于农情数据库子系统的问题可以这样描述:开发平台中,领域专家或知识工程师要求对农情数据库进行管理,如生成、结构定义、导入、导出,再者是数据的管理,包括数据的输入修改,即数据管理;运行平台中,农户要求访问数据库对数据进行查询、检索、统计、分析。农情数据库平台必须为领域专家提供一个农情数据库搭建平台,也必须为农户提供访问接口。

## 9.2 农情数据库管理平台的设计

### 9.2.1 农情数据库管理

农情数据库管理的功能界面设计如图 9-1 所示。

新建库:就农情数据库而言,工程师常用的操作是创建数据库,给出数据库的文件名和存储目录位置;

删除库:是新建的反操作,对于已成垃圾的数据库,为了系统的干净,执行删除操作,删除可能要先考虑对该资源进行判断,如是否配置到

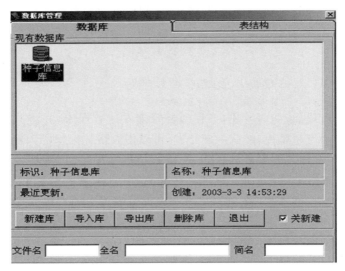

图 9-1　农情数据库管理

应用系统,是否有数据等;

　　导出库:已在平台中的数据库,成为平台中构建应用系统的资源,它同知识库一样也存在一个重用和移动的问题,也就是说将现有的农情数据库作为资源备份起来,留作以后重用或移植到其他 PC 开发平台中继续开发,由于数据库只以一个独立文件的形式存在,所以移动相当方便,只要在系统信息库中作相应的记录即可;

　　导入库:和导出基本相反的过程,将以前导出的或已经有的数据库添加到平台,成为平台中开发应用系统的资源。农情数据库是平台搭建应用系统的基本资源,它的属性信息存储在系统数据库的农情库信息表,管理功能实现需要通过此表的增、删、改、查来实现。

### 9.2.2　农情库表结构管理

　　农情库表结构管理如图 9-2 所示。表结构管理是数据库管理的基本操作,数据库只有按照一定的结构建立起表以后才能进行数据的录入。表结构的管理是定义各个字段的类型、长度、约束等属性。农情库管理系统可以视为功能相对简单的数据库管理平台,但是和专业级的数据库平台相比,在完备性严格程度和功能强大的程度上要弱很多;在其他方面,如:数据类型提供、约束种类的支持简单很多。农情库表结构的字段操作无非是添加、删除、属性变更。

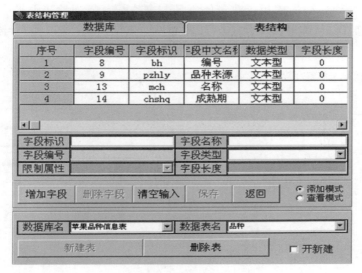

图 9-2　表结构管理

勾选"开新建",则进行建表操作,否则,可以删除现有表,从而实现对农情库中表的管理。一般情况下,定义好数据库表结构才能录入数据,但如某用户强行执行反向操作,系统应当给予警示;此外,对于已有数据字段,如果改变其某些属性如长度、类型,则现有数据将丢失或减损数据精度,使得原有数据变得不可用。因此,表结构管理的功能设计规避这些不规范的操作功能,并给出明确的提示消息。添加模式:选中此模式,可以进行字段添加清空、输入等管理操作;查看模式:选中此模式,可以对已有字段进行删除,从而实现表字段的管理。

### 9.2.3　农情数据管理

农情数据管理如图 9-3 所示。数据才是农户最为关心的信息,没有数据的数据库没有意义。在数据库表结构定型之后,接下来的工作是进行数据的输入编辑,也就是农情数据管理。数据管理的基本操作是添加数据、删除数据和修改数据。数据管理界面是独立于表的,换言之,在进行数据管理时,并不知道表的字段个数,而只有在用户选定某个农情数据库中的某个表之后,才确定表的结构,并根据其字段构成来初始化数据管理界面。字段在定义时,都限定为某个类别,并具有某些约束属性,因此,在管理字段对应的数据时,必须对提交的数据进行检查,确保其满足字段约束条件。界面右边的数据编辑提示区域,在选定数据库及表之后才能根据表结构自动生成相应数量的标签与文本框。界面给出两个工作模式：添加模式，选中该模式时，可以添加新的数据记录；修改模式，选中该模式时，可以对表已有的数据进行修改。

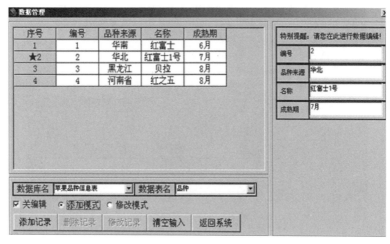

图 9-3　数据管理

### 9.2.4　农情数据查询

农情数据查询如图 9-4 所示。在农业智能应用系统中，引入农情数据库的目的是让农户能通过它进行查询、统计、分析，方便地获得一些对于农业生产实践有指导意义的基础数据。领域专家或知识工程师将农情数据集成到农业智能应用系统之后，需要从农户的视角对这些资源进行预览，浏览它的展示情形，同时，也进一步检查资源和数据的正确性。在左边的农情库资源管理树图上，光标定位到某个农情数据库的某个表时，右边列表即可列出其中数据，通过下拉列表框选择排序方式则可以进行排序显示；通过"关条件查询"复选框，可以控制在下边打开和关闭条件查询框，执行数据过滤和查询操作。

### 9.2.5　配置到应用系统

配置到应用系统如图 9-5 所示。农情数据库是构建农业智能应用系统的重要成分。也就是说，将有实用参考价值的农业基础数据以农情库的形式提供用户，既能丰富应用系统领域知识，又能多样化知识的表达形式，使农业智能应用系统更具吸引力。相反，如果没有农情数据库，也没有在后续章节即将阐述的电子图书，那么，这样的农业智能应用系统便完

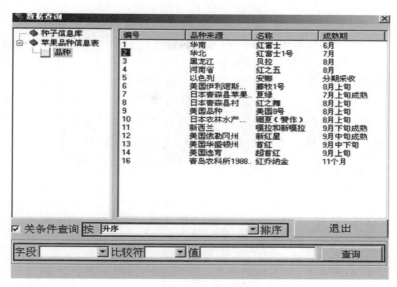

图 9-4　农情数据查询

全退化到了只能推理的传统专家系统,不能满足新形势下农民对农业生产信息化管理的知识需求。说到底,将农情库资源配置到应用系统中去,才是打造农情数据库资源的最终目标。

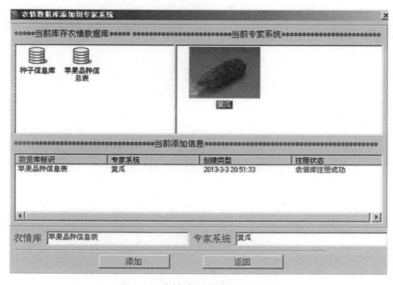

图 9-5　农情库配置到应用系统

　　一般情况下,在某个资源已经确定定型之后,才进行和应用系统的绑定,反过来,如果要对某个已绑定到应用系统的农情库进行修改则必先解除绑定。一个农业智能应用系统毫无疑问有一个可供推理机使用的规则知识库,创建一个知识库也就默认地建立了一个应用系统。因此,配置到应用系统实际上是建立它和知识库的关系,在生成应用系统的时候,把农情数据库和知识库等文件一起封装到应用系统发布的压缩文件。农情数据配置到应用系统的操作就是通过这种方式来完成,选择要建立绑定关系的农情数据库和应用系统知识库,单击"添加"按钮则产生了一条配置关系信息,这条信息描述了农情数据库和应用系统知识库的绑定关系,它是发布应用系统时资源配置的依据。

## 9.3　本章小结

　　在农业领域里,基础数据调查工作是农业科技人员和领域专家工作的重要内容。各地农科院所、农技站基本上都建立系统观测点并收集了大量的农业基础数据,这些数据都是农业应用的宝贵资料,对农业生产有着极高的使用价值和参考意义。本章在介绍农情数据概要情况的基础上,讨论农业智能应用系统与农情数据库的关系问题,结合将农情数据库引入农业智能应用系统面临的主要问题,分析农情数据库管理平台的功能设计和界面设计。最后,着重叙述农情数据库管理、农情表结构管理、农情数据管理、农情数据查询和农情数据库到应用系统的配置。

# 第 10 章　农业电子图书

## 10.1　电子图书概述

电子图书是一种新型的知识表示方式,在系统详细地介绍领域知识方面有着广泛的应用。电子图书的格式多种多样,如何选用合理的格式来创建、浏览电子图书是本章讨论的重点。

### 10.1.1　广受欢迎的电子图书

近年来,电子图书已成为一种新型的传播载体广受人们欢迎。自从以光盘为载体的电子出版物作为代表的电子读物风行之后,有学者开始研究一种可以承载大量数字化内容并符合传统读书习惯的新型阅读媒体,在这一背景下,电子书应运而生[209-212]。

电子图书虽然格式多种多样,但是基本上都具有以下特点:

(1) 独立载体、结构紧凑;

(2) 支持多媒体功能,如支持 Flash;

(3) 可以按次数或时间限制浏览,保护版权;

(4) 可以全文检索;

(5) 存储、复制方便;

(6) 文件体积小,电子图书格式一般都是压缩格式。

电子图书在信息和知识传播领域得到广泛应用。电子图书有很多方面的实际应用,例如网站栏目、出版、网站合作、网上调查、专题、培训、推广网站或产品等。

因为海量的承载内容(可随时扩充)、方便携带、阅读感与传统的纸质书极为接近,电子图书刚面世就受到了广泛关注。具体来讲,其为人们所追捧的原因还在于以下几个方面。

(1) 传统的图书、杂志、报纸等纸质出版物正面临数字化时代的挑战,它们在印刷以前都已经被数字化(内容资源的数字化已经存在);同时,因特网的出现与普及和移动媒体技术的发展,为电子图书的商业运作提供了平台,奠定了基础。

(2) 从第三电子媒体产业分析的角度来看,便携式电子图书满足了传统阅读习惯。阅读设备、版权保护技术、内容的商业整合方案、运营服务是电子书产业健康发展的重要支撑技术。因此,业内人士认为:电子书是电子读物的一种,按照体系的划分应该属于第三电子媒体,即静态阅读的电子媒体。它应该像传统的纸质图书一样是文字内容和承载文字介质(纸)的统一体,只不过传统的纸被电子显示屏和存储器所替代。传统的展示面貌和便携的管理使得电子图书为人们广为接受。

(3) 成熟的技术和低廉的成本让电子图书快速占领了年轻人市场。在市场启动的初期,电子书的读者还是那些有阅读习惯、高消费,并容易接受新鲜事物的人群,主要满足他们在政务、商务等工作、学习中需要大量专业、管理、市场信息的要求,随身携带大容量信息。随着市场的成熟、销售量的提高、成本的下降,普通的读者将很快享受这一新型产品。

(4) 在纸张等有限资源越来越紧张的情况下,电子书的低价格优势更加凸显,展现了广阔的发展空间,蕴藏着巨大的市场潜力。

### 10.1.2　农业电子图书与农业智能应用系统

领域专家在生产实践中,除了积累了大量的知识规则外,对农业领域种植养殖等农业活动形成了系统、详细的认识,如就苹果种植而言,从园地规划、选种、施肥、生长期管理、病害防治等方面都会有细致的见解、描述。如果能用通俗易懂的文字表达出来,让农户去消化吸收,这无疑是一种很受欢迎的方式,与农业智能应用系统的开发目标完全一致。

农作物种植栽培是一个复杂的自然过程,涉及其生长发育过程中各个环节的方方面面。例如,苹果种植本身是一个相当复杂的过程,农户必须了解栽培区选择、园地规划、品种与砧木、树体管理、花果管理、土肥水管理、生理病害及缺素诊断、主要病害及防治等诸多环节的经验知识;从横向来看,苹果生长发育过程的环节组成的划分本身是不确定的,从纵向看来,对每个生产管理环节的了解深入程度也是参差不齐的[213,214]。农业专家系统中,知识规则库只能就具体的问题定性地确定问题解的因素集(向量空间),确定问题结构,再给出问题解,从而解决问题。这种基于规则的专家知识表示机制只是向用户就某个问题进行提问,取得事实记录,再回答用户问题。这种方式有它的局限性,有它的不足之处,问题的决定因素构成在不同条件下可能不同,条件向量空间也往往难以为领域专家所能穷尽,农业智能应用系统对于农户或农场实施人员并不是给出定理、公理般可信的结论,而是具有建议性、参考性的结论,去帮助他们能根据现场问题的实际情况和所获得的专家知识采取正确的处理措施。再者,专家规则也是从一些详细、具体的案例中总结精简出来的,片面性是难免的。因此,如果以教科书的形式向用户系统地说明作物生长发育的实际情况,这类图书在本书中称为农业电子图书,其对于农户问题的解决以及推动农户与领域专家之间的农业知识对流有着重要的意义。

所以,在农业智能应用系统中使用电子图书是合理的,也是必要的。它是领域专家知识表示方式的一种有益、有机的补充,以教科书和电子教材的形式展现专家知识,供用户实时查阅学习。

### 10.1.3 农业智能应用系统平台中的农业电子图书平台

在平台里面,农业电子图书的生成和浏览是开发平台必须解决的问题。领域专家、知识工程师要将领域知识组织成电子图书,农户需要相应的浏览器方便地查阅电子图书,这个子系统要实现电子图书的搭建平台和浏览平台。

电子图书技术已发展相当成熟,如:EXE 文件格式、CHM 文件格式、HLP 文件格式、PDF 文件格式、SWB 文件格式等[215-217]。

在整个系统中,农业电子图书平台的开发应该从领域专家、知识工程师和农户角度出发,制作简单,美观漂亮,又不要求系统产生多余的负载,这些都反映了农业电子图书平台的基本要求。

## 10.2 农业电子图书平台的设计与实现

### 10.2.1 农业电子图书制作

制作农业电子图书之前,工程师必须制作图书的素材,如 Word 文档、HTML 文件等。这些文件是分散而无组织的,制作过程是把它们或编译或连接拼装成一个有机整体,能按照主题以目录的方式进行浏览阅读,并支持索引或查找等多种定位方式,如图 1-01 所示。

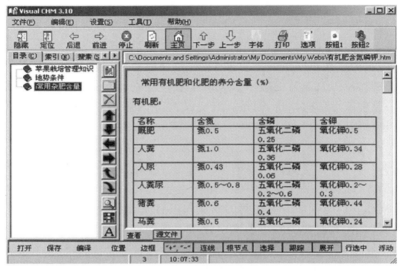

图 10-1　图书操作

如果在平台里面设计实现文本文档编辑处理功能的业务组件,这无疑增加了系统复杂程度。因此,开发组拟重用成熟的第三方组件来实现。在平台中,采用了 Visual CHM,一个超文本文件编译处理器。它使用简单、方便,以超文本文件为素材,在保持外观不变的情况下,将其编译组织成图书。超文本文件本身相当流行、精美,制作输出的图书动感十足,极具吸引力。此外,CHM 文件是微软公司推出和大力提倡的一种电子图书格式,主要用于帮助文件和电子文档,对它的浏览支持是 Windows 操作系统内嵌的,在农户终端使用这种格式的图书也相当方便。这点上,CHM 图书不像其他格式的电子图书要安装专门的浏览工具,大大地减轻了系统的负载。浏览图书时,只需要指出文件标识即可通过类似打开帮助文件的方式来打开电子图书,使用相当方便。

CHM 电子图书制作组件能在平台中启动运行,也可在平台外面启动运行,它也是一个可单独安装的软件。一般情况下,该组件是平台的预安装软件,在平台的发行目录里可找到安装文件,在安装平台时要求检测此组件的安装,并给出相应的提示,具体使用详见使用说明。图书制作时,只要有相应的主题设计及其描述文件,则可以建立主题与描述文件的绑定关系,再通过编译即将文本文件封装生成电子图书文件(已编译的超文本文件)。电子图书如图 10-2 所示。

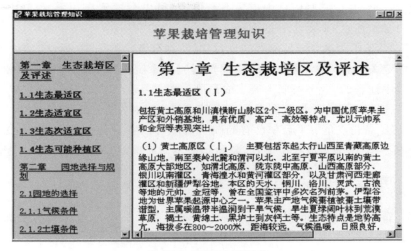

图 10-2　打开电子图书

### 10.2.2　农业电子图书管理

农业电子图书管理如图 10-3 所示。图书是构建应用系统的资源之一,对它进行管理是平台必须解决的问题。电子图书管理主要是管理图书和平台的关系,过程和农情数据库资源类似,相比起来要简单,主要有以下几个功能。

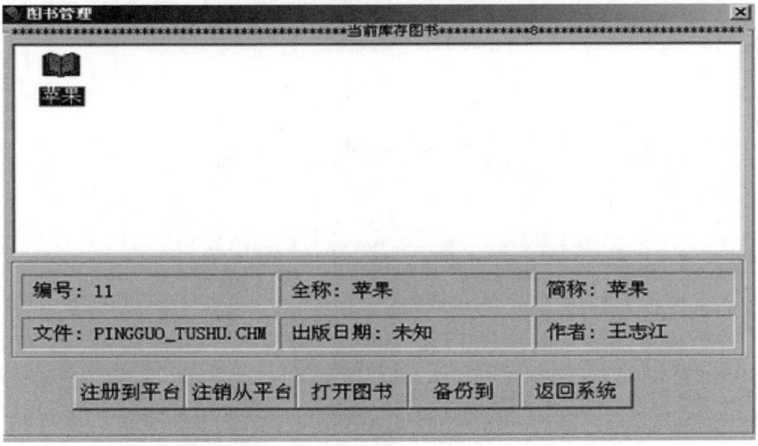

图 10-3　图书管理

① 注册到平台：制作图书只是生成了电子图书，图书并未成为平台可用的资源。要为平台所用，则必须通过注册将其文件复制到相应的目录，在后台登记某些信息则成为系统资源，可以配置到应用系统，这一过程中必须注意"重复注册是不允许的"；

② 从平台注销：是前者的反过程，注销欲选定的图书，通过注销解除其绑定关系，必须注意的是已经配置到应用系统的图书是不可以直接从平台中注销的，业务逻辑上要求先删除配置关系；

③ 打开图书：浏览图书来查看其中的内容；

④ 备份功能：平台中已有的图书资源可以备份到平台外，作为资源备用，一本图书对应一个文件，备份功能本质完成的是文件的复制工作。

### 10.2.3 农业电子图书配置到农业智能应用系统

农业电子图书的配置如图 10-4 所示。电子图书是构建应用系统的资源之一，要在应用系统中使用图书，前提是必须将其配置到应用系统，也就是将图书绑定到知识库。配置涉及两个方面的功能。

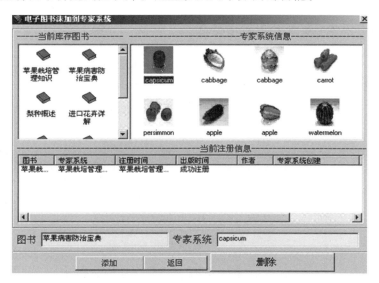

图 10-4　添加图书到应用系统

① 添加图书：将电子图书和知识库（对应一个应用系统）建立联系，让它们同属于一个应用系统，选择图书和知识库确认添加，操作配置信息表；

② 删除图书：是添加操作的反过程，如果工程师前面所进行的是错

误的配置，通过这个功能可以纠正错误。

　　值得说明的是：配置只是建立资源之间的关联，暂时并没有进行文件的复制和移动。在应用系统的模板目录结构里，有 CHM 和 NQK 文件夹用以存储其中的电子图书和农情库，但这只在运行平台中才能体现，在资源配置时并不进行文件的删除与复制，它们仍然以平台资源的形式存在平台目录里面，生成应用系统时再创建临时文件，应用系统文件生成后再执行文件管理操作，因为在平台里面，维持同一文件的多份副本会在一致性上制造很多麻烦，选择在某个时间来执行具体操作能大大方便文件管理和资源一致性维护。

## 10.3　本章小结

　　电子图书是一种新型传播载体，广受人们的欢迎。自从以光盘为载体的电子出版物作为代表的电子读物风行之后，有学者开始研究出多种可以承载大量数字化内容并符合传统阅读习惯的新型电子图书阅读媒体。领域专家在生产实践中对一些农业领域、知识领域、种植养殖等农业活动也形成了系统、详细的认识。以农业电子图书的形式向用户系统地说明作物栽培管理经验知识，对于农户问题的解决以及农户与领域专家农业知识的对流有着重要的意义。本章介绍了电子图书的发展现状和前景，从农业领域知识传播的视角阐述了农业电子图书引入到农业智能应用系统的意义；系统地介绍了农业电子图书平台的设计及实现，要点涵盖电子图书制作、电子图书资源管理和电子图书在农业智能应用系统中的配置。

# 第 11 章　农业智能应用系统管理及平台的系统管理

## 11.1　农业智能应用系统管理

在农业智能应用系统开发平台进行知识库、农情库、电子图书等应用系统资源的创建，并完成了具体农业智能应用系统的配置之后，在逻辑上，这些资源就组成了一个应用系统，但是，在物理上它们却是分散在不同位置的文件。如何将它们生成软件包产品并实现农业智能应用系统的发行及其相关设置是应用系统管理必须解决的问题。

### 11.1.1　生成农业智能应用系统

生成应用系统文件实现了应用系统开发环境和运行环境彻底分离，其目标就是根据应用系统的资源配置，将知识库、农情库、电子图书等资源生成一个应用系统文件(esf 文件)。生成过程同知识库的备份类似，本质上是同一技术在不同场合的应用。生成应用系统如图 11-1 所示，在选取待生成的应用系统后，可以查看到应用系统的基本信息，该界面仅仅显示知识规则库信息，它提供以下主要功能。

① 配置信息：弹出另一个界面以可视化的形式展示当前应用系统的配置；

② 包文件路径：用来指示或者调整应用系统文件路径的目的位置；

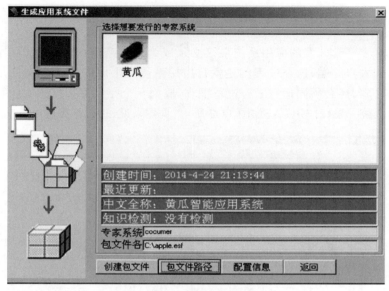

图 11-1 生产应用系统文件

③ 创建包文件：启动生成进程，目的文件确定之后，则启动压缩进程，具体工作就是先将农情数据库和电子图书资源复制到应用系统的开发目录，生成应用系统运行所需的临时文件，以其根目录和系统压缩密码为输入进行加密压缩，输出 esf 文件，这个步骤需要一个时间较长的过程，具体取决于文件总量大小，当有大容量多媒体对象支持时，文件体积可能会很大，系统将弹出一个进度界面显示该过程，包括任务完成的进度情况、等待时间和百分比等信息。

## 11.1.2 农业智能应用系统运行平台

运行平台也是平台一个必不可少的组成部分，应用系统能够脱离开发平台而运行，运行平台起了关键性的作用。由它提供了安装应用系统，操作知识库、农情库和电子图书的功能组件。从功能组成上来看，可以认为它是开发平台的一个子集，但作为一个独立的可安装执行组件，它还必须支持一些辅助功能，如解包应用系统文件、运行序列号验证，以及一些自身环境特有的功能。运行平台主要为应用系统的运行提供环境支持，毫无疑问有一些不同于开发平台的地方，而且它面向的用户对象是农户、农场施工人员。继承开发平台的哪些特性和增加哪些额外的功能，需要考虑到这些特点对它进行详细的系统设计及分析。

### 11.1.3　发行应用系统

开发平台开发的应用系统最终必须成为软件产品，并通过发行媒体发布到农户终端，这个过程就是发行应用系统。生成应用系统文件是第一个步骤，还必须同运行平台进行捆绑，成为一个完整意义上的农业智能应用系统。发行应用系统如图 11-2 所示，具体来说，它必须支持以下功能：

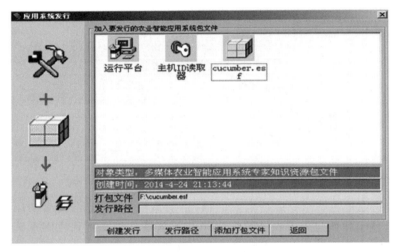

图 11-2　发行应用系统

① 添加打包文件，选定已生成应用系统文件的知识库，把运行平台及运行应用系统一些辅助性工具包（如 ID 识别工具）复制到一定的位置，使之成为一个产品化的有机整体；

② 点发行路径确定发行文件夹的位置；

③ 创建发行则将启动复制进程。成功发行之后，应用系统便可以脱离开发平台，在操作系统的文件管理下，将其迁移到目标媒体即可到农户端计算机上安装运行。

### 11.1.4　软件注册序列号管理

软件知识产权保护和产品市场占有率是软件开发者非常关注的重要问题[218-221]。一方面，软件开发者希望自己的劳动能得到尊重，用户都能购买正版产品；另一方面，又希望通过宣传和推广有更多的用户来了解、使用、测试自己的产品，提高知名度和市场占有率。为了保护自身的商业利益和软件知识产权，软件开发者一直在不断寻找各种有效的技术保护正版软件,而受盗版所带来的高额利润的驱使或出于纯粹的个人爱好,破解者不断针对新的保护方式开发新的破解工具和破解方法。从理论来讲,没有破解不了的软件保护,对软件的保护仅仅靠技术是不够的,最终要靠用户知识产权意识和法制观念的加强。但是,一种软件保护技术的强度足以到让破解者在软件版本的生命周期内无法将其完全破解,则业界认为这种保护是相当成功的。

　　农业智能应用系统是农业领域知识工程师在平台上开发生产的知识产品,如何提供一种保护机制来保护知识工程师的智力成果?这是系统发布和管理必须考虑的重要问题。当前流行的软件保护技术主要有序列号保护、警告窗口技术、时间限制、功能限制、注册文件(KEYFILE)等。平台中应用系统文件包已经用打包加密的方式进行了保护,它在发行时同运行平台一起发布,农户只有通过运行平台才能使用专家系统,所以运行平台成为软件保护的重点对象。

　　为了保护运行平台的软件版权,本书采用了序列号保护技术,客户序列管理如图11-3所示。具体做法为:运行平台首次运行时,提示序列号输入。序列号的产生及用户信息的管理由知识工程师完成,且必须在开发平台中完成,以用户 ID 为输入,通过系统函数计算生成序列号。

$$序列号 = F(用户 ID),F 为某个安全的加密函数$$

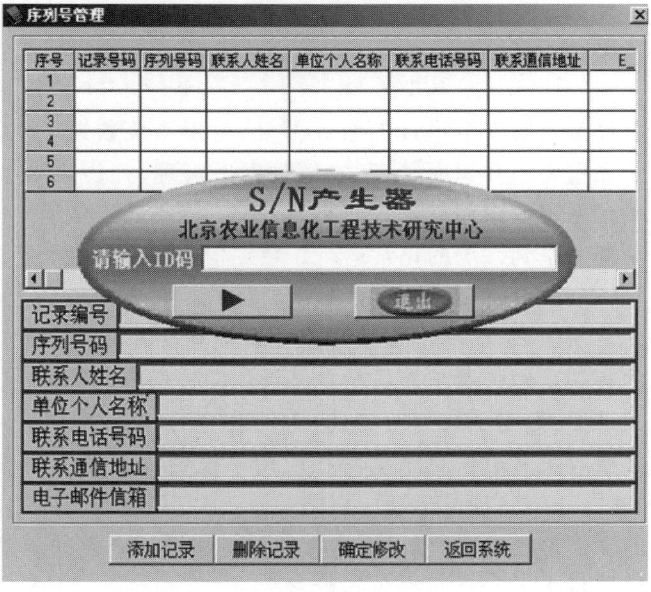

图 11-3　客户序列号管理

用户 ID 不是用户输入的,由用户输入容易忘记、变更,本书采用硬件信息来标识用户,如硬盘出厂序列号、CPU 序列号、主板序列号、网卡 MAC 地址等,这样以保持用户 ID 稳定不变、不易伪造。用户 ID 识别组件部署在运行平台。运行平台还要实现认证模块,读取用户 ID 和从输入的序列号中提取出用户 ID 两值进行比较从而验证用户 ID 的真实性。

$$用户\ ID = F^{-1}(序列号)$$

当然,这种保护的安全性在于处理函数 $F$ 的安全性,$F$ 可以看成一个加密函数,而密码在开发平台由系统来设定,其他人员不能接触。当前的 AES 对称密码算法密钥长度达到 256 位,公钥密码算法 RSA 可支持 4096 位,它们的设计破解时间都达到 10 年以上,同软件生命周期来比完全足够了[222-225],合理选择 $F$ 函数,完全可以满足软件安全保护的需求。

在此过程中,知识工程师往往还需要获得用户的通信信息,并生成用户信息记录,有利于加强同用户的联系,了解农业智能应用系统的使用情况和用户意见。故此,界面上的添加、删除、修改实现了对用户信息记录的管理。

## 11.2　平台的系统管理

### 11.2.1　系统日志管理

日志管理是系统安全设计的组成部分,对于系统数据库和知识数据库的安全至关重要。知识库管理、农情数据库管理、知识规则数据管理,以及开发平台系统数据库管理是平台承担的主要功能,任何一个数据库的信息安全都关系到系统的正常运行。数据信息安全既在于事先的防范保护,也同样需要事后的跟踪、审计和恢复,因此,日志信息的记录和管理就很有必要。一般来说,一个复杂的农业智能应用系统靠某个人力量是难以完成的,同时,增强参与人员对自己操作的责任感对提高应用系统开发质量至关重要,数据是如何改变的,由谁改变的,系统管理员和知识工程师都有必要通过日志信息来了解在应用系统资源上发生的操作过程。原则上,只赋予系统管理员清理的权限,其他用户只能查看而无法删除在上面留下的操作痕迹,这样可以大大方便对应用系统开发的跟踪,从而提供应用系统质量水平。

一般来说,只要对表中的数据进行了修改,都要求在日志表中写下操作信息,记下操作角色、操作时间及数据内容等相关信息,成为一条完整的日志记录。系统日志管理如图 11-4 所示。日志清除、查看是界面必须提供的基本功能,图中,右边网格显示的日志是当前日志的一个子集或全集,具体的选择过滤要根据下边的筛选条件来进行。界面提供了多个筛选条件:可以按操作对象、操作起始日期、用户角色 3 项条件或它们的组合条件来查询,选中某个条件,则在下边"使能"相应的条件输入框,输入条件之后,单击"查看"按钮即可显示出符合条件的日志记录。有"清除"权限的用户界面的"清除"功能是可用的,对于一些过时的日志记录,选中之后进行删除从而整理日志数据库。

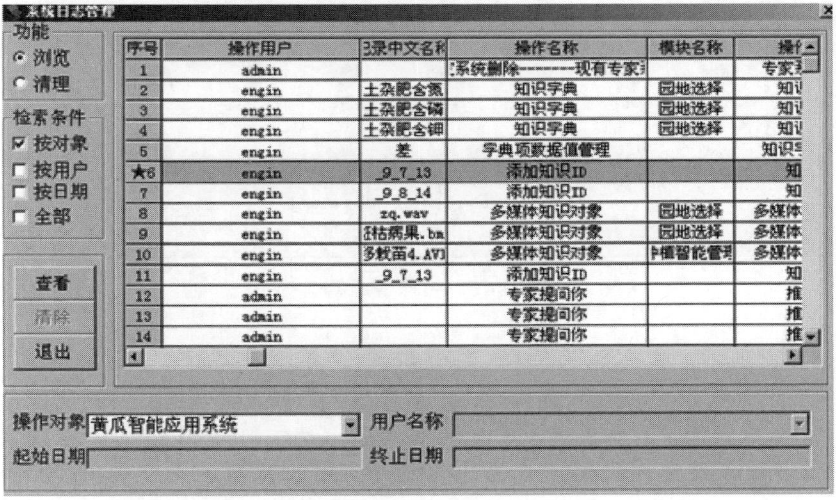

图 11-4 日志管理

## 11.2.2 系统资源管理

农业智能应用系统是一个基于 Windows 系统的图形用户接口(Graphical User Interface,GUI),平台必须为应用系统搭建提供所需的界面资源。农情库图标、电子图书图标、知识库图标都是系统的可视化资源,也是界面个性化的重要元素。一般情况下,所有农情库共用一个形象图标,所有电子图书也共用一个形象图标,而不同种植对象相关的知识库,一般都会有不同的图标。系统资源管理如图 11-5 所示,实际开发过程中用户根据需要和个人喜好对这些图形化资源进行动态配置。界面提供加入图标到平台或者从平台中删除废弃图标的功能;在界面配置时,需要知识工程师将图标和相应的配置项联系起来;界面分为 3 个页框,

　　分别对不同的图标资源进行管理,从而将图标添加到平台,成为平台的资源,供用户选用。

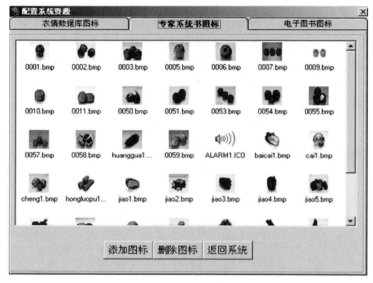

图 11-5　图标资源管理

## 11.2.3　界面主题管理

　　美观、漂亮、个性化的用户界面能大大增强系统的用户体验,吸引更多用户关注农业智能应用系统。不论是面向领域知识工程师的开发平台,还是面向农户的终端运行平台,界面美观和眼球吸引力都是必须着重考虑的问题。众所周知,美观漂亮在不同用户看来有不同理解,有不同的标准,界面个性化功能让用户按自己的标准来配置界面,并和用户的信息关联存储,这样,不同的用户都会得到他们所喜欢的界面,同时,配置应是一件轻松愉快的事情,应做到简单、简约、方便用户使用。本书采用界面主题配置和高级配置两种方式来实现界面配置。

　　界面主题配置如图 11-6 所示,在用户还不太熟悉的情况下,用界面主题(库存风格方案)即可完成配置,用户选取不同的风格,在下面的预览框中可以看到此风格将会生成的界面效果,在满意的情况下,单击“应用”按钮则配置生效。在用户退出系统时,当前系统界面的所有配置信息将会连同用户信息保存在界面配置信息表中,下次登录时,系统将根据登录用户的信息从界面配置信息表中读取用户界面信息,构建用户选定界面主题。

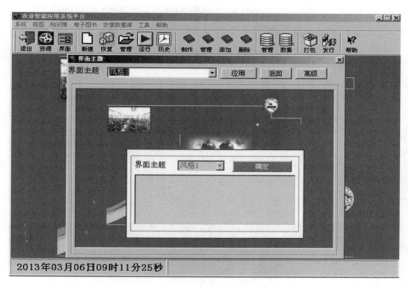

图 11-6 界面主题配置

界面高级配置如图 11-7 所示，用户对平台的使用比较熟练之后，不仅可以使用库存风格来配置界面，还可以定制专用的界面风格，也就是对某些专项进行配置，形成一个全新界面风格。界面主题个性化定制可以从 6 项来描述设定：桌面图片、界面和标签（背景颜色）、输入框按钮（前景、背景颜色）、农情库图标和电子图书图标，每启动一个项目设置，系统将会弹出一个文件对话框（选择图像资源）或者颜色对话框（颜色更改）或

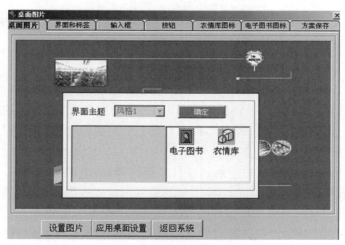

图 11-7 界面高级配置

者图标列表框,通过交互式的操作过程对相应项目进行配置。单击"应用"按钮则使该项生效;进入"方案保存"页框则能将新的风格添加到系统。界面主题高级配置功能是用户界面个性化设定方式的有机补充。

### 11.2.4　用户角色管理

　　数据安全是系统的基本要求,角色是系统安全管理的一个重要对象,用户角色管理是系统必须实现的重要功能。用户角色管理如图 11-8 所示,用户角色管理不仅是添删,还有更改密码和屏蔽;平台管理员是系统自带的根用户角色,由它来创建用户账户,然后,以账户身份登录再开始应用系统资源的创建工作。用户角色管理分为以下功能模块来实现:

图 11-8　用户信息管理

　　① 添加用户,当前用户是系统管理员时,可以添加用户类角色,在左边的树状控件中选中"平台用户"则添加一个与之同类的用户,这时系统弹出用户信息输入框,一些基本的用户信息根据当前选择便能填写完成,还有一些信息则由当前创建用户输入;

　　② 删除用户,只能由系统管理员来操作,删除当前所选用户,当被删除用户有资源关联时,先要删除对应的关联资源才能删除用户,当然系统管理员可以看到所有用户创建的系统资源,如知识库、农情库等;

　　③ 更改密码,平台管理员和平台用户都可更改自身密码,更改所选用户密码时设计要求输入当前密码,系统将弹出一个密码认证界面完成

密码验证工作,如果更新当前用户密码,要求重新登录系统,更新密码方可生效;

④ 使用状态,此功能只能由平台管理员操作,单击此功能时,系统弹出用户信息界面,设置所选用户的使用状态("在用"或者"禁用"),"禁用"的平台用户被禁止使用平台,此项操作只能由高权限用户对低权限用户行使,即系统管理员对平台用户行使,当系统管理员从日志中发现某平台用户操作不当时,对其禁用,防止不当操作继续发生。

## 11.3 本章小结

通过农业智能应用系统开发平台进行知识库、农情库和电子图书等系统资源的创建,并将它们配置到具体的农业智能应用系统上,逻辑上,这些资源就组成了应用系统,但物理上它们却是分散在不同位置的文件,因为诸多亟待解决的问题而无法成为一个可以投入使用的应用系统。如何实现农业智能应用系统发行,保护应用系统开发者软件知识产权,保障平台数据信息安全及其相关设置是系统管理必须解决的问题。本章围绕上述相关问题从以下几个方面展开了陈述:

① 介绍了农业智能应用系统的生成和包装;

② 运行平台配置;

③ 应用系统分析和基于注册序列号的软件知识产权保护;

④ 系统日志管理;

⑤ 图标资源管理;

⑥ 用户界面主题风格管理;

⑦ 开发平台角色管理。

这些问题事关农业智能应用系统正常运行的全局,必须从实际出发,周全地规划,有组织、分阶段地实施,才能充分发挥农业智能应用系统开发平台的潜力,发挥它对农业信息化技术的推动作用。

# 附录 A 结论和展望

农业物联网获取了海量有价值的图像数据,如何对这些数据进行学习加工,从中发现新颖的农业知识模式,成为农业信息化和农业智能技术的高级研究课题。为了能精准地、变量地喷洒化学制剂以防治病害,降低生产成本,发展绿色、安全、生态农业,研究作物病害图像的计算机识别理论及技术成为农业物联网发展的突破口。本书以深度机器学习为技术手段,系统地研究了病害图像降维和识别的人工智能方法,总体上,取得了以下新颖性成果。

1. 理论研究工作的创新和总结

(1)提出了惩罚校正的支持向量聚类算法和校正方法。

支持向量分类方法处理不平衡样本时,在不同目标尤其是样本稀疏目标往往导致学习错误率的显著性差异。基于拉格朗日系数分析方法,提出惩罚校正的支持向量机方法,对于稀疏样本,方法能在稳定整体性能的前提下改善学习效果;压力测试说明错误率和学习机的泛化能力会随着校正系数和样本容量较快收敛,能显著改善不平衡样本集合的分类性能。

(2)设计了病害图像识别预处理方法和圆形整形的无失真方位多样性仿真。

农业现场视频感知设备采集环境复杂,存在多种干扰,定点、移动方式都难以得到在不同环境状态下分布均匀的代表性显著的图像样本,也就无法保证网络训练均匀性,最终输出无偏分类器,同时,无法实现多角度无失真方向干扰模拟。设计病害图像圆形整形算法、方位、亮度多样性仿真、提出无偏均匀样本集的计算机构造方法,为病害图像识别的机器训练测试提供了完备的数据基础。

(3)提出了溢界丢弃的主成分数值计算的病害图像降维方法。

围绕数值计算降维,以 PCA 方法为基础,提出基于特征值溢界丢弃的特征提取方法。该方法表现出较好的重构性能;在 SVN 为病害图像降维识别中,在 2"折"和 5"折"情况下,呈现出满意的准确率。

(4)提出深度限制玻尔兹曼机半监督学习网络的病害图像降维。

针对 RBM 网络的学习过程,提出"基于随机反馈的对比散度方法",并以 RBM 网络为工具,开展半监督机器学习病害图像降维,重构效果好;随着训练次数的增加,随机反馈发散方法和 kCD 的目标函数值都迅速上升,相比之下,收敛之后的曲线具备更好的稳定性,更高的最优目标值。该方法将"机器学习"的思想引入特征提取,让模型在提取过程中接受训练,有倾向性地完善提取性能,相对于数值分析降维的"一成不变",有着别开生面的创新意义。

(5)提出深度卷积监督学习的病变图像降维识别网络一体化方法。

提出深度卷积网络的病害图像识别方法,设计网络结构和卷积 BP 误差传递算法。相比于浅层算法及其他深度方法,算法性能优势明显,收敛速度较快,目标曲线能维持较好的平滑性和较小的波动性。该方法利用一体化学习网络,融合特征提取和模式识别,共享学习过程并完成识别和特征提取的训练,解决了"过程和目标"失配的问题,相对于"降维-识别"分立的格局,体现出截然不同的新意。

(6)提出弹性动量的网络学习方法。

面向卷积学习中动量项和偏差量符号在时间上的不一致性,提出弹性冲量的权值更新机制,构造了线性弹性动量和二次弹性动量方法。不同动量学习范式的误差函数收敛实验表明弹性动量相比于经典动量、自适应动量,都能不同程度地提前收敛迭代周期,对于提速大样本机器学习过程有着积极意义。

2. 农业智能应用系统工程的实践结论

通过对"多媒体农业智能应用系统平台"近 10 个月的开发与研究,得出以下结论:

（1）提问式推理的知识表示是可以实现的。

用数据库能实现知识的存储，可以用结构通用的知识库来装载农业上不同种植领域的知识规则，去掉了知识库的表结构管理操作，知识管理更简单、开发更容易。

（2）在知识表示中，提供丰富的多媒体知识对象支持是完全可能的。

通过用数据库和文件管理相结合的形式来存储文件数据和多媒体知识对象的信息，可以使知识表示形象生动、有声有色、多媒体化，知识 ID 的媒体对象类型和数量不受限制。知识工程师表达知识能淋漓尽致，编辑知识 ID 时对象可预览、可视化，是所见即所得的知识管理。

（3）在农业智能应用系统中，完全可以实现农情数据库。

在农业信息化系统中，提供对农情数据库的支持，设计一个平台让工程师来管理农情数据库和农情数据是完全可以实现的。农情数据是农业领域有重要利用价值的资源。数据库结构管理是开发的难点。采用 DAO 技术可以实现对数据库结构的访问和管理，通过 ADODB 能实现对数据库数据的管理。

（4）很有必要运用电子图书丰富农业智能应用系统的知识表达形式。

电子图书完全可以引入到农业专家系统，将其提升为真正意义上的多媒体农业智能应用系统。选择合适电子图书格式，可以方便地实现制作平台和浏览平台，以常用的文本文件为输入，让知识工程师可轻松地制作出专业级电子图书，丰富知识的表现形式。

（5）开发环境和运行环境彻底的分离完全可以实现。

运行平台为操作农业智能应用系统提供了工具，又有别于开发平台，去掉了工程师进行知识管理和其他应用系统资源管理的功能，有效地保障了应用系统资源的安全；加密封装、拆封装功能的实现，使资源分散、繁多的应用系统能以包整体的形式安全迁移，脱离开发平台，成为真正意义上的产品。同时，将此功能应用于资源的备份，使资源成为可脱离平台的资源、可重用的资源，平台也因此成为真正意义上的平台。运行序列号机制的引入，有效地管理了产品的使用版权及和客户的关系，方便地实现了知识工程师的产品管理。

（6）基于角色的安全登录机制，可以有效地保证不同用户的资源安全。

由系统管理员创建不同的用户角色，它们是资源的所有者，采用一种"所有者可见"的原则，有效地隔离了不同用户的资源，实现了管理上的方便和数据安全。

（7）可定制的用户界面可以很好地增强用户体验并促进系统推广。

针对可视化的界面元素采用库存方案的办法可以有效实现界面风格的简单配置，用高级配置功能可以做到界面的定制，同用户角色信息相结合，可以生成个性化的用户界面。

（8）运用组件开发技术能很好地解决一些技术上的难题。

在设计和开发的实践过程中，数据压缩、数学表达式计算以及加密问题，如果放到项目组来实现，可能要启动相应的软件工程项目，而且，还可能碰到算法的难题。笔者大胆地利用了一些第三方构件，较好地处理了这些难题。组件应用对缩短开发周期和保证软件质量有着重要意义。同时，又闪烁着软件重用的光芒。

### 3. 研究工作展望

本书选定的课题是农业物联网和深度机器学习交叉领域的一个新颖的研究课题，限于时间精力，在"必然王国通往自由王国"的道路上，本研究在广度和深度上还有较大的拓展空间，有以下内容尚待深入研究。

（1）农业多源信息和知识的融合。

多源农情信息学习输出多源农学知识，如何有机融合它们，协同地开展病害识别诊断、预警是农业物联网应用开发的迫切研究课题。作物的病变和温室土壤等环境有着千丝万缕的联系，无视环境而仅凭外在图像特征势必作出片面性结论。面向机器学习的知识融合基本架构、逻辑模型尚未形成完整体系，相关基本理论和技术的研究亟待关键性突破。

（2）农业物联网感知数据增量深度学习。

农业物联网中，结构化、非结构化数据源源不断，病害训练样本空间不能一次性获取，考虑到训练和预测的时耗，在已有结果之上继续接受新样本训练能不断增强模型的识别能力，暂停高时耗训练而展开实时预测，对提高系统实用性有着积极意义。因而，研究如何高效、渐近、实时地实施农业感知数据的增量深度学习是一个非常有前景的课题。

（3）农业感知数据的集成机器学习。

在对新样本分类的同时，把若干个独立分类器集成起来，通过对多个分类器结果进行某种合成来决定最终的类标签，可以取得比独立分类器更好的性能。病变图像识别可采用 PCA、深度自动编码和深度卷积等来实现，然而，每个方法都有自身的局限，如何针对病害图像识别具体问题的特点设计新型的集成深度学习方法也是一个十分值得研究的问题。

# 附录 B 致谢

在本书创作的过程当中,我得到了很多老师、北京农业信息技术研究中心软件工程部职员、同学还有亲人的关怀和帮助。在本书定稿之际,我在此衷心地向你们表达最诚挚的谢意!

我要由衷地感谢我的导师,国家农业信息化工程技术研究中心赵春江研究员。写作本书时,从查阅文献了解农业物联网应用领域中的机器学习现状、会商讨论确立农业物联网大数据深度机器学习为课题研究方向、开展研究和本书创作定稿,无一环节不得到了赵老师的细致关怀和循循善诱的指导。他严谨治学的科研态度、实事求是的治学精神、高瞻远瞩的洞察力、励精勤勉的敬业操守及和蔼可亲的师长风范让我永远难以忘怀。师恩如辉,高山仰止!

我要衷心感谢国家农业信息化工程技术研究中心软件工程部主任吴华瑞研究员对我论文研究的帮助和指导。博士学习期间,我到软件工程部从事博士研究学习,在工位安排、计算机配置、选题研究、本书创作等从工作到科研的诸多细节,都一一得到吴老师实实在在的帮助和支持。

我要衷心感谢我的研究生导师东华理工大学陆玲教授,大学至研究生七年来,陆老师在学习、工作、生活上都给予了我无微不至的关心和悉心不倦的指导,她严谨的治学态度、开阔的知识视野、开拓性思维能力、堪为人表的为人处世让我受益匪浅。

我特别要感谢国家农业信息化工程技术研究中心软件工程部的王元

胜研究员、高荣华研究员,他们和我一起参与了系统分析、设计、开发、测试,正是在他们的积极参与和指导下,本书介绍的系统才能顺利完成。

感谢湖南文理学院芙蓉学院梅晓勇教授,湖南文理学院经济与管理学院王细萍老师及项目组成员:谭明涛博士、李剑波老师、潘承庆同学在本书编写过程中提供的大力支持。

本书出版得到以下项目资助:①基于内容的农作物叶片图像检索理论研究,国家自然科学基金青年基金(61102126);②面向大规模农田生境监测的无线传感器网络信号传播特性与供电策略研究,国家自然科学基金面上项目(61271257);③基于深度学习的复杂场景下农作物病变图像特征提取与病害预警系统,湖南省自然科学基金项目(2018JJ4015);④受限玻尔兹曼机理论在商品价格预测中的应用研究,湖南省教育厅资助项目(16C1111);⑤基于深度 RBM 网络的农作物病害图像特征提取与病变识别,湖南文理学院博士启动项目;⑥基于机器学习的农作物病变图像识别及病虫害诊断系统,国家大学生创新创业训练计划项目(201810549005)。

最后,感谢洞庭湖生态经济区建设与发展协同创新中心及湖南文理学院为本书出版提供的帮助和资助。

# 参 考 文 献

[1] 赵春江. 农业智能系统[M]. 北京：科学出版社，2009.

[2] 李斌，赵春江. 我国当前农产品产地土壤重金属污染形势及检测技术分析[J]. 农业资源与环境学报，2013(05)：1-7.

[3] 谷彬，马九杰，张永升. 从大数据监测看我国农村土地流转[J]. 中国市场，2014(45)：11-24.

[4] 程勇翔，王秀珍，郭建平，等. 中国南方双季稻春季冷害动态监测[J]. 中国农业科学，2014(24)：4790-4804.

[5] 张琴，黄文江，许童羽，等. 小麦苗情远程监测与诊断系统[J]. 农业工程学报，2011(12)：115-119.

[6] 夏于，孙忠富，杜克明，等. 基于物联网的小麦苗情诊断管理系统设计与实现[J]. 农业工程学报，2013(05)：117-124.

[7] 夏于. 基于物联网的小麦苗情远程诊断管理系统设计与实现[D]. 北京：中国农业科学院，2013.

[8] 童彤(摘译). 澳大利亚：蕉园机器人有望十年内研制成功[J]. 中国果业信息，2013(8)：38-38.

[9] 梁文莉. 亚洲/澳洲工业机器人数据统计[J]. 机器人技术与应用，2014(3)：45-48.

[10] 何东健，乔永亮，李攀，等. 基于SVM-DS多特征融合的杂草识别[J]. 农业机械学报，2013(02)：182-187.

[11] 戚利勇. 黄瓜采摘机器人视觉关键技术及系统研究[D]. 杭州：浙江工业大学，2011.

[12] 鲍官军，苟一，戚利勇，等. 机器视觉在黄瓜采摘机器人中的应用研究[J]. 浙江工业大学学报，2010(01)：114-118.

[13] 戴建国，赖军臣. 基于图像规则的Android手机棉花病虫害诊断系统[J]. 农业机械学报，2015(02)：35-44.

[14] 徐富新，杨春艳，申冬玲，等. 基于机器视觉的果蝇复眼坏区甄别系统的图像处理设计[J]. 生物医学工程研究，2006(02)：67-70.

[15] 席丹. 黄瓜主要病虫害与生理障碍[J]. 农民致富之友，2015(3)：58-58.

[16] 王宣，黄涛珍. 农药污染问题及对策研究[J]. 陕西农业科学，2016，62(10)：108-111.

[17] 何昌芳，李鹏，郜红建，等. 配方施肥及氮肥后移对单季稻氮素累积和利用率的影响[J]. 中国农业大学学报，2015(01)：144-149.

[18] 吴珺，李浩，曹德菊，等. 安徽省经济发展与农业污染的关联分析[J]. 安全与环境学报，2014(05)：307-311.

[19] 佟彩,吴秋兰,刘琛,等. 基于 3S 技术的智慧农业研究进展[J]. 山东农业大学学报(自然科学版),2015(06):856-860.

[20] 彭程. 基于物联网技术的智慧农业发展策略研究[J]. 西安邮电学院学报,2012(02):94-98.

[21] 刘向锋,孟志军,陈竞平,等. 作物病虫害信息采集与远程诊断系统设计与实现[J]. 计算机工程与设计,2011,32(7):2361-2364.

[22] 刁智华,陈立平,吴刚,等. 设施环境无线监控系统的设计与实现[J]. 农业工程学报,2008,24(7):146-150.

[23] 张银锁,宇振荣. 环境条件和栽培管理对夏玉米干物质积累、分配及转移的试验研究[J]. 作物学报,2002,28(1):104-109.

[24] Chunjiang Z,Huarui W. Research on the diagnosis method of crop pests and diseases based on the heuristic search[C]. Fuzzy Systems and Knowledge Discovery,2009. FSKD'09. Sixth International Conference,2009:349-356.

[25] Tian Y,Zhao C,Lu S,et al. Multiple classifier combination for recognition of wheat leaf diseases[J]. Intelligent Automation & Soft Computing,2011,17(5):519-529.

[26] 陈青云,李鸿. 黄瓜温室栽培管理专家系统的研究[J]. 农业工程学报,2001,17(6):142-146.

[27] Qingchun F,Xiu W,Wengang Z,et al. A new strawberry harvesting robot for elevated-trough culture[J]. International Journal of Agricultural & Biological Engineering,2012,5(2):1-8.

[28] Goldberg D E,Holland J H. Genetic algorithms and machine learning[J]. Machine learning,1988,3(2):95-99.

[29] Newell A,Simon H A. Human problem solving[M]. NJ:Prentice-Hall Englewood Cliffs,1972.

[30] Michalski R S. A theory and methodology of inductive learning[J]. Artificial intelligence,1983,20(2):111-161.

[31] Studer R,Benjamins V R,Fensel D. Knowledge engineering:principles and methods[J]. Data & knowledge engineering,1998,25(1):161-197.

[32] Compton P,Jansen R. A philosophical basis for knowledge acquisition[J]. Knowledge acquisition,1990,2(3):241-258.

[33] Cassiman B,Veugelers R. In search of complementarity in innovation strategy:internal R&D and external knowledge acquisition[J]. Management science,2006,52(1):68-82.

[34] Weigel V B. Deep learning for a digital age:Technology's untapped potential to enrich higher education[M]. John Wiley & Sons,Inc.,2001.

[35] Krizhevsky A,Sutskever I,Hinton G E. ImageNet Classification with Deep Convolutional Neural Networks[C]. NIPS,2012:4.

[36] Hinton G E,Osindero S,Teh Y-W. A fast learning algorithm for deep belief nets[J]. Neural computation,2006,18(7):1527-1554.

[37] Poultney C, Chopra S, Cun Y L. Efficient learning of sparse representations with an energy-based model[C]. Advances in neural information processing systems, 2006: 1137-1144.

[38] Hinton G E, Sejnowski T J. Learning and relearning in Boltzmann machines [M]. Cambridge, MA: MIT Press, 1986.

[39] Graves A, Mohamed A R, Hinton G, et al. Speech Recognition With Deep Recurrent Neural Networks. 2013 IEEE International Conference on Acoustics, Speech and Signal Processing. New York: IEEE, 2013: 6645-6649.

[40] 岑喆鑫,李宝聚,石延霞,等. 基于彩色图像颜色统计特征的黄瓜炭疽病和褐斑病的识别研究[J]. 园艺学报, 2007, 34(6): 124-124.

[41] 赵春江,吴华瑞,朱丽. 基于 ZigBee 的农田无线传感器网络节能路由算法[J]. 高技术通讯, 2013, 23(4): 368-373.

[42] 田有文,李天来,李成华,等. 基于支持向量机的葡萄病害图像识别方法[J]. 农业工程学报, 2007(06): 175-180.

[43] 田有文,程怡,王小奇,等. 基于高光谱成像的苹果虫伤缺陷与果梗/花萼识别方法[J]. 农业工程学报, 2015(04): 325-331.

[44] 田有文,程怡,王小奇,等. 基于高光谱成像的苹果虫害检测特征向量的选取 [J]. 农业工程学报, 2014(12): 132-139.

[45] 任建国,黄思良,李杨瑞,等. AR 模型在柑桔溃疡病测报中的应用[J]. 植物病理学报, 2006(05): 460-465.

[46] 蔡煜东,许伟杰. 运用自组织人工神经网络模型判别柑桔溃疡病始见期[J]. 植物病理学报, 1995(01): 43-46.

[47] 王献锋,张善文,王震,等. 基于叶片图像和环境信息的黄瓜病害识别方法 [J]. 农业工程学报, 2014(14): 148-153.

[48] 岳峰,左旺孟,张大鹏. 掌纹识别算法综述[J]. 自动化学报, 2010(03): 353-365.

[49] 岳峰,左旺孟,王宽全. 基于分解的灰度图像二维阈值选取算法[J]. 自动化学报, 2009(07): 1022-1027.

[50] 左旺孟. 面向人脸和掌纹特征提取的线性降维技术研究[D]. 哈尔滨工业大学, 2007.

[51] Dong H, Zhang Y, Pu X. A new local PCA-SOM algorithm [J]. Neurocomputing, 2008, 71(16): 3544-3552.

[52] Huang D, Yi Z. Shape recovery by a generalized topology preserving SOM[J]. Neurocomputing, 2008, 72(1-3): 573-580.

[53] 黄东. 基于流形的降维方法及其在计算机视觉中的应用[D]. 成都: 电子科技大学, 2009.

[54] 翁时锋. 基于机器学习的几种医学数据处理方法研究[D]. 北京: 清华大学, 2005.

[55] Balasubramanian M, Schwartz E L. The isomap algorithm and topological stability[J]. Science, 2002, 295(5552): 7.

[56]   程欢.基于智能手机的分布协同式农业专家系统的设计[D].保定：河北农业大学,2014.

[57]   杨宝祝,赵春江,李爱平,等.网络化、构件化农业专家系统开发平台(PAID)的研究与应用[J].高技术通讯,2002,12(3)：5-9.

[58]   刘根深,陈秋波,王诚,等.海南智能化农业信息技术应用示范工程的网络建设与系统开发[J].热带作物学报,2002,23(1)：79-86.

[59]   武向良.基于知识模型的春大豆生产管理专家系统研究[D].呼和浩特：内蒙古农业大学,2008.

[60]   金燕.基于神经网络和机器视觉的南方葡萄专家系统研究[D].长沙：湖南农业大学,2009.

[61]   王佳.基于机器学习的 A 型流感病毒跨种传播和抗原关系预测研究[D].武汉：华中科技大学,2012.

[62]   Russell C A, Jones T C, Barr I G, et al. The global circulation of seasonal influenza A (H3N2) viruses[J]. Science, 2008, 320(5874)：340-346.

[63]   高明亮,王雪珍,吴顺章.农业专家系统存在的问题与对策[J].洛阳农业高等专科学校学报,2001,21(2)：88-90.

[64]   Hinton G E, Salakhutdinov R R. Reducing the dimensionality of data with neural networks[J]. Science, 2006, 313(5786)：504-507.

[65]   Sermanet P, Lecun Y. Traffic sign recognition with multi-scale convolutional networks[C]. The 2011 International Joint Conference on Neural Networks, 2011：2809-2813.

[66]   Greer K. Concept Trees：Building Dynamic Concepts from Semi-Structured Data using Nature-Inspired Methods[M]. Springer International Publishing, 2015：221-252.

[67]   Jothi R B G, Rani S M M. Hybrid neural network for classification of graph structured data[J]. International Journal of Machine Learning & Cybernetics, 2015,6(3)：465-474.

[68]   Song P, Jin Y, Zhao L, et al. Speech Emotion Recognition Using Transfer Learning[J]. Ieice Transactions on Information and Systems, 2014, E97D(9)：2530-2532.

[69]   司永胜,乔军,刘刚,等.苹果采摘机器人果实识别与定位方法[J].农业机械学报,2010,41(9)：148-153.

[70]   刘兆祥,刘刚,乔军.苹果采摘机器人三维视觉传感器设计[J].农业机械学报,2010,41(2)：171-175.

[71]   Cortes C, Vapnik V. Support-vector Networks[J]. Machine Learning, 1995, 20(3)：273-297.

[72]   顾珊波,邵枫,蒋刚毅,等.基于支持向量回归的立体图像客观质量评价模型[J].电子与信息学报,2012(02)：368-374.

[73]   杨志民,田英杰,刘广利.城市空气质量评价中的模糊支持向量机方法[J].中国农业大学学报,2006(05)：92-97.

[74]　Lukasik S,Kowalski P A,Charytanowicz M,et al. Fuzzy Models Synthesis with Kernel-Density-Based Clustering Algorithm [C]. Fifth International Conference On Fuzzy Systems And Knowledge Discovery,Vol 3,Proceedings,2008：449-453.

[75]　杨志民. 模糊支持向量机及其应用研究[D]. 北京：中国农业大学,2005.

[76]　Scholkopf B,Smola A J,Williamson R C,et al. New support vector algorithms [J]. Neural Computation,2000,12(5)：1207-1245.

[77]　Jian-Cheng W,Jin H,Cai-Fang Z,et al. Assessment on Evaluating Parameters of Rice Core Collections Constructed by Genotypic Values and Molecular Marker Information[J]. Rice Science,2007,14(2)：101-110.

[78]　Chang T T,Liu H W,Zhou S S. Large scale classification with local diversity AdaBoost SVM algorithm [J]. Journal of Systems Engineering and Electronics,2009,20(6)：1344-1350.

[79]　邓乃扬,田英杰. 数据挖掘中的新方法：支持向量机[M]. 北京：科学出版社,2004.

[80]　欧几里得. 几何原本[M]. 燕晓东,译. 北京：人民日报出版社,2005,10.

[81]　张小明. 几何凸函数[M]. 合肥：安徽大学出版社,2004.

[82]　亚湘,文瑜. 最优化理论与方法[M]. 北京：科学出版社,1997.

[83]　黎健玲,谢琴,简金宝. 均衡约束数学规划的约束规格和最优性条件综述[J]. 运筹学学报,2013,17(3)：73-85.

[84]　桂胜华,周岩. 拉格朗日-拟牛顿法解约束非线性规划问题[J]. 同济大学学报：自然科学版,2007,35(4)：556-561.

[85]　孙剑,郑南宁,张志华. 一种训练支撑向量机的改进贯序最小优化算法[J]. 软件学报,2002,13(10)：2007-2013.

[86]　张浩然,韩正之. 回归支持向量机的改进序列最小优化学习算法[J]. 软件学报,2003,14(12)：2006-2013.

[87]　施锡铨. 博弈论[M]. 上海：上海财经大学出版社,2000.

[88]　王则柯,李杰. 博弈论教程[M]. 北京：中国人民大学出版社,2010.

[89]　Zhang J,Yang Y W,Li X,et al. Dynamic dual adjustment of daily budgets and bids in sponsored search auctions[J]. Decision Support Systems,2014,57：105-114.

[90]　姜伟,方滨兴,田志宏,等. 基于攻防博弈模型的网络安全测评和最优主动防御[J]. 计算机学报,2009,32(4)：817-827.

[91]　Kastidou G,Larson K,Cohen R. Exchanging Reputation Information between Communities：A Payment-Function Approach[C]. IJCAI,2009：195-200.

[92]　Bramble J H,Pasciak J E,Vassilev A T. Analysis of the inexact Uzawa algorithm for saddle point problems [J]. SIAM Journal on Numerical Analysis,1997,34(3)：1072-1092.

[93]　Lee H,Battle A,Raina R,et al. Efficient sparse coding algorithms [C]. Advances in neural information processing systems,2006：801-808.

[94]  Seong K，Mohseni M，Cioffi J M. Optimal resource allocation for OFDMA downlink systems［C］. Information Theory，2006 IEEE International Symposium on，2006：1394-1398.

[95]  徐淑琼. 模糊支持向量机及其在场景图像处理中的应用研究[D].广州：广东工业大学，2013.

[96]  Lee H，Grosse R，Ranganath R，et al. Unsupervised Learning of Hierarchical Representations with Convolutional Deep Belief Networks[J]. communications of the acm，2011，54(10)：95-103.

[97]  张永. 基于模糊支持向量机的多类分类算法研究[D].大连：大连理工大学，2008.

[98]  Zheng J，Shen F R，Fan H J，et al. An online incremental learning support vector machine for large-scale data[J]. Neural Computing & Applications，2013，22(5)：1023-1035.

[99]  Kaiyi W，Chunjiang Z，Tian Z F，et al. Application of a support vector machine to HACCP in the animal meat industry［J］. New Zealand Journal of Agricultural Research，2007，50(5)：743-748.

[100]  Daliri M R. Feature selection using binary particle swarm optimization and support vector machines for medical diagnosis[J]. Biomedizinische Technik，2012，57(5)：395-402.

[101]  田广，戚飞虎. 移动摄像机环境下基于特征变换和 SVM 的分级行人检测算法[J]. 电子学报，2008，36(5)：1024r-1028.

[102]  范恩贵，张鸿庆. 齐次平衡法若干新的应用[J]. 数学物理学报，1999，19(3)：286-292.

[103]  Huang Z，Zhou J，Song L，et al. Flood disaster loss comprehensive evaluation model based on optimization support vector machine［J］. Expert Systems with Applications，2010，37(5)：3810-3814.

[104]  Baudat G，Anouar F. Kernel-based methods and function approximation[C]. 2001. Proceedings. IJCNN'01. International Joint Conference on Neural Networks，2001：1244-1249.

[105]  Courant R，Hilbert D，Hoyt F C. Methods of Mathematical Physics［J］. Physics Today，1962，15(11)：62-63.

[106]  Chen S，Cowan C F，Grant P M. Orthogonal least squares learning algorithm for radial basis function networks[J]. Neural Networks，IEEE Transactions on，1991，2(2)：302-309.

[107]  Stoean R，Stoean C. Modeling medical decision making by support vector machines，explaining by rules of evolutionary algorithms with feature selection ［J］. Expert Systems with Applications，2013，40(7)：2677-2686.

[108]  Gu Y，Jin J，Mei S. norm constraint LMS algorithm for sparse system identification[J]. Signal Processing Letters，IEEE，2009，16(9)：774-777.

[109]  Corfield D，Schölkopf B，Vapnik V. Falsificationism and Statistical Learning

Theory：Comparing the Popper and Vapnik-Chervonenkis Dimensions［J］. Journal for General Philosophy of Science,2009,40(1)：51-58.

[110] Vapnik V N，Vapnik V. Statistical learning theory［M］. New York：Wiley,1998.

[111] Vapnik V N,Chervonenkis A J. The necessary and sufficient conditions for consistency of the method of empirical risk［J］. Pattern Recognition and Image Analysis,1991,1(3)：284-305.

[112] 张学工. 关于统计学习理论与支持向量机［J］. 自动化学报,2000,26(1)：32-42.

[113] Keerthi S S,Lin C J. Asymptotic behaviors of support vector machines with Gaussian kernel［J］. Neural Computation,2003,15(7)：1667-1689.

[114] 石柯,陈洪生,张仁同. 一种基于支持向量回归的802.11无线室内定位方法［J］. 软件学报,2014(11)：2636-2651.

[115] Segata N,Blanzieri E. Fast and scalable local kernel machines［J］. Journal of Machine Learning Research,2010,11：1883-1926.

[116] Dorff K C,Chambwe N,Srdanovic M,et al. BDVal：reproducible large-scale predictive model development and validation in high-throughput datasets［J］. Bioinformatics,2010,26(19)：2472-2473.

[117] Kulczycki P,Charytanowicz M. A Complete Gradient Clustering Algorithm Formed With Kernel Estimators［J］. International Journal of Applied Mathematics and Computer Science,2010,20(1)：123-134.

[118] 丁晓剑,赵银亮,李远成. 基于SVM的二次下降有效集算法［J］. 电子学报,2011(08)：1766-1770.

[119] 朱婷婷,王丽娜,胡东辉,等. 基于不确定性推理的JPEG图像通用隐藏信息检测技术［J］. 电子学报,2013(02)：233-238.

[120] 周艳. 我国水果生产状况分析［J］. 南方农业,2015,9(30)：146：148.

[121] 赵朋,刘刚,李民赞,等. 基于GIS的苹果病虫害管理信息系统［J］. 农业工程学报,2006(12)：150-154.

[122] 穆亚梅. 基于物联网的苹果树病虫防治专家系统设计与应用可行性研究［J］. 自动化与仪器仪表,2014(1)：30-32.

[123] 司永胜,乔军,刘刚,等. 基于机器视觉的苹果识别和形状特征提取［J］. 农业机械学报,2009(08)：161-165.

[124] 李晓斌,郭玉明,付丽红. 应用纹理分析方法在线监测苹果冻干含水率［J］. 农业工程学报,2012,28(21)：229-235.

[125] Lecun Y,Bottou L,Bengio Y,et al. Gradient-based learning applied to document recognition［J］. Proceedings of the IEEE, 1998, 86 (11)：2278-2324.

[126] 姬盼,王连春,孔宝华,等. 云南昭通苹果产区苹果花叶病毒的鉴定［J］. 云南农业大学学报(自然科学),2013(02)：180-185.

[127] 王宇霖. 苹果栽培学［M］. 北京：科学出版社 2011.

［128］ Lecun Y，Chopra S，Ranzato M，et al. Energy-based models in document recognition and computer vision［M］. Los Alamitos：IEEE Computer Soc，2007：337-341.

［129］ Mitchell T M，曾华军，张银奎. 机器学习［M］. 北京：机械工业出版社，2003.

［130］ Sanada T M，Ninomiya T，Ohzawa I. Temporal dynamics of binocular receptive fields in the cat visual cortex［J］. Neuroscience Research，2006，55：S69-S69.

［131］ 李惠君. 复杂仿真数据的降维与可视化聚类方法研究［D］. 秦皇岛：燕山大学，2013.

［132］ 李顺峰，张丽华，刘兴华，等. 基于 PCA 方法的苹果霉心病近红外漫反射光谱判别［J］. 农业机械学报，2011（10）：158-161.

［133］ 李桂峰，赵国建，王向东，等. 苹果质地品质近红外无损检测和指纹分析［J］. 农业工程学报，2008（06）：169-173.

［134］ 汪嘉冈. 现代概率论基础［M］. 上海：复旦大学出版社，1988.

［135］ 成平. 参数估计［M］. 上海：上海科学技术出版社，1985.

［136］ 辛益军. 方差分析与实验设计［M］. 北京：中国财政经济出版社，2002.

［137］ 肖汉光，蔡从中. 特征向量的归一化比较性研究［J］. 计算机工程与应用，2009（22）：117-119.

［138］ 管凤旭，王科俊，刘靖宇，等. 归一双向加权（2D）——PCA 的手指静脉识别方法［J］. 模式识别与人工智能，2011（03）：417-424.

［139］ Kadappa V，Negi A. Computational and space complexity analysis of SubXPCA［J］. Pattern Recognition，2013，46（8）：2169-2174.

［140］ 蒋正新. 矩阵理论及其应用［M］. 北京：北京航空学院出版社，1988.

［141］ 马瑞，王家廞，宋亦旭. 基于局部线性嵌入（LLE）非线性降维的多流形学习［J］. 清华大学学报（自然科学版）网络. 预览，2008（4）：582-585.

［142］ Xue F，Cai Y Q，Chen Y J，et al. Discrete Social Emotional Optimization Algorithm with Lattice for Lennard-Jones Clusters［J］. Journal of Computational and Theoretical Nanoscience，2015，12（8）：1963-1967.

［143］ Wang Y Y，Chen S C. Soft large margin clustering［J］. Information Sciences，2013，232：116-129.

［144］ Ahmadinia M，Meybodi M R，Esnaashari M，et al. Energy-efficient and multi-stage clustering algorithm in wireless sensor networks using cellular learning automata［J］. Iete Journal of Research，2013，59（6）：774-782.

［145］ Yuan Z H，Lu T. Incremental 3D reconstruction using Bayesian learning［J］. Applied Intelligence，2013，39（4）：761-771.

［146］ 周德龙，高文，赵德斌. 基于奇异值分解和判别式 KL 投影的人脸识别［J］. 软件学报，2003（4）：783-789.

［147］ 王峻峰. 基于主分量、独立分量分析的盲信号处理及应用研究［D］. 武汉：华中科技大学，2005.

[148] 黄春燕,刘开启. 苹果轮纹病及相关病害病原菌的 RAPD 分析[J]. 植物病理学报,2001,2(2):164-169.

[149] 王辉. 基于核 PCA 方法特征提取及支持向量机的人脸识别应用研究[D]. 合肥:合肥工业大学,2006.

[150] 刘建伟,刘媛,罗雄麟. 玻尔兹曼机研究进展[J]. 计算机研究与发展,2014(01):1-16.

[151] 李鹤龄. 信息熵、玻尔兹曼熵以及克劳修斯熵之间的关系——兼论玻尔兹曼熵和克劳修斯熵是否等价[J]. 大学物理,2004(12):37-40.

[152] 施娟,王立龙,周锦阳,等. 用晶格玻尔兹曼方法研究血液在分岔管中的栓塞[J]. 物理学报,2014(01):248-255.

[153] 苏桂锋,张一. 玻尔兹曼极限下非增长网络的凝聚相变[J]. 南开大学学报(自然科学版),2011(05):54-59.

[154] Salakhutdinov R,Hinton G. Deep Boltzmann Machines [J]. Journal of Machine Learning Research,2009,5(2):1967-2006.

[155] Liu J S,Lin C H,Tsai J. Delay and Energy Tradeoff in Energy Harvesting Multi-hop Wireless Networks with Inter-Session Network Coding and Successive Interference Cancellation[J]. IEEE Access,2016,100(99):1-1.

[156] 樊娟娟,李伟. 稳态和振荡剪切流动下聚合物共混反应体系演化的格子玻尔兹曼模拟[J]. 高分子学报,2013(03):341-346.

[157] Dahl G E,Marc'aurelio Ranzato A-R M,Mohamed A-R,et al. Phone Recognition with the Mean-Covariance Restricted Boltzmann Machine[C]. NIPS,2010:469-477.

[158] Ackley D H,Hinton G E,Sejnowski T J. A learning algorithm for boltzmann machines[J]. Cognitive science,1985,9(1):147-169.

[159] Deng L,Seltzer M,Yu D,et al. Binary Coding of Speech Spectrograms Using a Deep Auto-encoder[M]. Baixas:Isca-Inst Speech Communication Assoc,2010:1692-1695.

[160] 王福保,闵华玲,叶润修. 概率论及数理统计[M]. 上海:同济大学出版社,1994.

[161] 孙荣恒,伊亨云,刘琼苏,等. 概率论和数理统计[M]. 重庆:重庆大学出版社,2000.

[162] 王桢珍,姜欣,武小悦,等. 信息安全风险概率计算的贝叶斯网络模型[J]. 电子学报,2010(S1):18-22.

[163] Wang Z L,Jiang M,Hu Y H,et al. An Incremental Learning Method Based on Probabilistic Neural Networks and Adjustable Fuzzy Clustering for Human Activity Recognition by Using Wearable Sensors[J]. IEEE Transactions on Information Technology in Biomedicine,2012,16(4):691-699.

[164] Wu S G,Bao F S,Xu E Y,et al. A leaf recognition algorithm for plant classification using probabilistic neural network[C]. 2007 IEEE International Symposium on Signal Processing and Information Technology,2007:11-16.

[165] 胡洋. 基于马尔可夫链蒙特卡罗方法的 RBM 学习算法改进[D]. 上海：上海交通大学, 2012.

[166] 鲁铮. 基于 T-RBM 算法的 DBN 分类网络的研究[D]. 吉林：吉林大学, 2014.

[167] 张乐飞. 遥感影像的张量表达与流形学习方法研究[D]. 武汉：武汉大学, 2013.

[168] Hinton F L, Rosenbluth M N, Wong S K, et al. Modified Lattice Boltzmann method for compressible fluid simulations[J]. Physical Review E, 2001, 63 (6)：art. no. -061212.

[169] Bojnordi M N, Ipek E. The Memristive Boltzmann Machines[J]. IEEE Micro, 2017, 37(3)：22-29.

[170] Teh Y W, Welling M, Osindero S, et al. Energy-based models for sparse overcomplete representations[J]. Journal of Machine Learning Research, 2004, 4(7-8)：1235-1260.

[171] 余凯, 贾磊, 陈雨强, 等. 深度学习的昨天、今天和明天[J]. 计算机研究与发展, 2013(09)：1799-1804.

[172] Bellamine F H, Almansoori A, Elkamel A. Numerical simulation of distributed dynamic systems using hybrid intelligent computing combined with generalized similarity analysis[J]. Applied Mathematics and Computation, 2013, 223：88-100.

[173] Rodrigues F, Pereira F, Ribeiro B. Learning from multiple annotators: Distinguishing good from random labelers[J]. Pattern Recognition Letters, 2013, 34(12)：1428-1436.

[174] 薛毅. 数学建模基础[M]. 北京：北京工业大学出版社, 2004.

[175] 余慧佳, 刘奕群, 张敏, 等. 基于大规模日志分析的搜索引擎用户行为分析[J]. 中文信息学报, 2007, 21(1)：109-114.

[176] 谭文学, 赵春江, 吴华瑞, 等. 基于弹性动量深度学习的果体病理图像识别[J]. 农业机械学报, 2015, 46(01)：20-25.

[177] 王爱平, 万国伟, 程志全, 等. 支持在线学习的增量式极端随机森林分类器[J]. 软件学报, 2011(09)：2059-2074.

[178] Hagiwara M. Self-organizing feature map with a momentum term[J]. Neurocomputing, 1996, 10(1)：71-81.

[179] Yu X H, Chen G A. Efficient backpropagation learning using optimal learning rate and momentum[J]. Neural Networks, 1997, 10(3)：517-527.

[180] Qian N. On the momentum term in gradient descent learning algorithms[J]. Neural Networks, 1999, 12(1)：145-151.

[181] Sivakami S, Karthikeyan C. Evaluating the effectiveness of expert system for performing agricultural extension services in India[J]. Expert Systems with Applications, 2009, 36(6)：9634-9636.

[182] 王瑛, 孙林岩. 基于欧氏范数的供应商评价方法[J]. 系统工程, 2002, 20(1)：

46-50.

[183]    Hinton G E. Training Products of Experts by Minimizing Contrastive Divergence[J]. Neural Computation,2002,14:1771-1800.

[184]    Guo G,Li S Z,Chan K. Face recognition by support vector machines[C]. Automatic Face and Gesture Recognition,2000. Proceedings. Fourth IEEE International Conference on,2000:196-201.

[185]    Lecun Y,Cortes C. MNIST handwritten digit database[J]. AT&T Labs [Online]. Available:http://yann.lecun.com/exdb/mnist,2010.

[186]    赵志宏,杨绍普,马增强. 基于卷积神经网络 LeNet-5 的车牌字符识别研究 [J]. 系统仿真学报,2010(03):638-641.

[187]    李锦. 苹果锈果病的鉴别与防治[J]. 安徽农业科学,2008(01):40-41.

[188]    Al-Jawfi R. Handwriting Arabic Character Recognition LeNet Using Neural Network[J]. International Arab Journal of Information Technology,2009,6 (3):304-309.

[189]    刘松华,张军英,许进,等. Kernel-kNN:基于信息能度量的核 k-最近邻算法 [J]. 自动化学报,2010(12):1681-1688.

[190]    Xie Y,Zhang W S,Qu Y Y,et al. Discriminative subspace learning with sparse representation view-based model for robust visual tracking[J]. Pattern Recognition,2014,47(3):1383-1394.

[191]    Sarikaya R,Hinton G E,Deoras A. Application of Deep Belief Networks for Natural Language Understanding[J]. IEEE-ACM Transactions on Audio Speech and Language Processing,2014,22(4):778-784.

[192]    Pandey S,Hindoliya D A,Mod R. Artificial neural networks for predicting indoor temperature using roof passive cooling techniques in buildings in different climatic conditions[J]. Applied Soft Computing Journal,2012,12 (3):1214-1226.

[193]    冯颖. 基于物联网的现代农业信息智能化系统研究及应用[D].天津:天津 大学,2013.

[194]    吴华瑞,高荣华,尹长川. 基于 Delaunay 的无线传感器网络模型生成算法 [J]. 高技术通讯,2012,22(12):1238-1242.

[195]    秦胜潮,许智武,明仲. 基于分离逻辑的程序验证研究综述[J]. 软件学报, 2017,28(8):2010-2025.

[196]    李娟莉,杨兆建,庞新宇. 面向知识工程的提升机智能故障诊断方法[J]. 煤 炭学报,2016,41(5):1309-1315.

[197]    Foghahaayee H N,Menhaj M B,Torbati H M. Fuzzy decision support software for crisis management in gas transmission networks[J]. Applied Soft Computing,2014,18:82-90.

[198]    刘知远,孙茂松,林衍凯,等. 知识表示学习研究进展[J]. 计算机研究与发 展,2016,53(2):247-261.

[199]    吴倩,张荣,徐大卫. 基于稀疏表示的高光谱数据压缩算法[J]. 电子与信息

学报,2015,37(1):78-84.

[200] 刘刚,吴庆波,邵立松,等. 飞腾平台中硬件数据压缩的驱动设计与实现[J]. 计算机应用与软件,2015(3):20-22.

[201] 邝继顺,周颖波,蔡烁. 一种用于测试数据压缩的自适应 EFDR 编码方法 [J]. 电子与信息学报,2015,37(10):2529-2535.

[202] 徐同同,刘曲涛,郑晓梅,等. 一种基于文档的移动平台间 UI 控件对应方法 [J]. 计算机科学,2017,44(11):98-103.

[203] 李蒙. VB 编程中网格控件的选用及使用方法分析[J]. 电子技术与软件工程,2015(4):204-204.

[204] Chen Y F,Liu B C,Qi K,et al. Computer Supported Control Engineering Education Reform in Agriculture Engineering Field Based on Intelligent Agriculture (IA) New Concept [J]. International Conference on Future Computer Supported Education,2012,2:603-608.

[205] Xu D W,Ren S,Yang L P. Things in Intelligent Agriculture Applications[J]. Applied Science,Materials Science and Information Technologies in Industry, 2014,513-517:444-447.

[206] Long J R: Analysis on Intelligent Agriculture and Yunnan Tea Products,Lee L,editor,2014 2nd International Conference on Social Sciences Research, Singapore: Singapore Management & Sports Science Inst Pte Ltd,2014: 48-52.

[207] 张晨阳,马志强,刘利民,等. Hadoop 下基于粗糙集与贝叶斯的气象数据挖掘研究[J]. 计算机应用与软件,2015(4):72-76.

[208] 胡胜,曹明明,邱海军,等. CFSR 气象数据在流域水文模拟中的适用性评价——以灞河流域为例[J]. 地理学报,2016,71(9):1571-1586.

[209] 赵静. 国内外电子图书出版及版权保护探析[J]. 图书馆学刊,2015(5):1-2.

[210] 熊霞,高凡,郭丽君. 外文电子图书学术影响力评价方法探讨——基于 BKCI、Scopus Article Metrics、Bookmetrix 的实例比较[J]. 现代情报,2016, 36(10):118-122.

[211] 伍碧. 医学高校图书馆电子图书馆藏建设[J]. 中华医学图书情报杂志, 2016,25(6):49-54.

[212] 王征,王林森,谭龙江. 基于双向信息发掘的电子图书馆优化系统研究[J]. 情报理论与实践,2015,38(8):110-114.

[213] Hodgson J M,Prince R L,Woodman R J,et al. Apple intake is inversely associated with all-cause and disease-specific mortality in elderly women[J]. British Journal of Nutrition,2016,115(5):860-867.

[214] Cellini A,Biondi E,Blasioli S,et al. Early detection of bacterial diseases in apple plants by analysis of volatile organic compounds profiles and use of electronic nose[J]. Annals of Applied Biology,2016,168(3):409-420.

[215] 魏薇,赖蜀荣. 数字化档案的文件格式选择[J]. 兰台内外,2016(4):32-32.

[216] 李彦生,尚奕彤,袁艳萍,等. 3D 打印技术中的数据文件格式[J]. 北京工业

大学学报,2016,42(7):1009-1016.

[217]　李宁,侯霞,方春燕. 办公文档格式和 Web 页面格式的融合方法研究[J]. 北京信息科技大学学报(自然科学版),2015(4):1-6.

[218]　马丽莲. 计算机软件知识产权综合法律保护模式研究[D]. 济南:山东大学,2017.

[219]　马昊玉. 针对恶意逆向工程的软件知识产权保护新方法研究[D]. 天津:南开大学,2016.

[220]　刘玉琴,桂婕,雷孝平. .NET 平台软件知识产权司法鉴定中的跨语言鉴定方法研究[J]. 中国司法鉴定,2017(1):56-59.

[221]　仇蕾安,曲三强. 国外软件类技术的可专利性研究[J]. 知识产权,2016(7):127-132.

[222]　王世雄,屈龙江,李超,等. 私钥低比特特定泄露下的 RSA 密码分析[J]. 密码学报,2015,2(5):390-403.

[223]　刘奇. 在线密码破解系统设计与实现[D]. 大连:大连理工大学,2015.

[224]　刘建. 基于专用字典的密码破解方法研究与应用[D]. 哈尔滨:哈尔滨工业大学,2015.

[225]　姜文超,林德熙,郭楚谋,等. 加密强度可定制的新型文本加解密算法[J]. 计算机科学与探索,2017,11(9):1439-1450.